Experimente im Chemieunterricht Band 1

Springer Nature More Media App

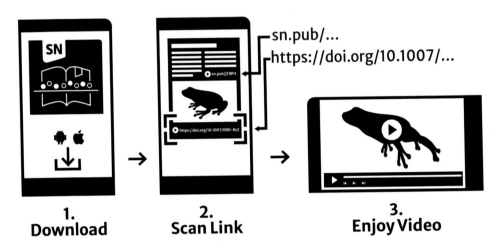

1.
Download

2.
Scan Link

sn.pub/...
https://doi.org/10.1007/...

3.
Enjoy Video

Support: customerservice@springernature.com

Bernhard Sieve · Sabine Struckmeier · Dominic Böhm

Experimente im Chemieunterricht Band 1

didaktisch begründet auswählen und sicher durchführen

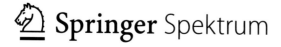

Bernhard Sieve
Institut für Didaktik der Naturwissenschaften
Leibniz Universität Hannover
Hannover, Deutschland

Sabine Struckmeier
Institut für Didaktik der Naturwissenschaften,
Leibniz Universität Hannover
Hannover, Deutschland

Dominic Böhm
Leibniz Universität Hannover
Hannover, Deutschland

Die Online-Version des Buches enthält digitales Zusatzmaterial, das durch ein Play-Symbol gekennzeichnet ist. Die Dateien können von Lesern des gedruckten Buches mittels der kostenlosen Springer Nature „More Media" App angesehen werden. Die App ist in den relevanten App-Stores erhältlich und ermöglicht es, das entsprechend gekennzeichnete Zusatzmaterial mit einem mobilen Endgerät zu öffnen.

ISBN 978-3-662-63904-7   ISBN 978-3-662-63905-4   (eBook)
https://doi.org/10.1007/978-3-662-63905-4

Die Deutsche Nationalbibliothek verzeichnet diese Publikation in der Deutschen Nationalbibliografie; detaillierte bibliografische Daten sind im Internet über http://dnb.d-nb.de abrufbar.

Planung/Lektorat: Désirée Claus
Springer Spektrum ist ein Imprint der eingetragenen Gesellschaft Springer-Verlag GmbH, DE und ist ein Teil von Springer Nature.
Die Anschrift der Gesellschaft ist: Heidelberger Platz 3, 14197 Berlin, Germany

Zielsetzung und Konzeption der Bände

Liebe Leserinnen und Leser,

es gibt eine nahezu unüberschaubare Fülle von Experimenten, die im Chemieunterricht eingesetzt werden können. Schon allein für einen Themenbereich ist die Anzahl an möglichen Experimenten mitunter so groß, dass die Auswahl schwer fällt. Welches Experiment eignet sich zur Einführung des jeweiligen Themas? Welche Experimente können sich für die Anwendung der neuen Erkenntnisse oder Fachmethoden anschließen? Welches Experiment unterstützt das eigentliche Vermittlungsziel in besonderer Weise? Was sind also die Schlüsselexperimente und wie werden diese didaktisch und fachlich begründet sinnvoll in den Unterrichtsgang eingebunden? Diese Fragen sind zentral für die gelingende Planung und Umsetzung eines Chemieunterrichts, in denen das Experiment *das* zentrale Instrument der Erkenntnisgewinnung ist. Gleichzeitig ist die Beantwortung dieser Fragen gerade am Anfang der Unterrichtstätigkeit eine der größten Herausforderungen – unabhängig davon, ob Sie Studierende*r, Lehrkraft im Vorbereitungsdienst oder frisch eingestellte Chemielehrkraft sind.

Klassische Experimentesammlungen helfen diesbezüglich nur bedingt weiter, denn darin fehlt meist die didaktische Einbettung bzw. Verortung eines Experiments. Diese Lücke möchten die Ihnen vorliegenden zwei Bände schließen. Sie finden darin eine breite Sammlung zentraler Schulexperimente für den Chemieunterricht der Sekundarstufe I vor, welche je nach Lehrplanausformung z. T. auch im Unterricht der Sekundarstufe II einsetzbar sind. Der erste der beiden Bände deckt dabei in gut 190 Experimenten – davon etliche in mehreren Durchführungsvarianten beschrieben – die Themen vom Einstieg in den Chemieunterricht bis zum Thema Elementfamilien ab. Der zweite Band beinhaltet in ebenso vielen Experimenten alle Themenbereiche der Sekundarstufe I, die nach der Einführung eines differenzierten Atommodells wie dem Schalen- oder Energiestufenmodell behandelt werden. Ferner wird ein Einstieg in die Organische Chemie inkl. der zentralen Stoffklassen vorgenommen. Auch zentrale Experimente der Sek. II finden im Band 2 ihren Platz.

Die von uns gewählte Gliederung orientiert sich an einer in vielen Bundesländern gewachsenen und aufeinander aufbauenden Abfolge an Themen im Chemieunterricht, die einen kumulativen und kohärenten Wissens- und Kompetenzerwerb ermöglicht.

Für jedes Thema zeigen wir eine oder mehrere bewährte didaktische Strukturierungen auf und skizzieren so den roten Faden durch das jeweilige Unterrichtsthema. Innerhalb dieser Strukturierung wird deutlich, welche Experimente hier besonders instruktiv erscheinen. Vermittlungshürden sowie fachsprachliche Aspekte werden ebenfalls diskutiert. Ergänzt werden diese Angaben durch eine fachdidaktische Kommentierung zu jedem Experiment, in der jeweils der didaktische Kern des Experiments herausgestellt und soweit möglich in einen Unterrichtskontext eingebunden wird. All dies soll Ihnen die begründete Auswahl von Experimenten und deren sachgerechte Einbindung in die jeweilige Unterrichtsreihe erleichtern.

Methodische Hinweise und Durchführungshilfen zu den Experimenten sollen denjenigen unter Ihnen, die gerade am Anfang des Weges zur Chemielehrkraft stehen, ein hohes Maß an Durchführungssicherheit und Kompetenzerleben ermöglichen. Unterstützt wird dies durch Videos zu zentralen Arbeitsweisen der Chemie sowie zu ausgewählten Experimenten, bei denen die Durchführung, trotz aller Bemühungen um eine exakte Durchführungsbeschreibung, durch bewegte Bilder anschaulicher dargestellt werden kann. Diese Videos sind über die More Media App zugänglich.

Zu jedem Experiment gibt es eine Word-Datei zum Download. In der Datei sind die Materialien und Chemikalien (inkl. GHS-Einstufung), die Durchführung, Entsorgung und Platzhalter für die Beobachtung und Auswertung zusammengestellt. Daraus lässt sich schnell Arbeitsmaterial für Ihren Unterricht gestalten. Die Dateien können unter dem jeweils am Kapitelanfang unter „Elektronisches Zusatzmaterial" angegebenen Link heruntergeladen werden.

Zusätzlich wird zu jedem Experiment eine Gefährdungsbeurteilung in digitaler Form bereitgestellt, die Sie nach kostenloser Registrierung über „https://degintu.dguv.de/login" oder https://www.experimentas.de/ abrufen können. Im Kopf der Word-Dateien finden Sie, soweit vorhanden, die Degintu-Nummer des Experiments. Diese Nummer führt zur Gefährdungsbeurteilung. Über die folgenden Icons können Sie zudem schnell einen Überblick über wesentliche Einsatzmöglichkeiten und Sicherheitshinweise erhalten:

Schülerversuch	
Lehrerversuch	
Abzug	
Allgemeiner Hinweis	
Sicherheitshinweis	

Die vorliegende Sammlung ist über viele Jahre in der Ausbildung von Lehramtsstudierenden mit Fach Chemie an der Leibniz Universität Hannover entstanden und gewachsen. Jedes Experiment ist durch die Hände vieler Studierender gegangen und so mit der Zeit optimiert worden. Die Experimente sind dabei primär für die Durchführung mit klassischen Laborgeräten konzipiert. Da, wo es aus unserer Erfahrung und

Unterrichtspraxis sinnvoll erscheint, werden Durchführungsvarianten mit Low-Cost-Ansätzen und unter Einsatz von medizintechnischem Material (Spritzentechnik) vorgestellt. Eine sehr große Hilfe bei der Erprobung und Optimierung der Experimente war Nils Falco Schneider. Ihm und allen anderen Studierenden, die sich im Laufe der Zeit mit den Experimenten befasst haben, gilt unser besonderer Dank.

Die in diesen beiden Bänden aufgeführten Experimente sind zwar von uns bzw. den Studierenden erprobt und optimiert worden, doch entstammen nicht alle Experimente unserem Gedankengut. Wir haben die Quellen für Experimente recherchiert und dort, wo es möglich war, auch angegeben. Es war jedoch nicht in jedem Fall möglich, die Entwickler*innen zu bestimmen, zumal viele Versuche mittlerweile den Weg in die Schulbuchliteratur gefunden haben.

Nun wünschen wir Ihnen viel Erfolg bei der Planung und Gestaltung Ihres experimentell orientierten Chemieunterrichts und hoffen, dass Sie durch die vorliegende Sammlung darin Unterstützung finden.

Die Herausgebenden
Dr. Bernhard Sieve
Dr. Sabine Struckmeier
Dominic Böhm

Inhaltsverzeichnis

Es muss nicht immer ein Reagenzglas sein

1

Inhaltsverzeichnis

Chemische Schulexperimente werden in der Experimentierliteratur und in den gängigen Schulbüchern überwiegend mit klassischen Laborgeräten durchgeführt, wie sie in jeder Chemiesammlung oder in jedem Chemiefachraum zu finden sind. Dazu zählen auch die im Anhang aufgelisteten Glasgeräte. Einige dieser typischen Laborgeräte lassen sich durch Produkte aus dem Bereich der **Medizintechnik,** landläufig als *Spritzentechnik* bezeichnet, ersetzen. So kann eine einfache Kunststoffspritze mit entsprechender Graduierung als Kolbenprober, als Messpipette oder gar als Bürette fungieren. Auch andere Glasgeräte lassen sich durch ihre Pendants aus dem medizinischen Laborbereich austauschen. Die Vorteile dieser Geräte liegen im meist geringeren Verbrauch an Chemikalien und einer kleineren Abfallmenge, weshalb man bei Experimenten im kleinen Maßstab allgemein von *Mikromaßstab* (engl. *microscale*) spricht. Da bei medizintechnischen Geräten Kunststoff anstelle von Glas verwendet wird, ist die Durchführung von Experimenten vielfach sicherer. Zudem können die medizintechnischen Geräte mit herkömmlichen Glasgeräten sinnvoll verknüpft werden. Ein dritter Vorteil beruht auf den im Vergleich zu klassischen Glasgeräten meist geringeren Kosten für die Anschaffung von medizintechnischen Laborgeräten.

Einzelne Baumarkt- oder Supermarktprodukte können ebenso für chemische Experimente dienen. Beispiele sind transparente Kunststoffbecher als Reagenzglasersatz, Blisterverpackungen für Medikamente anstelle von Tüpfelplatten, eine tic tac®-Dose als Chromatografiekammer (Abschn. 6.2.5.2) oder aber ein Sektflaschenverschlussbrenner

© Springer-Verlag GmbH Deutschland, ein Teil von Springer Nature 2022
B. Sieve et al., *Experimente im Chemieunterricht Band 1*,
https://doi.org/10.1007/978-3-662-63905-4_1

(Abb. 3.2) als Ersatz für eine Heizplatte oder einen Spiritusbrenner. Diese und andere sehr kostengünstigen Alltagsprodukte firmieren unter dem Begriff *Low Cost* und können ebenfalls die Palette an Durchführungsvarianten eines Experiments erhöhen.

Mit Blick auf die Ausbildung von Chemielehrkräften ist es daher mehr als sinnvoll, sich mit diesen Erweiterungen der Laborgerätschaften auseinanderzusetzen. Aus diesem Grunde haben wir dort, wo es aus unserer Erfahrung Sinn macht, zu den klassischen Gerätschaften Durchführungsvarianten mit medizintechnischen Geräten und anderen Gerätschaften oder Kombinationen aus klassischen Glasgeräten und medizintechnischen Geräten ergänzt. Um einen ersten Überblick zu erhalten, stellen wir kurz die wichtigsten Geräte aus dem Bereich der Medizintechnik und ihre Handhabung vor. Dabei gehen wir auch auf Sicherheitsaspekte wie die Nutzung von Kanülen ein.

1.1   Spritzen, Kanülen und Stopfen

Unter den handelsüblichen Kunststoffspritzen unterscheidet man verschiedene Anschlussvarianten, über die die Spritzen mit anderen Gerätschaften verbunden werden können. Das Luer-System kann dabei mit einem Schliffstopfen und einer passenden Schliffhülse verglichen werden; das Luer-Lock-System fixiert die Verbindung noch durch ein arretierbares Drehgewinde, wodurch sich die Verbindung weniger leicht löst. Möchte man also eine Verbindung z. B. zu einem Schlauch leicht trennen, eignet sich eine Luer-Spritze, arbeitet man mit Drücken oder größeren mechanischen Beanspruchungen, sollte man eher auf Luer-Lock-Spritzen zurückgreifen (Abb. 1.1). Generell empfehlen sich Spritzen aus Polypropen mit einem Dichtungsring aus

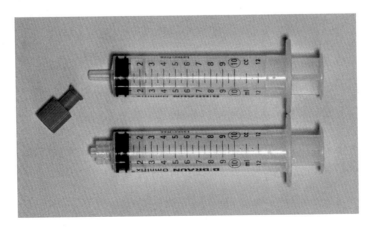

Abb. 1.1 Verschiedene Anschlüsse bei Kunststoffspritzen mit passendem Stopfen. Oben: Luer-Ansatz, unten: Luer-Lock-Ansatz

Synthesekautschuk. In diesen Spritzen lassen sich auch aggressive Gase wie Chlor oder Chlorwasserstoff gut für einige Zeit aufbewahren und leicht transportieren (z. B., wenn die Spritzen direkt vor dem Unterricht mit den Gasen befüllt wurden und man die Gase im Unterricht benötigt). Verschließen lassen sich die Spritzen mit Blindstopfen (Kombistopfen). Beim Umgang mit Gasen empfiehlt es sich, den Dichtring mit Siliconöl einzureiben. Dazu gibt man zwei bis drei Tropfen Siliconöl auf ein weiches Papiertuch und reibt den Dichtring damit ein. So vorbereitet lässt sich der Stempel im Kolben leichtgängig bewegen.

Mit aufgesetzter Kanüle lässt sich eine Kunststoffspritze in eine Pipette oder eine Bürette umfunktionieren. Auch das genaue Dosieren von Gasen ist mit aufgesetzter Kanüle möglich. Kanülen sind in verschiedenen Längen und Durchmessern erhältlich. Der Außendurchmesser einer Kanüle wird dabei in der Drahtstärke G angegeben (engl. Gauge). Je größer der Zahlenwert zu dieser Einheit, desto kleiner ist der Außendurchmesser. So hat eine 24-G-Kanüle (gelb) einen Durchmesser von 0,55 mm, während eine 14-G-Kanüle (orange) 2,2 mm dick ist. Entsprechend unterschiedlich sind die Ausströmwerte für Gase oder Flüssigkeiten. Über die Farbe der Kanüle wird die G-Zahl codiert. Aufgrund des Verletzungsrisikos sollte man im Chemieunterricht nur in Ausnahmefällen auf die Verwendung von spitzen Kanülen zurückgreifen. Deutlich weniger gefährlich sind handelsübliche stumpfe Kanülen (*Blunt-Needles*) oder die für das Aufziehen von Flüssigkeiten aus Septenflaschen verwendeten Aufziehkanülen (*Blunt-Fill-Needles*). Für Titrationen sind auch Knopfkanülen oder aber *Blunt-Glue-Liquid-Dispenser-Needles* aus Kunststoff geeignet (Abb. 1.2). Diese lassen sich mit der Luer-Lock-Kupplung einer Spritze verschrauben und fallen nicht so leicht ab, wie die gelben Pipettenspitzen für 200-μl-Pipetten, die man zudem noch kappen muss, damit sie auf die Luer-Kupplung einer Kunststoffspritze passen.

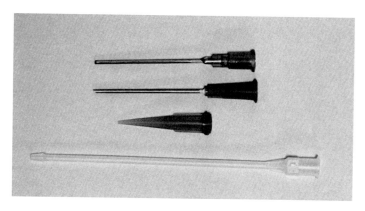

Abb. 1.2 Alternativen zu herkömmlichen Kanülen: v.o.n.u. Blunt-Needle, Blunt-Fill-Needle, Blunt-Glue-Liquid-Dispenser-Needle, Knopfkanüle

Sicherheitsmaßnahmen beim Umgang mit spitzen Kanülen

- Schutzbrille tragen, um Augenverletzungen zu vermeiden.
- Spritzen nie mit aufgesetzter Kanüle ohne Schutzabdeckung transportieren. Schutzabdeckung erst direkt vor dem Gebrauch der Kanüle abnehmen.
- Gebrauchte Kanülen umbiegen und in einem durchstichsicheren und fest verschließbaren Kanülenabfallbehältnis sammeln und entsorgen. Kanülen nicht in den Hausmüll geben.
- Spitze Kanülen nicht mit einer Zange oder Schere abkneifen. Durch die Quetschungen der Kanüle entstehen scharfe Kanten, die zu schlecht heilenden Risswunden führen.

Näheres zum Umgang mit Kanülen findet sich in der RISU (2019, S. 61) oder aber bei Sieve et al. (2017) bzw. Brand (2013).

1.2   Schläuche, Hähne und Verbindungen

Für die Verbindung herkömmlicher Glasgeräte benötigt man Schläuche aus Gummi oder Silicon, Dreiwegehähne und entsprechende Verbindungsstücke. Entsprechende Materialien gibt es auch für den medizinischen Bereich, sodass der Aufbau komplexer Apparaturen auch mit der Spritzentechnik sehr leicht möglich. Durch die geringere Masse und die Arretierung über das Luer-Lock-System sind diese Apparaturen sogar stabiler und leichter handhabbar als die aus herkömmlichen Glasgeräten.

Als Schlauchverbindungen dienen Magensonden oder Heidelberger Verlängerungen aus Weich-PVC. Diese Schläuche weisen eine Luer-Lock-Kupplung auf und lassen sich direkt oder über einen Dreiwegehahn an Spritzen anschließen. Mit Adaptern, Verbindern oder kurzen Siliconschlauchstücken können Schläuche und Spritzen einfach mit herkömmlichen Glasgeräten oder aber untereinander verbunden werden. Ein Beispiel zeigt Abschn. 12.3.3. Abb. 1.3 zeigt wichtige Verbindungsmöglichkeiten.

1.3   Gefäße

Um den Substanzverbrauch und damit auch die zu entsorgenden Mengen an Chemikalien im Chemieunterricht zu minimieren, kann man auf entsprechend kleine Gefäße wie kleine Reagenzgläser oder Schnappdeckelgläser zurückgreifen. Auch kleine Uhrgläser oder Tüpfelplatten sind hier zweckdienlich. Eppendorf-Tubes, Zellkulturplatten (engl. *wellplates*), Pipettenhütchen von Kunststoff-Einmalpipetten oder Blisterverpackungen für Medikamente (Abb. 1.4) als deren Low-Cost-Varianten ermöglichen,

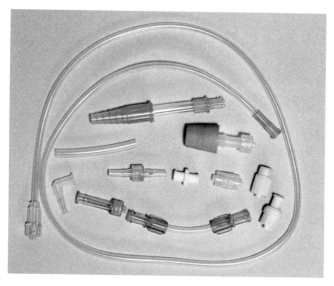

Abb. 1.3 Beispiele für Schläuche und Adapter

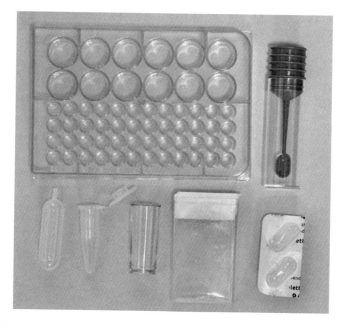

Abb. 1.4 Beispiele für Microscale- und Low-Cost-Gefäße

Experimente mit noch geringeren Volumina durchzuführen. Lernende müssen deren Handhabung aber erst einmal erlernen und einüben, da sie häufig den Umgang mit sehr geringen Substanzmengen nicht gewohnt sind.

Fachmethoden in der Chemie – Erhitzen, Messen, Wiegen

Inhaltsverzeichnis

Im Chemieunterricht geht es neben der Vermittlung von Fachwissen auch darum, dass die Lernenden zentrale Arbeitstechniken und Fachmethoden kennenlernen. Dazu gehört die Handhabung wichtiger Geräte wie dem Gasbrenner (Abb. 2.2), einer Feinwaage sowie dem Einsatz von Pipette und Peleusball, aber auch das sachgerechte und gefahrenminimierte Erhitzen von Flüssigkeiten und Feststoffen (Abb. 2.6). Es empfiehlt sich, die Schulung dieser Arbeitstechniken in die Untersuchung von Stoffen (Kap. 3 und 4) einzubinden. Eine weit verbreitete Alternative ist die Schulung dieser Arbeitstechniken im Rahmen eines *Laborführerscheins* (Schwarzer und Ropohl 2016, S. 13–17). Nachfolgend werden die gerade für den Anfangsunterricht bedeutsamen Fachmethoden und Arbeitstechniken vorgestellt. Abschn. 2.3 dient hierbei der Bewusstmachung, dass sich Glasgefäße im Labor hinsichtlich ihrer Güte

Die Originalversion dieses Kapitels wurde korrigiert. Ein Erratum ist verfügbar unter
https://doi.org/10.1007/978-3-662-63905-4_13

Ergänzende Information Die elektronische Version dieses Kapitels enthält Zusatzmaterial, auf das über folgenden Link zugegriffen werden kann https://doi.org/10.1007/978-3-662-63905-4_2. Die Videos lassen sich durch Anklicken des DOI Links in der Legende einer entsprechenden Abbildung abspielen, oder indem Sie diesen Link mit der SN More Media App scannen.

für die Volumenbestimmung von Flüssigkeiten unterscheiden. Dies ist eine wichtige Voraussetzung, damit die Lernenden später eigenständig geeignete Glasgeräte auswählen können. Weitere Arbeitstechniken wie die Durchführung von Titrationen, Untersuchungen zur Leitfähigkeit, Verfahren der Dichtebestimmung etc. werden in den jeweiligen Kapiteln der beiden Bände dieser Reihe aufgegriffen.

2.1   Aufbau und Funktionsweise des Gasbrenners

Materialien

Gasbrenner	
Feuerfeste Unterlage	
Magnesiastäbchen	
Pappstücke (DIN A5, z. B. Rückseite eines Zeichenblocks oder eines College-Blocks)	
Feuerzeug	
Stoppuhr	
Pinzette	
Porzellanschale	
Tiegelzange	
Glimmspäne	

Durchführung
Ein Video zu diesem Experiment lässt sich mit Abb. 2.1 abrufen.

Vorbereitung

- Lange Haare zusammenbinden, Schutzbrille tragen. Der Gasbrenner darf während des Betriebs nicht unbeaufsichtigt sein.
- Der Gasbrenner wird kippsicher auf eine feuerfeste Unterlage gestellt. Anschließend wird der Gasschlauch des Brenners an die Gaszuleitung am Tisch angeschlossen.
- Es wird kontrolliert, ob die Gas- und die Luftzufuhr geschlossen sind. Falls nicht, werden beide Einstellschrauben geschlossen.

Abb. 2.1 Leuchtende
Brennerflamme. Das hier verlinkte
Video zeigt die Inbetriebnahme eines
Gasbrenners
(▶ https://doi.org/10.1007/000-32v)

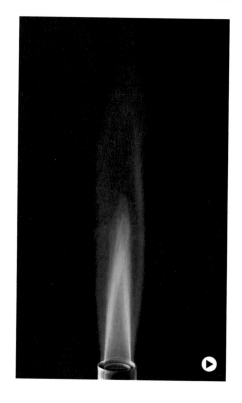

Inbetriebnahme und Einstellung des Gasbrenners

- Das Ventil an der Gaszuleitung wird geöffnet. Anschließend öffnet man die Gaszufuhr am Brenner. Das ausströmende Gas wird sofort entzündet.
- Nun wird mit der Gasregulierschraube am Brenner die Flammenhöhe und mit der Luftzufuhr die nicht leuchtende Flamme (Heizflamme, rauschende Flamme) eingestellt. Die Höhe der Flamme sollte etwa eine Handbreite betragen.
- Für das Löschen des Brenners schließt man zunächst die Luftzufuhr, um die Leuchtflamme einzuregeln. Im Anschluss schließt man die Gasregulierschraube am Brenner und danach die Gaszufuhr an der Energiesäule.

Untersuchungen der Brennerzonen

- Es werden zunächst beide Flammen (Leucht- und Heizflamme) betrachtet und skizziert.
- Die beiden Flammenzonen der Heizflamme werden mit einem Magnesiastäbchen untersucht, indem das Stäbchen in die verschiedenen Bereiche der Flamme gehalten wird. Es wird immer die Zeit gemessen, bis das Magnesiastäbchen wieder aufglüht. So lässt sich die heißeste Stelle identifizieren. Entsprechend verfährt man mit der Leuchtflamme.

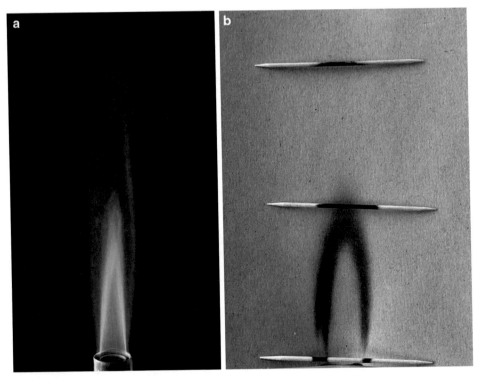

Abb. 2.2 Rauschende Brennerflamme (**a**) und einige Beobachtungen zur Untersuchung der Brennerzonen (**b**)

- In die verschiedenen Flammenzonen beider Flammen wird eine Porzellanschale gehalten. Die in sich in der Leuchtflamme bildende leichte Rußschicht, wird mit der Heizflamme wieder verbrannt.
- Ein Stück Pappe wird fast senkrecht so kurz in die leicht rauschende Flamme gehalten, bis sich die Flammenzonen abzeichnen, die Pappe sich aber nicht entzündet (Abb. 2.2).
- Ein Glimmspan wird für jeweils ein bis zwei Sekunden in verschiedene Höhen der beiden Kerzenflammen gehalten und dabei gedreht. Das Schwärzungsmuster des Holzstabes spiegelt die verschiedenen Temperaturen der Bereiche der Flammen wider.

Erklärung und didaktischer Kommentar

Die Befunde der verschiedenen Versuchsteile ermöglichen den Vergleich der beiden Flammentypen sowie die Abschätzung, welche Flamme bzw. welche Flammenzone besonders heiß ist. Damit können die Lernenden ableiten, dass mit der Heizflamme Stoffe erhitzt werden und die Leuchtflamme als sichtbare Flamme eingeregelt werden muss, wenn der Gasbrenner kurzzeitig nicht benötigt wird. Eine direkte Messung der Temperatur der Flammenzone kann mit den o. g. Versuchen nicht erfolgen. Ein Thermoelement (Messbereich über 1000 °C) ermöglicht dies.

Beim Vergleich der Flammen bei offener und geschlossener Luftzufuhr stellen die Lernenden häufig die Vermutung an, die rauschende Flamme sei heißer. Dies sollte aufgegriffen und problematisiert werden. Die Lernenden können dann selbst die Grundidee der o. g. Verfahren zum Abschätzen der Flammentemperaturen selbst entwickeln und diese dann durchführen. Falls die Lernenden bereits Kenntnisse über Schmelz- und Siedetemperaturen haben (vgl. Kap. 4), können sie zudem die Idee entwickeln, Stoffe mit bekannten Schmelztemperaturen in die Flammenzonen zu halten, um so Temperaturbereiche einzugrenzen (halbquantitatives Verfahren).

Kartuschenbrenner – ja oder nein?

In einigen Schulen werden meist bauseits bedingt Kartuschenbrenner anstelle der sonst üblichen Gasbrenner zum Anschluss an die Versorgung mit Erdgas eingesetzt. Die Kartuschen enthalten ein Propan-Butan-Gemisch, das unter erhöhtem Druck in der Kartusche flüssig vorliegt. Da das Gasgemisch eine größere Dichte als Luft aufweist, sinkt es beim Ausströmen nach unten. Es ist daher strikt darauf zu achten, dass das ausströmende Gas sofort (!) entzündet wird, weil sich ansonsten das Gasgemisch auf der Tischplatte sammelt und es so beim Anzünden zu einer Stichflamme kommen kann. Ein Video dazu lässt sich mit Abb. 2.3 abrufen.

Entsprechend den Richtlinien zur Sicherheit im Unterricht (RISU) i. d. F. von 2019 gilt u. a.:

- Im Unterrichtsraum dürfen Lernende nur mit **maximal 8 Sicherheitskartuschenbrennern in Einwegbehältern (Ventilkartuschen)** arbeiten. Verboten sind solche Kartuschenbrenner, die angestochen werden müssen und bei denen das Gas nach dem Entfernen des Entnahmeventils ausströmen kann.
- Kartuschenbrenner dürfen nur senkrecht betrieben und dürfen nicht geschüttelt oder gekippt werden. Austretende Flüssigkeit kann sich entzünden und es entsteht eine Brandfackel.
- Es sollte eine feuerfeste Unterlage verwendet werden, um im Falle eines Brandes das Mobiliar nicht zu beschädigen. Ferner ist ein Erwärmen der Kartusche zu vermeiden.
- Nach dem Gebrauch des Brenners muss das Ventil des Kartuschenbrenners stets dicht geschlossen werden. Nach dem Unterricht sollte man auf gelockerte Brenneraufsätze und unverschlossene Ventile prüfen. (RISU 2019, S. 52 f., 81).

Abb. 2.3 Das verlinkte
Video zeigt die Verpuffung bei
falscher Inbetriebnahme eines
Kartuschenbrenners
(▶ https://doi.org/10.1007/000-32t)

2.2   Erhitzen von Feststoffen und Flüssigkeiten

Materialien und Chemikalien

Gasbrenner	
2 Reagenzgläser	
Reagenzglasklammer	
Spatel	
Wasser	
Kerzenwachs (geraspelt)	
Siedesteinchen	

Durchführung

- Ein Reagenzglas wird etwa zwei Finger breit mit Kerzenwachs gefüllt.
- Mit dem Gasbrenner wird zunächst der obere Teil des schräg in die Flamme gehaltenen Reagenzglases erhitzt. Sobald das Wachs geschmolzen ist, wird der Rest des Wachses erhitzt.
- Ein weiteres Reagenzglas wird zu ¼ mit Wasser gefüllt. Anschließend wird ein Siedesteinchen zugegeben.
- Erhitzt wird zunächst in der Höhe des Flüssigkeitsspiegels, wobei das Reagenzglas schräg in die Flamme gehalten wird und dabei leicht aus dem Handgelenk geschüttelt wird. So wird dem Siedeverzug vorgesorgt.
- Sobald das Wasser siedet, wird der Versuch beendet.

Regeln für das Erhitzen von Stoffen im Reagenzglas

1. Gasbrenner dürfen nie zum Erhitzen *brennbarer* Flüssigkeiten verwendet werden.
2. Reagenzgläser dürfen nur bis maximal zu ¼ mit einer nicht brennbaren Flüssigkeit gefüllt werden. Um Siedeverzüge zu vermeiden, müssen Siedesteine ins Reagenzglas gegeben werden.
3. Das Reagenzglas wird mit einer Reagenzglasklammer am oberen Ende festgehalten. Das Reagenzglas wird schräg in die Flamme gehalten.
4. Die Öffnung eines Reagenzglases darf nie auf eine Person gerichtet werden.
5. Das Erhitzen von Flüssigkeiten beginnt in der Höhe des Flüssigkeitsspiegels. Das Reagenzglas wird stetig aus dem Handgelenk geschüttelt, um Siedeverzüge zu vermeiden.

Ein Video zum Erhitzen von Flüssigkeiten und entsprechenden Fehlern lässt sich unter Abb. 2.4 abrufen.

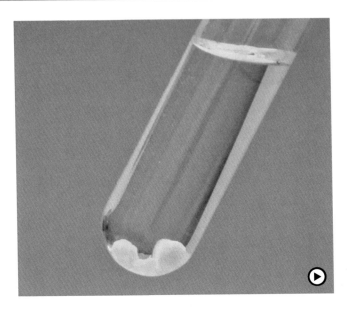

Abb. 2.4 Erhitzen von Flüssigkeiten mit dem Gasbrenner. Das verlinkte Video zeigt die Vorgehensweise und typische Fehler (▶ https://doi.org/10.1007/000-32w)

2.3   Wiegen und Volumen abmessen

Materialien und Chemikalien

Bechergläser (50 mL)	
Erlenmeyerkolben (50 mL)	
Messzylinder (50 mL, 100 mL)	
Vollpipette (20 mL)	
Messpipette (5 mL, 10 mL)	
Pipettierhilfe	
Waage	
Filzstift	
Wasser	

Durchführung

Ein Video zur Bedienung einer Analysenwaage lässt sich unter Abb. 2.5 abrufen.

Abb. 2.5 Das verlinkte Video zeigt die Bedienung einer Analysenwaage (▶ https://doi.org/10.1007/000-32s)

- Sechs 50-mL-Bechergläser werden nummeriert und gewogen. Die Massen werden in eine Tabelle eingetragen.
- Mit Hilfe verschiedener Gefäße werden 20 mL Wasser abgemessen und in je ein Becherglas gefüllt. Das verwendete Gefäß wird in der Tabelle notiert.
- Die Bechergläser werden erneut gewogen und die Massen in die Tabelle (Tab. 3.1) eingetragen.
- Mit Hilfe der Angaben aus der Tabelle wird die jeweils eingefüllte Wassermenge berechnet und die Genauigkeit der Volumenmessung beurteilt.

Beobachtung
Siehe Tab. 2.1

Didaktischer Kommentar
Beim Bedienen einer Analysenwaage oder einer Laborwaage muss den Lernenden deutlich gemacht werden, dass es sich bei den Geräten um Präzisionsgeräte handelt. Die sachgerechte Handhabung muss daher geschult werden. Als Erweiterung kann man dabei den Einsatz von Wägeschälchen bzw. Wägepapier vermitteln.

Tab. 2.1 Beobachtung und beispielhafte Auswertung

Nr	Messgefäß	Masse_{leer} [g]	$\text{Masse}_{gefüllt}$ [g]	Masse_{Wasser} [g]	Abweichung von 20 g [%]
1	Becherglas (50 mL)	41,025	62,280	21,255	6,3
2	Erlenmeyerkolben (50 mL)	41,515	59,600	18,085	9,6
3	Messzylinder (50 mL)	42,685	62,200	19,515	2,4
4	Messzylinder (100 mL)	44,780	64,060	19,280	3,6
5	Messpipette (5 mL)	48,740	68,560	19,820	0,9
6	Messpipette (10 mL)	48,840	68,710	19,870	0,7
7	Vollpipette (20 mL)	49,600	69,540	19,940	0,3

Die sachgerechte Verwendung des Peleusballs stellt selbst für viele Oberstufenschüler noch ein Problem dar. Die frühe Einführung der Handhabung kann dieses Problem bekämpfen helfen. Falls keine hinreichende Anzahl an funktionsfähigen Peleusbällen in der Sammlung vorliegt, kann man auch eine Luer-Lock-Kunststoffspritze (20 mL) mit einem Drei-Wege-Hahn und einem kurzen Silikonschlauchstück zu einer Pipettierhilfe umfunktionieren (Abb. 2.6).

2.4   Gleich viel ist nicht gleich schwer

Materialien und Chemikalien

Bechergläser (100 mL, 250 mL, 400 mL)	
Messzylinder (10 mL)	
Waage	
Spatellöffel	
Filzstift	
Trichter	
Natriumchlorid (Kochsalz)	

Abb. 2.6 Low-Cost-
Pipettierhilfe. **a** Saugstellung,
b Auslassstellung: Mit dem
Daumen wird die Öffnung
des Drei-Wege-Hahnes
verschlossen

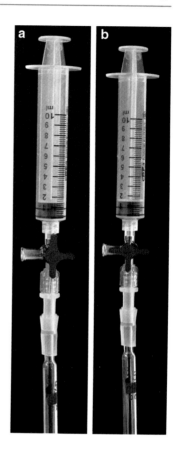

Sand	
Haushaltszucker	
Kunststoffgranulat	
Reis	
Styroporkügelchen	
Eisengranulat	

Durchführung 1

- Sechs 100-mL-Bechergläser werden nummeriert und gewogen. Die Massen werden in eine Tabelle eingetragen.
- Von jedem Stoff wird ein möglichst exaktes Volumen von 50 mL in ein Becherglas gefüllt.
- Die Bechergläser werden wieder gewogen und die Massen notiert.
- Aus den Tabellenwerten werden die abgefüllten Massen berechnet.

Durchführung 2

- Sechs 100-mL-Bechergläser werden nummeriert.
- Von jedem Stoff werden 50 g in ein Becherglas eingewogen.
- Die Volumina der einzelnen Stoffe werden verglichen.

Didaktischer Kommentar

Anknüpfend an den Versuch in Abschn. 2.3 kann den Lernenden durch diesen Versuch die Alltagsvorstellung deutlich gemacht werden, dass gleiche Portionen verschiedener Stoffe ein unterschiedliches Volumen bzw. gleiche Massen verschiedener Stoffe verschiedene Volumina haben. Der Vergleich der beiden Größen Masse und Volumen stellt zudem einen kindgerechten Zugang zur doch recht abstrakten Größe der Dichte dar. Der Versuch kann damit als Phänomen zur Hinführung zur Dichte eingesetzt werden (Kap. 5).

Einstiege in den Chemieunterricht

Inhaltsverzeichnis

Für die Lernenden ist das Fach Chemie neu und wird vielfach mit Spannung erwartet. Der Einstieg in den Chemieunterricht sollte daher diese Faszination für das Fach nutzen, gleichzeitig aber auch das Wesen des neuen Fachs verdeutlichen. Am Beginn steht daher meist die Frage, womit sich das Fach Chemie eigentlich befasst. Damit rücken der Stoffbegriff, deren Eigenschaften und die damit verbundenen Fachmethoden zur Untersuchung von Stoffen in den Fokus (Abschn. 3.2). Zusätzlich muss eine Unterweisung in die im Unterricht verwendeten Geräte (Kap. 2) sowie die beim Experimentieren zu beachtenden Sicherheitshinweise erfolgen – beispielsweise in Form

Ergänzende Information Die elektronische Version dieses Kapitels enthält Zusatzmaterial, auf das über folgenden Link zugegriffen werden kann https://doi.org/10.1007/978-3-662-63905-4_3

© Springer-Verlag GmbH Deutschland, ein Teil von Springer Nature 2022
B. Sieve et al., *Experimente im Chemieunterricht Band 1*,
https://doi.org/10.1007/978-3-662-63905-4_3

eines Stationenlernens zum Laborführerschein (Lengen-Mertel und Ahrends 2004, S. 17–20; Schwarzer und Ropohl 2016, S. 13–17). Folgende Zugänge zum Stoffbegriff haben sich bewährt.

A. *Gold oder nicht?*

Ein motivierender Zugang zum Stoffbegriff ist die Herstellung von Messing aus einer Kupfermünze in alkalischer Hydroxozinkatlösung (Abschn. 3.1) (Nickel 2001, S. 284–287). Das Produkt ähnelt einem Goldstück. Zusammen mit der Behauptung, dass Chemiker natürlich Gold herstellen könnten, wird ein kognitiver Konflikt herbeigeführt, der sich in Fragen äußert wie: Ist das Geldstück wirklich aus Gold? Wie lässt sich prüfen, ob das Geldstück aus echtem Gold besteht? Dies zieht die experimentelle Überprüfung des hergestellten Produktes nach sich und leitet zu verschiedenen Methoden der Untersuchung von Stoffen über. Besonders motivierend ist hierbei, dass die Lernenden durch Untersuchungen belegen müssen, dass die Lehrkraft „Unrecht" hat. Ein Nachteil ist jedoch, dass man im Unterricht sicherlich kaum echtes Gold als Vergleichssubstanz für Eigenschaftsuntersuchungen heranziehen wird. Hier bleibt also nur der Vergleich mit Literaturdaten. Dennoch bietet dieser Einstieg einen lernerorientierten Zugang zur Denkweise des Fachs Chemie. Die Denkschritte innerhalb dieses Zugangs sind: In einem kurzen Gespräch wird zunächst erfragt, was man in der Chemie so mache. Häufig fällt dann mit Bezug zur Alchemie das Thema Goldherstellung. Mit der Aussage „Das können Chemiker mit links." holen Sie die Utensilien in vorbereiteten Fläschchen und mit der Aufschrift Goldpulver I und II aus einem verschlossenen Schrank und führen dramaturgisch geschickt die Goldherstellung vor. Ein kleiner ‚Zauberspruch' erhöht den Effekt. Die Lernenden wissen eigentlich, dass man kein Gold herstellen kann, doch beginnen sie vielfach zu zweifeln. Sie zeigen dann das nun silbrige Centstück, woraufhin die Lernenden sich bestätigt fühlen. Das Staunen ist umso größer, wenn Sie den gespülten Cent dann in der Gasbrennerflamme erhitzen, worauf das Geldstück wie durch Zauberhand golden glänzt. Damit liegt die Frage der Stunde (s. o.) auf der Hand. Als Nächstes sammeln die Lernenden mögliche Untersuchungsverfahren und erstellen den Steckbrief für Gold. Der Vergleich von Härte, Leitfähigkeit, Temperaturbeständigkeit und der Löslichkeit in sauren Lösungen erlauben keine klare Entscheidung. Nur die Bestimmung der Dichte von Gold und des „Goldcents", die hier nur als phänomenologische Größe eingeführt wird, bringt Klarheit.

B. *Untersuchung verschiedener weißer Pulver*

Ebenso motivierend lässt sich der Versuch „Untersuchung von verschiedenen weißen Pulvern" (Abschn. 3.4) als Einstieg in die Untersuchung von Stoffen nutzen – am besten flankiert durch eine Geschichte über den Fund von verschiedenen nicht-etikettierten Flaschen oder des Diebstahls verschiedener Stoffe (Analyse der verschütteten Proben). Fünf bis neun weißliche Pulver (z. B. Puderzucker, Hagelzucker, grobes Meersalz, feines Speisesalz, Mehl, Citronensäure, Natron, Waschpulver und Zinkoxid) werden den Lernenden präsentiert. Die Beschreibung der Proben führt zu dem Problem, um welche Stoffe (Materialien) es sich bei den Proben handelt und wie man die Proben durch geeignete Experimente überprüfen kann. Mit Spekulationen sind die Lernenden meist schnell bei der Hand (Salz, Zucker, Mehl …), doch den Lernenden wird schnell bewusst, dass man ohne Daten und Untersuchungsergebnisse gar keine Aussagen treffen kann. Mögliche Untersuchungen (Löslichkeit, Leitfähigkeit der Lösungen, Erhitzen …) werden vorgeschlagen und entsprechende Versuchspläne entwickelt. Vorteil ist hier, dass alle Untersuchungen im Schülerexperiment durchgeführt werden können. Nach der Zusammenschau der Beobachtungen weiß man allerdings noch immer nicht, aus welchen Stoffen die Proben bestehen. Anhand vorgefertigter Steckbriefe zu verschiedenen weißen Pulvern können die Lernenden durch Eigenschaftsvergleiche die Proben identifizieren und so die zentrale Frage beantworten. Gleichzeitig haben sie dabei zentrale Fachmethoden der Untersuchung von Stoffen und somit ein wesentliches Betätigungsfeld der Chemie kennengelernt.

Um eine noch breitere Palette an ersten Untersuchungen zu haben, lassen sich einzelne der Pulver durch farblose Flüssigkeiten (z. B. verdünnte Salzsäure, Brennspiritus, Kochsalzlösung, destilliertes Wasser, verdünnte Natronlauge und verdünnter Alkohol) oder andere Feststoffe (Würfel aus Eisen, Kupfer und Aluminium, PE-Stück) austauschen. Dies ermöglicht Untersuchungen zur Magnetisierbarkeit oder den Vorgriff auf Dichtebestimmungen bzw. auf spezifische Nachweise (Flammenfärbung bei der Kochsalzlösung).

C. *Untersuchung von Gummibären*

In vergleichbarer Weise können Gummibärchen untersucht werden (Abschn. 3.2). Hier dient als Ausgangsfrage: Was würde ein Chemiker mit einem Gummibärchen machen? Nach einer Sammlung (z. B. Wiegen, in Wasser oder einer „Säure" lösen, es erhitzen, die Brennbarkeit prüfen …) werden die geplanten Untersuchungen durchgeführt, wobei die Gummibärchen nach Farbe sortiert werden und jede Gruppe eine Sorte von Gummibärchen untersucht.

D. *Wer* macht *den meisten Schaum?*

Eine andere Zielrichtung verfolgt das Egg-Race „Wer macht den meisten Schaum?" (Abschn. 3.3). In diesem experimentellen Wettkampf sollen die Lernenden explorativ herausbekommen, wie man mit gegebenen Materialien die größte Schaummenge erzeugt. Die bei den Lernenden bereits vorhandenen Grundlagen naturwissenschaftlichen Arbeitens können so erfasst und nach dem Versuch diskutiert werden. Die Auswertung dieses Experiments kann auf unterschiedliche Art und Weise erfolgen. Wird es als Einstieg in das experimentelle Arbeiten verwendet, können anschließend folgende Aspekte besprochen werden: Welche Voraussetzungen gelten für erfolgreiches Experimentieren? Welche Bedeutung hat das Protokollieren für die Wiederholbarkeit des Experiments und die systematische Abwandlung der Herangehensweise? Eine Besprechung von Protokollen kann hier auch erfolgen.

Wird das Experiment in höheren Klassenstufen durchgeführt, so ist auch eine weiterführende fachliche Auswertung unter verschiedenen Gesichtspunkten möglich:

- Genauere experimentelle und theoretische Untersuchung, welche der Stoffe für welche Wirkung verantwortlich sind (Säure und Soda/Natron führen zu einer Gasentwicklung und das Gas schäumt das Waschmittel auf). Analogien zu sprudelndem Soda-Wasser und zum Brausepulver können herangezogen werden.
- Analyse der zugrunde liegenden Reaktion (saure Lösung reagiert mit dem Carbonat oder Hydrogencarbonat unter Bildung von Kohlenstoffdioxid) mit experimenteller Erweiterung (Kombination anderer Carbonate/Hydrogencarbonate mit weiteren sauren Lösungen) und Formulierung von entsprechenden Reaktionsgleichungen.
- Untersuchung weiterer Reaktionsbedingungen, die Einfluss auf die Schaumbildung haben können (z. B. Temperatur des Wassers, Zerteilungsgrad der Stoffe). Stöchiometrische Berechnungen z. B. des Kohlenstoffdioxidvolumens oder des Massenverhältnisses von Citronensäure zu Soda.

Neben diesen beispielhaft aufgeführten Einstiegen gibt es verschiedene Einheiten aus der Konzeption *Chemie im Kontext* (ChiK). So verfolgt die Einheit *Vorkoster in Not – die Chemie ersetzt den Vorkoster* (Kuballa 2008) die gleichen Ziele wie die Einheit zu den weißen Pulvern, führt jedoch zusätzlich am Beispiel der Nahrungsmittel Nachweisreaktionen ein. Einen stärkeren Fokus auf das Thema Gemischtrennung legt die Schokoladen-Einheit, in der experimentell Fett und Zucker aus Schokolade abgetrennt und nachgewiesen werden (Abschn. 6.3.2).

> **Info: Terminologie rund um den Begriff Stoff**
> Im Rahmen der ersten Chemiestunden wird meist der Begriff *Stoff* definiert. Diese Bezeichnung ist für Lernende angesichts der vielfältigen Bedeutungen im Alltag schwer fassbar. Meist wird der Begriff Stoff umschrieben – sei es durch Synonyme wie Material, Chemikalie oder Substanz, durch Analogien (z. B. „Ein Stoff ist das, woraus ein Gegenstand besteht.") oder Eigenschaftszuschreibungen („Ein Stoff ist an typischen Eigenschaften erkennbar.") verdeutlicht. Auch die Angabe von Beispielen findet sich häufig: „Ein Stoff ist so was wie Kupfer oder Wasser" (Sieve und Rehm 2012, S. 8–11). Gase werden von vielen Lernenden nicht als stofflich eingeschätzt, weil sie als masse- und körperlos eingeschätzt werden. Stattdessen werden Energieformen wie Licht, elektrische und thermische Energie fälschlicherweise als Stoff angesehen. Um diesen fachlich nicht tragfähigen Vorstellungen entgegenzuwirken, müssen Lernende erkennen, dass ein Stoff eine Masse und eine räumliche Ausdehnung hat. In Anlehnung an Kienast et al. (2012, S. 12–15)

hat sich bewährt, über eine Sammlung all dessen, was *keine* Stoffe sind (Nicht-Stoffe) zu der folgenden, zugegebenermaßen sehr grundlegenden Beschreibung für einen Stoff zu kommen: „Stoffe sind alles, was man im Prinzip anfassen oder in ein Gefäß bringen kann. Eine Stoffportion ist eine bestimmte Menge eines Stoffes, die eine bestimmte Masse und einen bestimmten Raum einnimmt" (ebd. S. 12). Eine Abgrenzung des Begriffs Stoff zu Gegenständen (Körpern, Dingen) kann sich durch Zuordnung von Stoffen und Gegenständen sowie den Vergleich von Eigenschaften ergeben. Die Definition kann dann in etwa lauten: *Stoffe und Gegenstände (Körper, Dinge) unterscheiden sich. Stoffe sind an ihren spezifischen Stoffeigenschaften erkennbar, Gegenstände werden durch ihre äußere Form und ihre Funktion beschrieben.*

3.1 „Goldherstellung"

(Jansen 1994; Nickel 2001)

Materialien und Chemikalien

Bechergläser (200 mL)	
Dreifuß und Drahtnetz	
Gasbrenner	
große Pinzette	
Spatel	
Glasstab	
Kupfermünzen	
Kupferblech	
Natronlauge ($w = 20\ \%$, ⬦)	
Zinkpulver (⬦⬦)	
Ascorbinsäure	
Wasser	

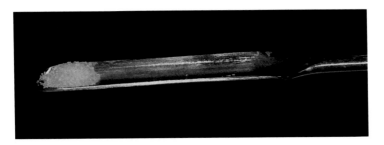

Abb. 3.1   Eine Spatelspitze einer Substanzprobe

Durchführung

- Angelaufenes Kupferblech bzw. Geldstücke zunächst in einer heißen Ascorbinsäure-lösung reinigen.
- In ein Becherglas werden 50 mL Natronlauge, 3 Spatelspitzen (Abb. 3.1) Zinkpulver und einige gereinigte Kupferstückchen (Geldstücke) gegeben und unter Umrühren bis zum Sieden erhitzt.
- Nach einigen Minuten werden die Bleche (Geldstücke) aus der Lösung genommen, abgespült und begutachtet.
- Anschließend wird das Blech (die Münze) kurz durch die entleuchtete Gasbrenner-flamme gezogen.

Beobachtungen
Nach der Behandlung in der Lauge glänzt das Kupfer silbrig. Nach dem Erhitzen in der Brennerflamme erscheint es golden.

Erklärung und didaktischer Kommentar
Zinkpulver reagiert im stark alkalischen Milieu zu einem löslichen Zinktetrahydroxo-Komplex. Es findet eine Elektronenübertragung statt, bei der Zink-Ionen reduziert werden und die Zink-Atome sich als Zinküberzug auf dem Kupferstück abscheiden (silbrige Farbe). Der Überzug lässt sich abreiben. Beim Erhitzen entsteht eine Kupfer-Zink-Legierung. Diese ist als Messing bekannt und besitzt ein goldähnliches Aussehen. Didaktischer Kommentar: siehe Einführung ins Kapitel.

Entsorgung
Die Suspension kann für die nächste Versuchsdurchführung aufbewahrt werden.

3.2 Untersuchung von Gummibärchen

(Korpjuhn o. J.)

3.2.1 Voruntersuchungen

Materialien und Chemikalien

Bechergläser (100 mL)	
Waage	
Wasserkocher	
Porzellanschale	
Pinzette	
Streichhölzer	
Eine Tüte Gummibärchen	
Wasser	

Durchführung

- Die roten, gelben, orangen, grünen und farblosen Gummibärchen in der Tüte werden gezählt und das Ergebnis in einem Diagramm dargestellt.
- Mehrere Gummibärchen werden gewogen und das Gewicht der einzelnen Gummibärchen verglichen.
- Ein Gummibärchen wird gewogen und in ein mit Wasser gefülltes Becherglas gegeben. Nach etwa fünf Minuten wird es mit der Pinzette herausgenommen, abgetrocknet und nochmals gewogen. Zusätzlich wird es mit einem Originalgummibärchen verglichen.
- Der Versuch wird mit heißem Wasser (nicht sprudelnd!) wiederholt.
- Ein Gummibärchen wird in die Porzellanschale gelegt und ein brennendes Streichholz daran gehalten. Ggf. muss der Versuch mit weiteren brennenden Streichhölzern wiederholt werden.

Beobachtungen

Die unterschiedlich gefärbten Gummibärchen unterscheiden sich nicht in ihrer Masse; alle Gummibärchen sind in etwa gleich schwer. Die eingelegten Gummibärchen werden im kalten Wasser nur minimal schwerer und nicht merklich größer, im warmen Wasser nimmt die Masse deutlich stärker zu, die Gummibärchen sind größer und von der

Konsistenz her weicher. Die Gummibärchen lassen sich mit einem Streichholz nur schwer entzünden. Beim längeren Erwärmen (2 Streichhölzer oder mit einem Feuerzeug), beginnt das Gummibärchen zu brennen. Dabei färbt sich das Gummibärchen schwarz.

Erklärung und didaktischer Kommentar

Die verschiedenen Farbmittel haben keinen Einfluss auf die Masse der Gummibärchen. Die Masse einer Stoffportion ist damit eine ungeeignete Größe zur Beschreibung von Stoffen. In kaltem Wasser kommt es in der angegebenen Zeitspanne kaum zur Quellung, da die Gummibärchen mit einem Wachsüberzug versehen sind. Dieser ist in heißem Wasser nicht beständig. Infolge des sehr hohen Zuckergehaltes und der Gelatine quillt das Gummibärchen auf und wird weich. Aufgrund des hohen Gehalts an Zucker und Gelatine sind Gummibärchen brennbar. Hieran kann z. B. der Begriff Brennstoff (Energieträger) eingeführt werden und auch die Bedingungen einer Verbrennung angerissen werden (Sauerstoff aus der Luft, Brennstoff, Entzündungstemperatur). Das Schwarzwerden des Bärchens weist auf Kohlenstoffverbindungen hin. Eine erste Idee von Nachweisreaktionen kann daher auch hier gelegt werden.

Entsorgung

Entfällt.

3.2.2 Untersuchung der Inhaltsstoffe von Gummibären

Materialien und Chemikalien

Bechergläser (100 mL)	
Porzellanschälchen	
Teelöffel	
Streichhölzer	
Wasserkocher	
Haushaltszucker	
Gelatine	
Citronensäure	
Bienenwachs	
Wasser	

Durchführung 1

- Je ein Teelöffel Haushaltszucker wird in 50 mL kaltes und 50 mL heißes Wasser gegeben.
- Diese Löseversuche werden mit jeweils einem Teelöffel Citronensäure, Bienenwachs und Gelatine wiederholt.

Durchführung 2

- Ein Teelöffel Haushaltszucker wird in ein Porzellanschälchen gegeben und versucht, diesen mit einem Streichholz anzuzünden.
- Der Versuch wird mit Gelatine, Bienenwachs und Citronensäure wiederholt.

Beobachtungen

Die Kristalle der Stoffe Haushaltszucker und Citronensäure werden im Wasser immer kleiner und verschwinden schließlich ganz. Dabei sind Schlieren zu beobachten; in warmem Wasser erfolgt der Vorgang schneller. Die Portion Bienenwachs verändert sich weder in kaltem noch in warmem Wasser merklich. In kaltem Wasser bleibt die Gelatine nahezu unverändert; in warmem Wasser wird sie durchsichtig und verschwindet nach und nach. Die Lösung wird dann etwas viskoser.

Alle Stoffe lassen sich nur schwer entzünden. Dabei schmelzen die Stoffe und werden dabei schwarz. Eine echte Flamme ist nicht zu erkennen. Führt man mehr Wärme zu, ist eine Rauchbildung zu erkennen.

Erklärung und didaktischer Kommentar

Die Stoffe Haushaltszucker und Gelatine lösen sich in kaltem und in warmem Wasser; in warmem Wasser erfolgt der Vorgang schneller. Gelatine quillt auf (geliert). Bienenwachs löst sich aufgrund seiner hydrophoben Eigenschaften nicht im Wasser.

Da alle Stoffe organische Stoffe und Energieträger sind, lassen sich die Stoffe entzünden. Sie schmelzen und pyrolysieren. Die braune oder sogar schwarze Farbe der übrig gebliebenen Stoffe weist Kohlenstoff als Pyrolyseprodukt hin (indirekter Nachweis dafür, dass die Stoffe C-Atome in ihren Stoffbausteinen enthalten).

Wenn man den Lernenden die angegebenen Stoffe als Rohstoffe für die Herstellung von Gummibärchen vorstellt, können die Lernenden die Brennbarkeit als Gemeinsamkeit ableiten und so die Begriffe Brennstoff und Nährstoff kennenlernen. Ferner können die Lernenden die Funktionen der Stoffe im Gummibärchen begründen: Zucker (Energieträger, Süßungsmittel), Citronensäure (Säuerungsmittel, Energieträger), Bienenwachs (verhindert als Überzug das „Ziehen" von Wasser), Gelatine (Festigkeit des Gummibärchens).

Als Ergänzung können die Lernenden versuchen, aus den angegebenen Stoffen Gummibärchen selbst herzustellen. Hier können die Angaben auf der Verpackung einen ersten Anhaltspunkt über die Mischungsverhältnisse geben.

Entsorgung

Entfällt.

3.3   Wer macht den meisten Schaum?

(von Borstel, Gärtner 2003)

Materialien und Chemikalien

Bechergläser (100 mL)	
Messzylinder (500 mL)	
Messzylinder (100 mL)	
Spatel	
Citronensäure (⚠)	
Mehl	
Natriumhydrogencarbonat (Natron)	
Natriumchlorid (Kochsalz)	
Natriumcarbonat (Soda, ⚠)	
Waschpulver	
Wasser	

Durchführung

Durch Mischen von verschiedenen festen Stoffen und Wasser soll möglichst viel Schaum erzeugt werden. Die Höhe des gebildeten Schaums wird gemessen. Dabei ist Folgendes zu beachten:

- Bei der Schaumherstellung dürfen die Geräte nicht geschüttelt, die Flüssigkeit nicht umgerührt und in das Gemisch keine Luft geblasen werden.
- Das Versuchsergebnis muss reproduzierbar sein.
- Für einen Versuch dürfen maximal drei Pulver vermischt werden.
- Pro Pulver dürfen maximal drei Spatel verwendet werden.
- Es werden 100 mL Wasser verwendet.
- Die Feststoffe werden im Becherglas gemischt und anschließend zusammen mit dem Wasser in einen großen Messzylinder gegeben.
- Die Entwicklung des Schaums wird beobachtet und die Schaumhöhe abgelesen.

Beobachtungen

Optimale Ergebnisse bzgl. Schaummenge und Schaumfestigkeit werden erreicht, wenn man Citronensäure, Waschpulver und Natron bzw. Soda verwendet. Durch Mörsern lässt

sich ein größerer Zerteilungsgrad erzielen, was sich positiv auf die Schaumbildungs-
geschwindigkeit auswirkt.

Erklärung und didaktischer Kommentar

In der Lösung von Citronensäure reagieren Carbonate bzw. Hydrogencarbonate unter
Freisetzung von Kohlenstoffdioxid. In Anwesenheit eines Schaumbildners (Waschmittel)
bildet sich ein Kohlenstoffdioxid-Schaum. Didaktische Kommentare sind in der Einführung zu diesem Kapitel zu finden.

Entsorgung

Entfällt.

3.4   Untersuchung von weißen Pulvern

Materialien und Chemikalien

Schnappdeckelgläser (50 mL)	
Spatel	
Leitfähigkeitsprüfer mit Glühlämpchen oder LED	
Teelöffel	
Kerze (ggf. Flambierbrenner) (alternativ: Sektflaschenverschlussbrenner, Abb. 3.2)	
Rotkohlsaft	
Puderzucker	
Haushaltszucker oder Hagelzucker	
grobes Meersalz	
feines Speisesalz	
Mehl	
Citronensäure (⬦)	
Natriumhydrogencarbonat (Natron)	
Waschpulver	
Zinkoxid	
demineralisiertes Wasser	

Abb. 3.2 Erhitzen von Zucker mit dem Sektflaschenverschlussbrenner (Agraffenbrenner)

3.4.1   Löslichkeit

- Ein Schnappdeckelglas wird etwa zur Hälfte mit demineralisiertem Wasser gefüllt. Es wird ein halber Spatel Natron zugegeben und geschüttelt, bis sich der Stoff gelöst hat.
- Es werden weitere Spatel Natron hinzugegeben, bis sich nichts mehr löst. Die Zugabe wird nach maximal drei Portionen beendet.
- Alle Stoffportionen sollten möglichst gleich groß sein.
- Der Versuch wird mit den anderen Stoffen wiederholt.

Entsorgung
Die Lösungen werden für Abschn. 3.4.2 und 3.4.3 benötigt.

3.4.2   Elektrische Leitfähigkeit

Durchführung

- Verwendet werden wieder die Lösungen aus dem Versuch zur Löslichkeit.
- Die Prüfspitzen werden in die Natron-Lösung gehalten und beobachtet, ob und wie stark das Lämpchen leuchtet.
- Der Versuch wird mit den Lösungen der anderen Stoffe wiederholt.

Entsorgung

Die Gemische können in den Ausguss gegeben werden.

3.4.3   Verhalten gegenüber Rotkohlsaft

Durchführung

- Zu den Lösungen aus dem Versuch zur Löslichkeit werden einige Tropfen Rotkohlsaft gegeben.

Entsorgung

Die Gemische können in den Ausguss gegeben werden.

3.4.4   Verhalten beim Erhitzen

Durchführung

- Eine Spatelspitze Natron wird auf einem Teelöffel über einer Kerzenflamme erhitzt und beobachtet, ob und wie es sich verändert. Alternativ kann man die gleiche Menge an Natron auf dem Sektflaschenverschluss brenner erhitzen (Abb. 3.2).
- Der Versuch wird mit den anderen Stoffen wiederholt. Beim Zinkoxid muss man stärker erhitzen. Dies kann mit einem Flambierbrenner unter Aufsicht der Lehrkraft erfolgen.

Entsorgung

Die festen Produkte können in den Hausmüll gegeben werden.

3.4.5   Verhalten gegenüber Citronensäure-Lösung

Durchführung

- Ein Spatel der festen Stoffe wird in je ein Becherglas (100 mL) gegeben.
- Die Stoffe werden tropfenweise mit Citronensäure-Lösung aus dem Versuch zur Löslichkeit versetzt.

Entsorgung

Die Gemische können im Ausguss entsorgt werden.

Beobachtung

Erklärung und Didaktischer Kommentar

Anhand der Steckbriefe lassen sich die Stoffe mithilfe der für sie typischen Kombination an Stoffeigenschaften eindeutig identifizieren. Zwei Beispiele für eine Argumentation der Lernenden (Tab. 3.1): Probe A ist in Wasser schlecht löslich, es färbt sich beim Erhitzen bräunlich und es riecht verbrannt. Dies stimmt mit den Eigenschaften von Mehl am besten überein. Daher muss es sich beim Stoff A um Mehl handeln. Probe B färbt sich beim Erhitzen gelb und wird beim Abkühlen wieder weiß. Dies trifft nur für den Stoff Zinkoxid im Steckbrief zu.

Hinsichtlich der Organisation des Versuchs empfiehlt sich eine arbeitsteilige Vorgehensweise, wobei die Stoffproben zuvor in kleine Schraubdeckelgefäße (alternativ: leere Gewürzgläser ohne Etikett und Streuplatte) abgefüllt werden. Damit alle Lernenden die verschiedenen Untersuchungsmethoden erlernen, sollte jede Gruppe eine Probe erhalten und wie in einem Stationenlernen die einzelnen Untersuchungen durchführen.

Tab. 3.1 Beobachtung und beispielhafte Auswertung zu allen Teilversuchen

Pulver		Löslichkeit	Elek. Leitfähig-keit	Verhalten gegenüber		
				Rotkohl-saft	**Erhitzen**	**Citronensäure-Lsg.**
1	Puderzucker	sehr gut	nein	keine Änderung	schmilzt, wird braun, brauner Dampf	keine beobacht-bare Ver-änderung, löst sich darin
2	Haushalts-zucker	sehr gut	nein	keine Änderung	karamellisiert	keine beobacht-bare Ver-änderung, löst sich darin
3	grobes Meer-salz	gut	ja	keine Änderung	keine Änderung	keine beobacht-bare Ver-änderung, löst sich darin
4	feines Tafel-salz	sehr gut	ja	keine Änderung	keine Änderung	keine beobacht-bare Ver-änderung, löst sich darin
5	Mehl	keine	nein	keine Änderung	verkohlt	keine beobacht-bare Ver-änderung
6	Natron	gut	ja	blau-violett	keine Änderung	Gasentwicklung
7	Waschpulver	teilweise, Schaum-bildung	ja	blau-violett		keine beobacht-bare Ver-änderung, löst sich darin
8	Zinkoxid	keine	nein	keine Änderung	Gelbe Färbung	keine beobacht-bare Ver-änderung, löst sich darin
9	Citronensäure	begrenzt	ja	rötlich	schmilzt	keine beobacht-bare Ver-änderung, löst sich darin
10	Calcium-sulfat-Dihydrat	schlecht	ja	leicht blau	keine Änderung	keine beobacht-bare Ver-änderung, löst sich nicht

Untersuchung messbarer Stoffeigenschaften

Inhaltsverzeichnis

Ergänzende Information Die elektronische Version dieses Kapitels enthält Zusatzmaterial, auf das über folgenden Link zugegriffen werden kann https://doi.org/10.1007/978-3-662-63905-4_4. Die Videos lassen sich durch Anklicken des DOI Links in der Legende einer entsprechenden Abbildung abspielen, oder indem Sie diesen Link mit der SN More Media App scannen.

Nachdem die Lernenden den Stoffbegriff kennengelernt haben und erste mit den Sinnen erfahrbare Stoffeigenschaften untersucht haben, stehen nun messbare Stoffeigenschaften wie die Löslichkeit, die Dichte oder auch die Siede- und Schmelztemperaturen im Mittelpunkt des Unterrichts. Nähere inhaltliche und didaktische Hinweise dazu finden Sie in den jeweiligen Kapiteln. Nachdem mehrere messbare Stoffeigenschaften behandelt wurden, sollte als Rückschau und Wiederholung eine Beurteilung der verschiedenen Stoffeigenschaften im Hinblick auf ihre Eignung bei der Identifizierung von Stoffen erfolgen, um die sogenannten *Kenneigenschaften* zu identifizieren (Tab. 4.1). Dies kann beispielsweise an Steckbriefen von Stoffen geschehen, die von den Lernenden zuvor erstellt wurden. Auch eine Einteilung von Stoffen in Stoffgruppen ist hier sinnvoll (z. B. Metalle, salzartige Stoffe, diamantartige Stoffe, flüchtige Stoffe). Letzteres erleichtert die spätere Erweiterung der Klassifizierung von Stoffen in Reinstoffe und Gemische sowie Elemente und Verbindungen und verdeutlicht schon hier, dass es bei aller Vielfalt an Stoffen klare und vor allem recht überschaubare Ordnungskriterien gibt.

Tab. 4.1 Einteilung der Güte der Eigenschaften für das Erkennen und Identifizieren von Stoffen

Sehr hilfreich (Kenneigenschaften)	Hilfreich	Nicht hilfreich
Dichte, Schmelztemperatur, Siedetemperatur	Mischbarkeit/Löslichkeit Brennbarkeit, Wirkung auf Indikatoren (Acidität), Geruch, Farbe, Kristallform, Giftigkeit, Aggregatzustand …	Masse, Volumen, Temperatur, Form

4.1   Aggregatzustände und Phasenübergänge

Bei der Untersuchung weißer Pulver haben die Lernenden gesehen, dass einige Stoffe sich beim Erhitzen dauerhaft verändern. Naheliegende Aggregatzustandsänderungen sind noch nicht experimentell vermittelt worden. Die Bestimmung der Schmelztemperaturen bzw. Erstarrungskurven von Stearinsäure oder von Natriumthiosulfat (Abschn. 4.1.2) bieten gleichzeitig die Gelegenheit, eine Erstarrungskurve bzw. eine Schmelzkurve anfertigen zu lassen. Der Einsatz von Messwerterfassungssystemen empfiehlt sich, wenn die Lernenden einmal händisch eine Erstarrungskurve aufgenommen und diese gezeichnet haben. Die Kompetenzen im Bereich der Diagrammerstellung und -interpretation können so gefördert werden.

Die Analyse der Daten führt zur Ableitung der Schmelz- bzw. Erstarrungstemperatur (Abschn. 4.1.1). Die konstante Temperatur im Bereich des Phasenwechsels kann ohne eine vorliegende Teilchenvorstellung nicht hinreichend interpretiert werden, da der „Verbleib" der abgeführten oder zugeführten thermischen Energie nicht auswertbar ist. Im Unterricht kann nun neben dem Siedediagramm eine Übersicht über die Phasenwechsel von fest über flüssig zu gasförmig erstellt werden. Eine Differenzierung kann an dieser Stelle durch den Versuch 4.1.5 erfolgen. Dieser verdeutlicht, dass sich eine konstante Schmelz- bzw. Siedetemperatur nur für Reinstoffe ergibt. Aus all diesen Versuchen erhebt sich die Frage, ob es auch den direkten Übergang von fest zu gasförmig und umgekehrt gibt. Dies zeigen die Versuche zur Sublimation von Iod, Benzoesäure (Abschn. 4.1.3) und von Trockeneis (Abschn. 4.1.4). Sublimationsversuche mit Naphthalin sollten aufgrund der Geruchsbelästigung vermieden werden.

Ein zentrales Ergebnis all dieser Untersuchungen ist eine Übersicht mit den Aggregatzuständen sowie den Bezeichnungen für die Phasenübergänge (Abb. 4.1).

Eine solche Anordnung der Aggregatzustände entlang einer Temperaturachse hebt die Bedeutung der Temperaturänderung für einen Phasenwechsel heraus. Schemata ohne Temperaturachse, die mitunter die beiden Aggregatzustände fest und flüssig auf einer Höhe zeigen können, schüren fachlich nicht angemessene Vorstellungen und sollten daher vermieden werden.

Nachdem die Schmelz- und/oder Siedetemperaturen experimentell bestimmt wurden, sollten sich Übungsaufgaben anschließen, z. B. derart, dass die Lernenden bei gegebenen Schmelz- und Siedetemperaturen die Aggregatzustände bei einer bestimmten Umgebungstemperatur angeben sollen. Temperaturen mit negativen Werten bereiten gerade jüngeren Lernenden Schwierigkeiten, da negative Zahlen im Mathematikunterricht der Klassen 5 und 6 mitunter noch nicht behandelt wurden. Als Differenzierung zu den Aggregatzuständen können die Lernenden anhand der Versuche 4.1.6 bis 4.1.8 die Abhängigkeiten der Siedetemperaturen vom Druck erarbeiten. Die Versuche mit Feuerzeugbenzin können auch im Bereich der Organischen Chemie im Themenbereich Alkane und ihre Eigenschaften eingesetzt werden.

Abb. 4.1 Beispielhaftes Schema zu Aggregatzuständen und deren Übergängen

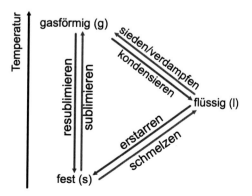

4.1.1 Schmelztemperatur = Erstarrungstemperatur

(de Vries und Paschmann 2005; Krause et al. 2020).

Materialien und Chemikalien

Becherglas (250 mL)	
Kunststoff-Einmalpipette (Spitze 3 cm abgeschnitten)	
Zwei Digitalthermometer (-20–$100°C$)	
Stoppuhr	
Zerkleinertes Eis	
Speisesalz	
Wasser	

Durchführung

- Im Becherglas wird eine Kältemischung hergestellt, indem Eis und Salz im Volumenverhältnis 3 : 1 gemischt werden.
- Nach dem Mischen wird sofort mit einem Thermometer der Temperaturverlauf verfolgt.
- Das Hütchen der Kunststoff-Einmalpipette wird mit Wasser befüllt, das zweite Thermometer hineingestellt und das so vorbereitete Hütchen in die Kältemischung gestellt.
- Die Temperatur der Flüssigkeit im Hütchen wird nach jeweils ½ Minute gemessen und protokolliert bis eine Temperatur von etwa $-5°C$ erreicht ist
- Das Hütchen wird mit dem Thermometer darin vorsichtig aus der Kältemischung genommen. Nun schnippt man kräftig gegen das Pipettenhütchen, bis die unterkühlte Schmelze auszukristallisieren beginnt. Der Temperaturverlauf wird weiterhin ermittelt.
- Ist eine Temperatur von etwa $0°C$ erreicht, empfiehlt sich die arbeitsteilige Vorgehensweise: Ein Teil der Gruppen stellt den Ansatz wieder in die Kältemischung und misst wiederum für etwa fünf Minuten die Temperaturwerte. Die übrigen Gruppen erwärmen das Pipettenhütchen mit der Hand und ermitteln die Temperaturwerte, bis eine Temperatur von etwa $10°C$ erreicht ist.
- Mit den Temperaturdaten wird ein Temperatur-Zeit-Diagramm erstellt und ausgewertet (Abb. 4.2).

Beobachtung

Erklärung und didaktischer Kommentar

Kühlt man Wasser stark ab, so bilden sich bei $0°C$ erste Eiskristalle. Ggf. bildet sich auch eine unterkühlte Schmelze (1), die beim Anschnippen auskristallisiert, wobei die

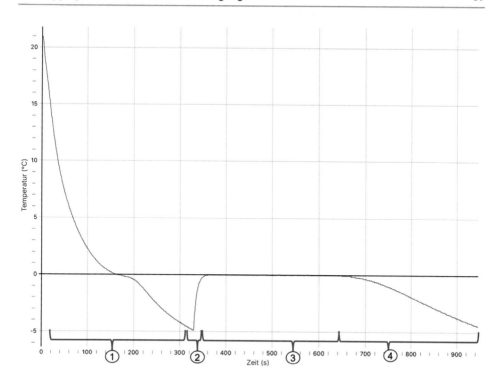

Abb. 4.2 Beispielhaftes Temperatur-Zeit-Diagramm zum Versuch. (© M. Krause; erstellt mit Vernier Graphical Analysis®)

Temperatur durch die frei werdende Kristallisationswärme von etwa −5 °C auf 0 °C steigt (2). Kühlt man wieder ab, bleibt die Temperatur konstant bei 0 °C, solange Eis und Wasser nebeneinander vorliegen (3). Erst wenn das gesamte Wasser erstarrt ist, sinkt die Temperatur des Eises unter 0 °C (4). Beim Erwärmen von Eis beobachtet man ebenfalls eine konstante Temperatur, bis das gesamte Eis im Eis-Wasser-Gemisch geschmolzen ist. Erst dann steigt die Temperatur auf Werte über 0 °C.

Dieses Experiment eignet sich für die qualitative Auswertung im Anfangsunterricht, um daran die Konstanz der Temperatur bei der Phasenumwandlung zu verdeutlichen. In der Sek. II können thermodynamische Betrachtungen angestellt werden wie beispielsweise die Berechnung der bei der Kristallisation frei werdenden Wärmemenge. Anregungen finden sich hierzu bei Krause et al. (2020) oder bei Krause (2020). Dort findet sich ebenfalls ein gelungenes Erklärvideo zum Versuch.

Entsorgung
Entfällt.

4.1.2   Schmelztemperaturen von Stearinsäure und Natriumthiosulfat

Materialien und Chemikalien

Becherglas (250 mL)	
Wasserkocher	
Reagenzglas	
Thermometer (ggf. digital)	
Stoppuhr	
Stearinsäure	
Natriumthiosulfat-Pentahydrat	
Wasser	

Durchführung

- Man gibt ungefähr 3 cm hoch Stearinsäure in ein dünnwandiges Reagenzglas und stellt es in ein Becherglas mit etwa 90°C heißem Wasser.
- Die Temperatur des schmelzenden Stearins wird im Abstand von 30 s gemessen, bis die gesamte Stearinsäure geschmolzen ist. Die Werte werden in einer Wertetabelle eingetragen. Es ist darauf zu achten, dass das Thermometer das Reagenzglas nicht berührt und das Thermometer zum Ablesen nicht aus der Schmelze gezogen wird.
- Für die Messung der Erstarrungstemperatur wird das Reagenzglas mit der Schmelze zum Abkühlen aus dem Wasserbad genommen. Es wird die Temperatur im Abstand von 30 Sekunden gemessen, bis die Stearinsäure vollständig erstarrt ist.
- Der Versuch wird mit Natriumthiosulfat wiederholt. **Einziger Unterschied:** Wenn die Temperatur beim Abkühlen auf etwa 30°C gesunken ist, gibt man einen Impfkristall ($Na_2S_2O_3$) hinzu, um die Kristallisation zu starten.
- Aus den aufgenommenen Wertepaaren wird ein Temperatur-Zeit-Diagramm erstellt (Abb. 4.3).

Beobachtung siehe Abb. 4.3

Erklärung und didaktischer Kommentar
Wie in Versuch 4.1.1 bleibt die Temperatur während des Schmelz- bzw. Erstarrungs-vorgangs konstant und sinkt erst unter etwa 54°C (Stearinsäure), wenn die Schmelze vollständig erstarrt ist. Aus dem waagerechten Verlauf des Graphen lässt sich dann die Schmelz- bzw. Erstarrungstemperatur ableiten.

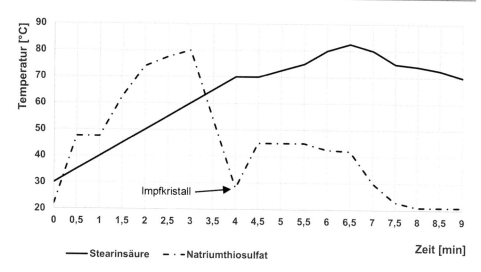

Abb. 4.3 Beispielhafte Diagramme zu den Versuchen

Die Zugabe eines Impfkristalls zur unterkühlten Schmelze von Natriumthiosulfat führt zur Erwärmung der kristallisierenden Schmelze. Die Temperatur steigt bis zur Schmelztemperatur (Kristallisationstemperatur) und bleibt für eine Zeit konstant, bis das feste Thiosulfat wieder erstarrt. Dieser Versuch zeigt eindrucksvoll, dass beim Kristallisieren Energie an die Umgebung abgegeben wird. Führt man das Experiment mit einem Messwerterfassungssystem durch, wird dieser Effekt sehr gut sichtbar. Das Experiment eignet sich auch als Differenzierungsbaustein zum Thema Lösen und Kristallisieren in der Klassenstufe 9/10 sowie in der Sek. II, sofern die Ionen-Dipol-Wechselwirkungen und das Wechselspiel von Gitter- und Hydratationsenthalpie behandelt wurde.

Entsorgung
Die Ansätze können aufbewahrt werden.

4.1.3 Sublimation und Resublimation

Materialien und Chemikalien

Erlenmeyerkolben (weit, min. 300 mL)	
Uhrglas	
Gasbrenner	
Dreifuß und Drahtnetz	

Pinzette	
Spatel	
Iod (◇◇)	
Benzoesäure	
Coffein (◇)	
Natriumthiosulfat-Lösung ($w = 10\,\%$)	
Natriumhydrogencarbonat (Natron)	
Eiswürfel	

Durchführung

- Einige Kristalle von Iod werden in den Erlenmeyerkolben gegeben und mit einem Uhrglas abgedeckt (Abb. 4.4).
- Auf das Uhrglas wird ein Eiswürfel gegeben.
- Der Kolben wird vorsichtig mit dem Gasbrenner erwärmt.
- Nach dem Abkühlen wird die Unterseite des Uhrglases betrachtet.
- Der Versuch wird mit Benzoesäure und mit Coffein wiederholt.

Abb. 4.4 Versuchsaufbau zur Sublimation und Resublimation

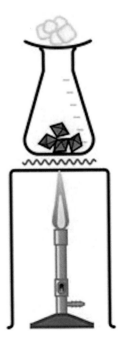

Beobachtung

Es steigen violette bzw. farblose Dämpfe auf. Eine Schmelze ist nicht zu erkennen. An der Unterseite des Uhrglases entstehen violett-glänzende bzw. weißliche Kristalle.

Erklärung und didaktischer Kommentar

Die Kristalle der angegebenen Substanzen sublimieren, ohne flüssig zu werden. Dieser Effekt ist besonders beim Iod sehr gut zu beobachten. An der kalten Fläche des Reagenzglases bilden sich violette (Iod) bzw. weiße Kristalle (Benzoesäure, Coffein), die nach und nach größer werden. Die Stoffe resublimieren aus der Gasphase.

Besonders eindrucksvoll ist das Experiment mit Iod als Demonstrationsversuch, wenn man ein mit Eiswasser gefülltes Reagenzglas in einen Erlenmeyerkolben hängt. Die Öffnung des Erlenmeyerkolbens sollte mit einem passenden Stopfen oder aber mit Watte locker verschlossen werden, um das Entweichen von Ioddämpfen zu verhindern. Das gesamte innere Reagenzglas ist nach dem Versuch voll mit schimmernden Iodkristallen.

In einer Low-Cost-Variante kann man jeweils eine Spatelspitze Benzoesäure oder Coffein in die Schale eines Agraffenbrenners (Abb. 3.2) legen und ein Uhrglas mit der Wölbung nach oben auf dieser Schale positionieren. Beim Erwärmen scheiden sich weiße Kristalle auf dem Uhrglas ab.

Entsorgung

Das vollständig resublimierte Iod wird mit Natriumthiosulfat-Lösung reduziert und nach Neutralisierung mit Natriumhydrogencarbonat im Abwasser entsorgt. Die Benzoesäure wird in den festen organischen Abfall entsorgt oder in einem separaten Gefäß für die Wiederverwendung gesammelt.

4.1.4 Trockenes Eis

Materialien und Chemikalien

Bechergläser (100 mL)
Reagenzglas mit Bördelrand
Reagenzglasständer
Luftballons
Trockeneis
Verschiedene Säure-Base-Indikatoren (z. B. Bromthymolblau)
Wasser

Durchführung

- Etwas Trockeneis in ein Reagenzglas füllen und dieses mit einem Luftballon fest verschließen.
- Trockeneis in ein Becherglas mit warmem Wasser geben.
- Trockeneis in eine mit Indikator versetzte, schwach alkalische Lösung geben.

Beobachtung

Der Luftballon bläht sich auf und das Stück Trockeneis wird immer kleiner. Die Bildung einer Flüssigkeit ist nicht zu erkennen. In warmem Wasser „brodelt" das Trockeneis und es bilden sich Nebelschwaden. Der Indikator in der alkalisch eingestellten Lösung (blau) färbt sich über grün zu gelb.

Erklärung und didaktischer Kommentar

Festes Kohlenstoffdioxid sublimiert zu Kohlenstoffdioxidgas. Um den Effekt deutlich zu zeigen, muss der Ballon eng am Reagenzglas anliegen (Bördelrand) oder durch Klebefilmstreifen zusätzlich fixiert werden. Die Nebelbildung beim Trockeneis-Wasser-Gemisch ist die Folge der Kondensation des in der Luft enthaltenen Wasserdampfes aufgrund der niedrigen Temperatur des Trockeneisstücks.

Die Gelbfärbung von Bromthymolblau-Lösung zeigt eine saure Reaktion des Kohlenstoffdioxids mit Wasser an. Durch Reaktion des „Säureanhydrids" Kohlenstoffdioxid mit Wasser bildet sich formal Kohlensäure. Deren Moleküle protolysieren mit Wasser-Molekülen zu Hydrogencarbonat- und Hydronium-Ionen. Der letzte Versuchsteil sollte weggelassen werden, wenn nur die Sublimation von Kohlenstoffdioxid herausgestellt werden soll, denn die saure Reaktion lenkt dann vom eigentlichen Fokus ab. Sofern die Eigenschaften von Kohlenstoffdioxid den Schwerpunkt bilden, ist es sinnvoll, alle drei Versuchsteile durchführen zu lassen.

Entsorgung

Das Trockeneis kann im Abzug sublimieren. Die Lösungen können in den Ausguss gegeben werden.

4.1.5 Siedekurven von reinem Wasser und von Lösungen

Materialien und Chemikalien

Bechergläser (250 mL)	
Gasbrenner	
Dreifuß und Drahtnetz	

Thermometer	
Stoppuhr	
Siedesteinchen	
Waage	
Wägeschälchen	
Messzylinder (100 mL)	
Natriumchlorid (Kochsalz)	
Brennspiritus (◈◇)	
Wasser	

Durchführung

- 100 mL Wasser werden mit einigen Siedesteinchen in einem Becherglas zum Sieden erhitzt.
- Beim Erhitzen wird die Temperatur im Abstand von einer Minute gemessen und protokolliert.
- Nach Beginn des Siedens ist noch einige Minuten weiter zu messen.
- Der Versuch wird mit einer Salz-Lösung aus 100 mL Wasser und 20 g Kochsalz sowie mit einer Brennspiritus-Wasser-Lösung aus 95 mL Wasser und 5 mL Brennspiritus wiederholt.
- Die Messwerte sind grafisch auszuwerten (Abb. 4.5).

Beobachtung

Erklärung und didaktischer Kommentar

Nur Reinstoffe zeigen konstante Siede- und Schmelztemperaturen. Zugemischte Stoffe verändern die Temperaturen, bei denen der Phasenwechsel erfolgt. So siedet das Spiritus-Wasser-Gemisch bereits bei etwa 80°C. Mit abnehmendem Spiritusanteil erhöht sich auch die Siedetemperatur. Dies ist im Kochsalz-Wasser-Gemisch vergleichbar: Die Siedetemperatur der Lösung steigt während des Siedevorgangs weiter an, da der Kochsalzanteil infolge des Verdampfens von Wasser ansteigt. Diese Erhöhung der Siedetemperatur beim Sieden einer Lösung ist ein Beispiel für die *kolligativen Eigenschaft* von Lösungen (lat. *colligere:* sammeln). Darunter versteht man, dass die Eigenschaftsänderung nur von der Anzahl der Teilchen des gelösten Stoffes abhängt, nicht aber von der Art der Teilchen selbst. Weitere kolligative Eigenschaften sind die Gefriertemperaturerniedrigung, der osmotische Druck sowie der Dampfdruck einer Lösung.

Entsorgung

Entfällt.

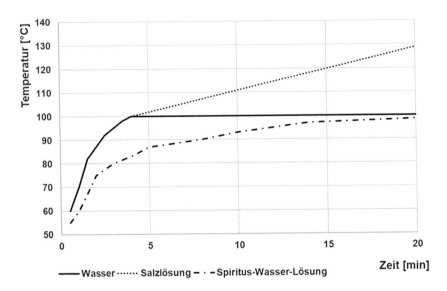

Abb. 4.5 Beispielhafte Diagramme zum Versuch

4.1.6 „Der Eiskocher"

(de Vries 2002).

Materialien und Chemikalien

Saftflasche mit Metalldeckel	
Wasserkocher	
Schüssel	
ggf. Handschuhe	
Wasser	
Eiswürfel	

Durchführung

- Die Saftflasche wird in eine Schüssel gestellt, mit siedend heißem Wasser bis zum Überlaufen gefüllt und sofort mit dem Deckel verschlossen. **Achtung: Hitzeschutzhandschuhe!**
- Anschließend werden nacheinander mehrere Eiswürfel auf den Deckel gelegt.

Beobachtung

Wenige Augenblicke, nachdem die Flasche verschlossen und das Eis auf den Deckel gelegt wurde, beginnt das Wasser zu sieden. Der Siedevorgang kann bis zu 40 min anhalten. Am Ende des Versuches hat sich im oberen Teil der Flasche ein Gasvolumen von etwa 25 mL gebildet.

Erklärung und didaktischer Kommentar

Beim Kühlen mit den Eiswürfeln kondensiert der Wasserdampf am kalten Deckel und Wasser tropft zurück in die Flüssigkeit. Da flüssiges Wasser ein wesentlich geringeres Volumen einnimmt als Wasser im gasförmigen Aggregatzustand, entsteht durch die fortlaufende Kondensation und die Volumenkontraktion des Wassers ein Unterdruck. Das normalerweise bestehende Gleichgewicht zwischen der gasförmigen und der flüssigen Phase wird stetig gestört und kann sich somit nicht ausbilden. Die Folge ist, dass Wasser aufgrund des Unterdrucks bei niedrigeren Temperaturen siedet, da mehr Wassermoleküle in die Gasphase übertreten als umgekehrt aus der Gasphase zurück. Große Wasserdampfblasen bilden sich in der Mitte der Flasche und steigen nach oben. Die dazu benötigte Verdampfungswärme stammt aus dem Wasser selbst, da von außen keine Wärme mehr zugeführt wird.

Dieser Versuch zeigt eindrucksvoll die Abhängigkeit der Siedetemperatur vom Druck. Klassische Transferaufgaben zur Druckabhängigkeit der Siedetemperatur wie beispielsweise die Klärung, warum das Eierkochen auf der Zugspitze länger dauert als im Flachland oder Kartoffeln im Dampfdrucktopf schneller garen, lassen sich durch dieses Experiment vorbereiten.

In der Sek. II kann dieses Experiment im Themenbereich Chemisches Gleichgewicht unter Anwendung des Prinzips von LeChatelier als Störung des Phasengleichgewichts erneut aufgegriffen werden.

- Da mit kochendem Wasser gearbeitet wird, ist es geboten, den Versuch als Demonstrationsversuch durchzuführen. Man sollte unbedingt Wärmeschutzhandschuhe oder alternativ Arbeitshandschuhe verwenden. Achten Sie darauf, dass die Glasflasche keinen Sprung hat. Sonst besteht Implosionsgefahr.

Entsorgung

Entfällt.

4.1.7   Wasser siedet beim Abkühlen – Demonstration

(Wiechoczek 2008).

Materialien und Chemikalien

Weithalsrundkolben (1 L)	
Stopfen	
Siedesteinchen	
Dreifuß, Keramikdrahtnetz	
Stativmaterial	
Gasbrenner	
Wasserkocher	
Schale	
Wasser	
Eis	

Durchführung

- Der Rundkolben wird an einem Stativ schräg eingespannt und zu $^1/_3$ mit kochendem Wasser und einigen Siedesteinchen befüllt.
- Der Kolben wird direkt auf das Drahtnetz gesetzt und so lange erhitzt, bis das Wasser kocht.
- Der Kolben wird schnell mit einem Gummistopfen fest verschlossen, Gasbrenner und Dreifuß werden entfernt.
- Unter den Kolben wird eine Schale gestellt und der Kolben wird mit Eiswasser übergossen.

Beobachtung
Das Wasser im Kolben beginnt sofort heftig zu sieden. Hört man auf, von außen Wasser über den Kolben laufen zu lassen, endet auch das Sieden.

Erklärung und didaktischer Kommentar
Vgl. Abschn. 4.1.6.

Da das Erhitzen des Wassers bis zum Sieden sehr langwierig sein kann, bietet es sich an, es mit einem Wasserkocher zu erhitzen und umzufüllen (Vorsicht: Verbrühungsgefahr!).

Entsorgung
Entfällt.

4.1.8   Wasser siedet beim Abkühlen – Spritzentechnik

Materialien und Chemikalien

Spritze mit Luerlock-Verschluss (60 mL) und Loch für die Arretierung	
Nagel	
Wasserkocher	
Wärmeschutzhandschuhe oder Topflappen	
Wasser	

Durchführung

- Wasser wird in einem Wasserkocher bis zum Sieden erhitzt.
- 10 mL des heißen Wassers werden in einer 60-mL-Spritze aufgezogen.
- Die Spritze wird verschlossen, auf 60 mL aufgezogen und fixiert. Das Video hinter Abb. 4.6 zeigt, wie eine Kunststoffspritze für den Versuch vorbereitet werden sollte.
- Der Gasraum oberhalb der Flüssigkeit wird unter fließendem Wasser solange gekühlt, bis das Wasser in der Spritze zu Sieden beginnt.

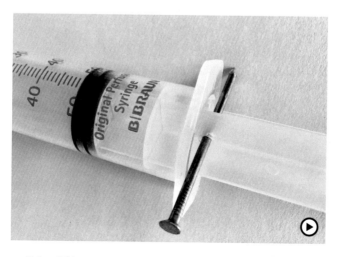

Abb. 4.6 Das verlinkte Video zeigt die Arretierung von Kunststoffspritzen mit einem Nagel (▶ http://doi.org/10.1007/000-32z)

Beobachtung

Bereits bei der Volumenerweiterung auf 60 mL kann man bei geschicktem Experimentieren beobachten, dass das Wasser wieder siedet. Der Gasraum der Spritze kann ca. 2- bis 4-mal unter fließendem Wasser so abgekühlt werden, dass sich der Effekt des Siedens einstellt.

Erklärung und didaktischer Kommentar

Vgl. Abschn. 4.1.6.

Entsorgung

Entfällt.

4.1.9   Die zerknautschte Metalldose

Materialien und Chemikalien

Leere Getränkedose	
Dreifuß, Keramikdrahtnetz	
Gasbrenner	
Wanne	
Tiegelzange	
Wasser	

Durchführung

- Die Dose wird zu etwa 5 % ihres Volumens mit Wasser befüllt.
- Das Wasser wird so lange zum Sieden erhitzt, bis deutlich Dampf aus der Dose austritt.
- Die noch heiße Dose wird dann umgedreht und mit der Öffnung nach unten auf kaltes Wasser gestülpt.

Beobachtung

Das Blech der Dose wird augenblicklich nach innen gedrückt und die Dose zerknautscht.

Erklärung und didaktischer Kommentar

Beim Erhitzen des Wassers in der Dose bildet sich heißer Wasserdampf, der die Dose ausfüllt. Wird die Dose mit der Öffnung nach unten in kaltes Wasser gehalten, verschließt das Wasser die Öffnung und kühlt gleichzeitig den Wasserdampf in der Dose ab, sodass dieser schnell kondensiert. Das um ein Vielfaches geringere Volumen flüssigen Wassers bewirkt einen Unterdruck. Der Luftdruck drückt dann das Blech der Dose nach innen.

An diesem Experiment lassen sich die Volumenunterschiede zwischen einer Flüssigkeit und einem Gas verdeutlichen. Ferner kann die Wirkung des Luftdrucks eindrucksvoll präsentiert und das Wirken von Unter- und Überdruck ausgeschärft werden.

Eine noch eindrucksvollere Alternative ist die Durchführung des Experiments mit einem Metallkanister auf dem Schulgelände. Wie oben beschrieben wird eine kleine Wassermenge im Metallkanister erhitzt. Der Kanister wird auf den Boden gelegt und mit einer Gießkanne mit Wasser übergossen.

Entsorgung
Die Dose kann in den Hausmüll entsorgt werden.

4.1.10 Verflüssigen von Feuerzeuggas durch Abkühlen

Materialien und Chemikalien

Spritze (20 mL)	
Blindstopfen	
Thermometer (Messbereich bis $-20\,°C$)	
Becherglas (250 mL, weite Form)	
Nachfüllkartusche für Feuerzeuge (◇ ◇)	
Natriumchlorid	
Eis	
Wasser	

Durchführung

- Die Spritze wird mit Feuerzeuggas befüllt und mit einem Blindstopfen verschlossen.
- Im Becherglas wird eine Kältemischung (ca. $-12\,°C$) aus je $^1/_3$ Eis, Natriumchlorid und Wasser hergestellt und die Temperatur kontrolliert.
- Die Spritze wird in die Kältemischung gestellt.

Beobachtung
Bei leichtem Druck auf den Stempel wird das Gas flüssig. Beim Erwärmen mit der Hand stellt sich der Ausgangszustand wieder ein.

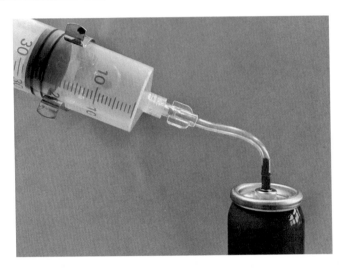

Abb. 4.7 Befüllen einer Spritze mit Feuerzeuggas: Eine Heidelberger Verlängerung wird gekappt. Das m-Ende wird mit der Luer-Lock-Kupplung verbunden, das offene Schlauchstück mit der Ausströmdüse des Feuerzeuggases. Durch Herunterdrücken des offenen Schlauchendes wird der Ausströmmechanismus betätigt und das Gas strömt in die Spritze

Erklärung und didaktischer Kommentar

Feuerzeuggas besteht weitestgehend aus Butan oder einen Propan-Butan-Gemisch. Die Siedetemperatur von n-Butan liegt bei $-0{,}5$ °C, die von i-Butan (2-Methylpropan) bei $-11{,}7$ °C. Durch die Kältemischung erzeugt man Temperaturen unterhalb der Siedetemperaturen dieser Isomere, sodass sich das Gas verflüssigt.

Dieser und auch der nachfolgende Versuch können auch im Rahmen der Einführung der Stoffklasse der Alkane eingesetzt werden, um beispielsweise die Bedingungen der Verflüssigung von Feuerzeuggas zu erarbeiten. Das Gas kann einfach über eine abgeschnittene Heidelberger Verlängerung in die Kunststoffspritze gedrückt werden. Dazu sollte ein passender Adapter aus dem Deckel der Nachfüllkartusche ausgewählt werden (Abb. 4.7).

Entsorgung

Die gefüllte Spritze wird unter dem Abzug gelegt. Dort können die Gas- und Flüssigkeitsreste abdampfen.

4.1.11 Verflüssigen von Feuerzeuggas durch Druck

Materialien und Chemikalien

Spritze (20 mL)	
Blindstopfen	
Thermometer (Messbereich bis $-20°C$)	
Becherglas (250 mL, weite Form)	
Nachfüllkartusche für Feuerzeuge ( )	
Natriumchlorid	
Eis	
Wasser	

Durchführung

- Die Spritze wird wie in 4.1.10 mit Feuerzeuggas befüllt und mit einem Blindstopfen verschlossen.
- Die Spritze wird kräftig zusammengedrückt.

Beobachtung

Das Gas verflüssigt sich. Es sind winzige Flüssigkeitstropfen zu beobachten, die beim Nachlassen des Drucks wieder verschwinden.

Erklärung und didaktischer Kommentar

Das Experiment zeigt die Druckabhängigkeit der Siedetemperatur an. Durch die Druckerhöhung geraten die Moleküle des Gases dichter aneinander. Es können Anziehungskräfte (temporäre Dipole) wirksam werden; das Gas verflüssigt sich.

Die Verflüssigung gelingt meist nicht bei recht hohen Außentemperaturen, wie sie im Sommer herrschen. Hier empfiehlt es sich, die Spritzen mit dem Gas im Kühlschrank vorab zu kühlen und den Versuch dann zügig durchzuführen.

Weitere Einsatzmöglichkeiten des Experiments: Wechselwirkungen zwischen Teilchen (Veranschaulichung von Van-der-Waals-Wechselwirkungen), Eigenschaften von Alkanen, chemisches Gleichgewicht (Druckabhängigkeit des Phasengleichgewichts flüssig – gasförmig).

Entsorgung

Siehe Vorversuch.

4.2   Löslichkeit

Als weitere quantifizierbare Stoffeigenschaft sind Experimente zur Löslichkeit geeignet. Hier sollte primär die Wasserlöslichkeit von Stoffen sowie die Löslichkeit in nichtwässrigen Lösemitteln vermittelt werden. Auch die Begrenztheit der Löslichkeit lässt sich bereits hier thematisieren (Abschn. 4.2.1.1). Die Termini Lösung, Lösemittel, Bodenkörper und gesättigte Lösung sind entsprechend einzuführen. Als inhaltliche Differenzierung bieten sich Berechnungen zur Löslichkeit und Experimente zur Löslichkeit von Gasen (Abschn. 4.2.2) sowie Experimente zum exothermen und endothermen Löseverhalten (Abschn. 4.2.2.1) an. Letzteres kann jedoch auch später erfolgen, sofern das Wechselwirkungskonzept (Dipol-Ionen-Wechselwirkung) in Bezug auf Gitterenergie und Hydratationsenergie erarbeitet wurden. Dies setzt jedoch die Kenntnisse zu Bindungskonzepten (Ionenbindung und Elektronenpaarbindung) voraus, welche meist erst in der Klassenstufe 9 und höher vorliegen.

Eine besondere Herausforderung ist die Löslichkeit von Gasen, denn Gase werden nicht von allen Lernenden im Chemie-Anfangsunterricht als Stoffe wahrgenommen (Barke 2006, S. 47 f.). Hier bieten Löslichkeitsuntersuchungen ein probates Feld, Gase und ihre physikalischen Eigenschaften zu erfassen. Der Einstieg kann dabei über einen Zeitungsbericht über ein Fischsterben im Sommer, die Beobachtung, dass bei höheren Wassertemperaturen die Kiemendeckelbewegungen von Kaltwasserfischen zunehmen oder einfach das Öffnen einer Flasche Sprudelwasser erfolgen, um Fragen abzuleiten wie: Woher bekommen Fische den Sauerstoff? Warum sprudelt Sprudelwasser stärker, wenn man eine warme Sprudelflasche öffnet? Weshalb soll man das Wasser für ein Sprudelgerät vor dem Sprudeln im Kühlschrank vorkühlen? Alternativ können die Versuche 4.2.2.4 und 4.2.2.5 selbst als Phänomen genutzt werden. Die experimentelle Prüfung der Hypothesen zu den Fragen führt zur Erkenntnis, dass Gase in Wasser löslich sind und die Löslichkeit mit zunehmender Temperatur abnimmt. Energetische Betrachtungen (exothermes Lösen von Gasen) und Gleichgewichtsaspekte können hier zunächst außer Acht gelassen werden. Die hier vermittelten qualitativen Phänomene stellen eine Voraussetzung dar, in späteren Jahrgängen der Sek. I die Zusammenhänge zwischen Druck, Temperatur, Volumen und Stoffmenge einer Gasportion quantitativ über die Gasgesetze zu erfassen (Kap. 11). Einfache Je-desto-Beziehungen lassen sich jedoch bereits im Anfangsunterricht ableiten: „Je höher die Temperatur, desto weniger Gas löst sich im Wasser.", „Je größer der Druck, desto mehr Gas löst sich im Wasser." etc.

Einfach handhabbar und instruktiv sind die Experimente zum Lösen von Kohlenstoffdioxid aus Brausetabletten (Abschn. 4.2.2.1 und 4.2.2.2). Um die Druck- und Temperaturabhängigkeit der Löslichkeit von Kohlenstoffdioxid zu zeigen, eignen sich Wassersprudler und Kunststoffspritzen (Abschn. 4.2.2.4). Gerade diese Beispiele lassen sich auch im weiterführenden Chemieunterricht in der Sek. II nutzen, um gezielt die Protolysereaktionen von Kohlenstoffdioxid und „Kohlensäure" in Wasser mit der Druck- und Temperaturabhängigkeit der beteiligten Gleichgewichte zu verknüpfen (vgl. Säure-Base-Reaktionen in Band 2). Auch die Folgen der Erderwärmung auf den globalen

Kohlenstoffdioxidhaushalt und die Bedeutung der Ozeane als Quellen, Reservoire oder Senken für das Treibhausgas Kohlenstoffdioxid lassen sich anhand der Versuche veranschaulichen.

4.2.1 Löslichkeit von Feststoffen

4.2.1.1 Feststoffe lösen sich in Wasser in unterschiedlichen Mengen

Materialien und Chemikalien

Messzylinder (10 mL)	
Reagenzgläser	
Reagenzglasständer	
Stopfen	
Wägeschälchen	
Waage	
Natriumchlorid	
Kaliumnitrat (◈)	
Kaliumaluminiumsulfat	
Kupfersulfat-Pentahydrat (◈◈)	
Wasser	

Durchführung

- In ein Reagenzglas werden 10 mL Wasser gefüllt.
- 1 g Natriumchlorid wird hinzugegeben, das Reagenzglas verschlossen und geschüttelt, bis sich alles gelöst hat.
- Der Lösevorgang wird wiederholt, bis sich ein ungelöster Rest absetzt.
- Der Versuch wird mit den anderen Salzen wiederholt.

Beobachtung

Bei der Zugabe der Salze entsteht zunächst ein Bodenkörper, der jedoch beim Schütteln des Reagenzglases verschwindet. Von Kochsalz und von Kaliumnitrat lassen sich 3 g im angegebenen Wasservolumen lösen, der vierte Löseversuch führt zu einem bleibenden Bodenkörper. Beim Alaun hat man schon mit der ersten Gabe Probleme, diese vollständig zu lösen. Kupfersulfat-Pentahydrat bildet in Wasser eine blaue Lösung; nach zwei Gaben des Salzes zur angegebenen Wassermenge wird ein erster Bodenkörper sichtbar.

Erklärung und didaktischer Kommentar

Die Löslichkeit, also die maximal zu lösende Masse eines Stoffes in 100 g Lösemittel (Einheit g (gelöster Stoff)/100 g Lösemittel) ist eine stoffspezifische, bei den meisten Stoffen temperaturabhängige Größe. Die Literaturangaben für die Löslichkeitswerte der angeführten Stoffe in Wasser sind: Natriumchlorid 36 g/ 100 g, Kaliumnitrat 38 g/ 100 g, Kaliumaluminiumsulfat (Alaun) 7,8 g/ 100 g, Kupfersulfat-Pentahydrat 22 g/ 100 g (Angaben für 20°C).

Dieser Versuch zeigt, dass Wasser ein geeignetes Lösemittel für viele Salze ist, die Löslichkeit aber unterschiedlich und zudem begrenzt ist. Die Grundidee zum Versuch können Lernende selbst entwickeln, wenn man ihnen die Aufgabe gibt, zu prüfen, wie viel eines Stoffes sich in Wasser löst. In der Versuchsplanung müssen die Lernenden dann im Sinne der Variablenkontrolle auf eine stets konstante und definierte Menge an Wasser kommen, in die nach und nach definierte Portionen des Salzes gelöst werden. Besonders pfiffige Lernende entwickeln sogar die Idee, das Salz im Überschuss zuzugeben, die ungelösten Bestandteile zu filtrieren und dann die Lösung zu wiegen (zuvor muss das Reagenzglas mit dem definierten Wasservolumen gewogen werden). Letzterer Weg ist häufig schneller in der Durchführung und liefert bessere Werte als die im o. g. Versuch beschrieben.

Wertvoll ist auch die Auswertung des Versuchs durch tabellarische Auftragung und den anschließenden Vergleich der Werte. Die meist vorhandenen Streuungen der Messwerte bieten einen guten Anlass für eine Fehlerdiskussion.

Entsorgung

Alle Lösungen bis auf die von Kupfersulfat-Pentahydrat können in den Ausguss gegeben werden. Die Lösung von Kupfersulfat wird in den Behälter für Schwermetalle gegeben. Eine Fällung mit Natriumsulfid und das Filtrieren des entstehenden Kupfersulfids ist ratsam.

4.2.1.2 Temperaturabhängigkeit der Löslichkeit von Feststoffen

Materialien und Chemikalien

Reagenzgläser	
Reagenzglasklammer	
Gasbrenner	
Reagenzglasständer	
Spatel	
Kaliumnitrat (⬥)	
Natriumchlorid	
Wasser	

Durchführung

- In zwei Reagenzgläser wird zu je 3 mL Wasser so lange Kaliumnitrat bzw. Natrium-chlorid gegeben, bis nach der Sättigung der Lösungen ein Bodensatz von etwa 1 cm Höhe verbleibt.
- Durch Befühlen der Reagenzgläser wird geprüft, ob beim Lösen der Salze viel oder wenig Wärme aus der Umgebung aufgenommen bzw. an die Umgebung freigesetzt worden ist.
- Die beiden Lösungen werden dann über der Gasbrennerflamme vorsichtig zum Sieden erhitzt.
- Dabei wird beobachtet, in welchem Ausmaß die Salzmengen in den Reagenzgläsern abnehmen.
- Die heißen Lösungen werden nun vorsichtig vom restlichen Bodenkörper in zwei leere Reagenzgläser dekantiert und unter fließendem Leitungswasser auf Raumtemperatur abgekühlt. Dabei wird beobachtet, in welchen Mengen die in der Hitze gelösten Salze aus den Lösungen wieder abgeschieden werden.

Beobachtung

Beim Lösen von Kaliumnitrat kühlt sich die Lösung ab, im Ansatz mit Natriumchlorid ist keine spürbare Veränderung der Temperatur der Lösung zu verzeichnen. Erwärmt man die gesättigten Lösungen, wird der Bodenkörper in der Kaliumnitrat-Lösung kleiner, in der Kochsalz-Lösung bleibt dieser gleich. Folglich kristallisiert beim Abkühlen der filtrierten Lösungen Kaliumnitrat aus der heißgesättigten Lösung aus, beim Kochsalz bildet sich kein Bodenkörper.

Erklärung und didaktischer Kommentar

Kaliumnitrat löst sich endotherm, da der Wert der Hydratationsenthalpie kleiner ist als der der Gitterenthalpie und damit die Energie für das Aufbrechen der Ionenbindung zu einem Teil aus der thermischen Energie der Umgebung bereitgestellt wird. Das Löslichkeitsgleichgewicht wird beim Kaliumnitrat durch Erwärmen gestört und es stellt sich bei der höheren Temperatur ein neues Gleichgewicht ein, bei dem ein größerer Teil des Salzes in Lösung gegangen ist (Prinzip von LeChatelier). Beim Abkühlen der gesättigten Lösung kristallisiert der in der Hitze zusätzlich gelöste Teil wieder aus und bildet einen Bodenkörper. Beim Kochsalz ist eine vergleichbare Veränderung aufgrund der nur geringen Temperaturabhängigkeit des Löslichkeitsgleichgewichts nicht festzustellen.

Dieser Versuch kann im Rahmen der Behandlung von Stoffeigenschaften im Anfangs-unterricht nur auf der Phänomenebene beschrieben, aber nicht erklärt werden. Hier empfiehlt es sich als Differenzierung, Löslichkeitskurven beschreiben zu lassen. Auch einfache mathematische Bezüge können hier gut eingebunden werden, indem man die Massen berechnen lässt, die aus einer heißgesättigten Lösung beim Abkühlen ausfallen.

Sofern die Lernenden Kenntnisse über Bindungsarten (Ionenbindung, Elektronen-paarbindungen) und zu den Formen von Wechselwirkungen zwischen Stoffteilchen haben (Ion-Dipol-Wechselwirkungen), kann der Versuch eingesetzt werden, um das Wechselspiel von Gitter- und Hydratationsenthalpie zu verdeutlichen. Eine kontextuelle Anbindung über das Heißlöseverfahren zur Gewinnung von Kaliumchlorid aus einem Kochsalz-Kalisalz-Gemenge bildet dabei einen lohnenden Anwendungskontext. Anstelle von Kaliumnitrat sollte dann Kaliumchlorid verwendet werden.

Entsorgung
Die Lösungen können in den Ausguss gegeben werden.

4.2.2 Löslichkeit von Gasen

4.2.2.1 Gleiche Brausetabletten – verschiedene Gasvolumina?

(van der Veer, De Rijke 1994).

Materialien und Chemikalien

Kristallisierschale oder Kunststoffwanne (groß)	
Standzylinder (500 mL)	
Passender Glasdeckel	
Folienstift	
Brausetabletten	
Wasser	

Durchführung

- Ein Standzylinder wird mit Wasser gefüllt und mit einem Glasdeckel abgedeckt.
- Der Standzylinder wird mit der Öffnung nach unten in eine wassergefüllte Kristallisierschale gestellt und das Deckglas unter Wasser entfernt. Es ist eine pneumatische Wanne entstanden.
- Eine Brausetablette wird unter die Öffnung des Standzylinders geschoben und das Gasvolumen nach vollständiger Auflösung der Tablette markiert.
- Eine zweite Brausetablette wird unter den Standzylinder gegeben und nach Auflösung erneut das Gasvolumen markiert.

Beobachtung
Das Gasvolumen ist beim Auflösen der zweiten Brausetablette größer als beim Auflösen der ersten Tablette.

Erklärung und didaktischer Kommentar

Beim Auflösen der ersten Brausetablette löst sich ein Teil des entstehenden Kohlenstoffdioxids im Wasser unter Bildung von Hydrogencarbonat. Die nunmehr gesättigte Hydrogencarbonatlösung kann beim Auflösen der zweiten Brausetablette nun kaum noch Kohlenstoffdioxid lösen, sodass nahezu das gesamte Volumen an entstehendem Kohlenstoffdioxid sich im Messzylinder sammelt.

Das im Versuch gezeigte Phänomen kann einen kognitiven Konflikt auslösen, wenn man den Lernenden nach dem Auflösen der ersten Brausetablette einschätzen lässt, welches Volumen sie beim Lösen der zweiten Tablette erwarten. Die Konfrontation mit dem Ergebnis führt unweigerlich zur Idee der Löslichkeit von Kohlenstoffdioxid in Wasser sowie zum Befund, dass die Löslichkeit des Gases in Wasser begrenzt sein muss. Zur Klärung der Frage können sich die folgenden Versuche anschließen.

Entsorgung

Die Lösungen können in den Ausguss gegeben werden.

4.2.2.2 Abhängigkeit der Gaslöslichkeit von der Temperatur

(Wilms et al. 2005).

Materialien und Chemikalien

Kristallisierschalen
Messzylinder (500 mL)
Deckgläser
Thermometer
Wasserkocher
Multivitamin-Brausetabletten
Wasser (kalt, handwarm und etwa 50°C heiß)
Eis

Durchführung

- Messzylinder und Kristallisierschale werden wie in Abschn. 4.2.2.1 mit kaltem Leitungswasser gefüllt und der Messzylinder kopfüber in die Kristallisierschale gestellt (pneumatische Wanne). Die Wassertemperatur wird gemessen.
- Eine Multivitamin-Brausetablette wird unter den Messzylinder geschoben und nach vollständiger Auflösung das Gasvolumen abgelesen.
- Der Versuch wird mit lauwarmem, heißem und Eiswasser wiederholt.

Beobachtung

Die Tabletten lösen sich innerhalb kurzer Zeit auf, wobei die Lösegeschwindigkeit mit steigender Wassertemperatur zunimmt. Ebenso steigt das Gasvolumen mit der Temperatur des im Experiment verwendeten Wassers.

Erklärung und didaktischer Kommentar

Die Zunahme des Gasvolumens ist einerseits auf die geringere Löslichkeit des Wassers für Kohlenstoffdioxid und andererseits auf die zunehmende Volumenausdehnung der Gasportion bei höheren Temperaturen zurückzuführen. Beide Aspekte können bereits im Anfangsunterricht diskutiert werden.

Entsorgung

Entfällt.

4.2.2.3 In Wasser sind Gase gelöst

Materialien und Chemikalien

Becherglas (400 mL, hohe Form)	
Messzylinder (10 mL oder 25 mL)	
Glastrichter	
Thermometer	
Gasbrenner oder Heizplatte	
Leitungswasser	
Stilles Mineralwasser	

Durchführung

- Das Becherglas wird mit Leitungswasser gefüllt.
- Ein Trichter wird umgedreht auf den Boden des Becherglases gestellt. Der mit Leitungswasser gefüllte Messzylinder wird vorsichtig darüber gestülpt, sodass sich idealerweise kein Gas im Messzylinder befindet (Abb. 4.8).
- Der Wert eines ggf. im Messzylinder vorhandenen Gasvolumens wird abgelesen.
- Das Wasser wird langsam auf 50°C erwärmt (gegebenenfalls je Temperaturerhöhung um 10°C das Gasvolumen ablesen). Das Gasvolumen bei 50°C wird wiederum im Messzylinder abgelesen.
- Der Versuch wird mit stillem Mineralwasser wiederholt.

Beobachtung

Wie durch Zauberhand bilden sich beim Erwärmen kleine Gasbläschen, die sich im Messzylinder sammeln. Das entstandene Gasvolumen beträgt etwa 4 mL. Beim stillen

Abb. 4.8 Versuchsaufbau „In
Wasser sind Gase gelöst"

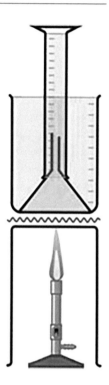

Abb. 4.9 Das verlinkte Video zeigt die Handhabung einer Gasdruckflasche (▶ http://doi.
org/10.1007/000-32y)

Mineralwasser sind die Volumina des gebildeten Gases mit etwa 2 bis 3 mL stets kleiner als die Werte beim Leitungswasser.

Erklärung und didaktischer Kommentar

Der Versuch zeigt einerseits, dass sich Gase im Wasser lösen lassen. Ferner wird die Temperaturabhängigkeit der Löslichkeit mittelbar deutlich: Durch die Zunahme des Gasvolumens bei höherer Wassertemperatur kann auf eine Abnahme der Löslichkeit geschlossen werden.

Entsorgung

Entfällt.

4.2.2.4 Löslichkeit von Kohlenstoffdioxid und Sauerstoff in Wasser

Materialien und Chemikalien

Spritze (100 mL)	
Blindstopfen	
Hahnstück	
Schlauchstück	
Messzylinder (100 mL)	
Thermometer	
Glaswanne	
Wasserkocher	
Schale	
Kohlenstoffdioxid (⬦)	
Sauerstoff (⬦⬦)	
Gesättigte Kohlenstoffdioxid-Lösung (z. B. Sprudelwasser aus einem Getränkesprudler)	
Wasser (ca. 50°C)	

Durchführung – Druckabhängigkeit

- Die Spritze wird mit 60 mL Kohlenstoffdioxid gefüllt.
- Dann werden aus dem Messzylinder 20 mL Wasser in die Spritze gesaugt und mit einem Blindstopfen verschlossen.

- Die Spritze wird geschüttelt, bis sich das Volumen nicht mehr ändert und das Gasvolumen abgelesen.
- Der Stempel der Spritze wird unter gleichzeitigem Schütteln vorsichtig weiter in den Kolben gedrückt.
- Dann wird der Stempel langsam herausgezogen und die Flüssigkeit beobachtet.
- Der Versuch wird mit Sauerstoff wiederholt.

Durchführung – Temperaturabhängigkeit

- Die ersten drei Arbeitsschritte zur Druckabhängigkeit werden mit Wasser von 50°C wiederholt.
- In eine weitere Spritze werden ca. 50 mL einer bei Raumtemperatur gesättigten Kohlenstoffdioxid-Lösung gesaugt und Gasreste über ein nach oben gerichtetes Hahnstück herausgedrückt.
- Die Spritze wird dann in die mit 50°C warmem Wasser gefüllte Glaswanne gelegt.

Beobachtung und didaktischer Kommentar

Druckabhängigkeit: Das Volumen der Spritze (80 mL) verringert sich beim Kohlenstoffdioxid um 10 bis 15 mL, bei Sauerstoff verringert sich das Volumen kaum merklich (< 1 mL). Erhöht man den Druck, löst sich mehr Kohlenstoffdioxid (ca. 25 mL) und deutlich weniger Sauerstoff (ca. 2 bis 3 mL). Zieht man beim Kohlenstoffdioxid den Stempel heraus, bilden sich Gasblasen, die aus dem Wasser perlen. Beim Sauerstoff ist dieser Effekt deutlich geringer.

Temperaturabhängigkeit: Bei einer Temperatur von 50°C verringert sich das Gasvolumen um etwa die Hälfte der Werte wie bei Raumtemperatur (gilt für beide Gase). In der mit der bei Raumtemperatur gesättigten Kohlenstoffdioxid-Lösung gefüllten Spritze bilden sich im warmen Wasser Gasblasen.

Erklärung und didaktischer Kommentar

Kohlenstoffdioxid löst sich in Wasser deutlich besser als Sauerstoff. Daraus können die Lernenden ableiten, dass die Löslichkeit auch bei Gasen stoffspezifisch ist. Ferner steigt die Löslichkeit von Gasen mit zunehmendem Druck und sinkt mit steigender Temperatur. Dieses Experiment eignet sich daher besonders zur Verdeutlichung von Lösephänomenen bei Gasen.

Entsorgung

Entfällt.

4.2.2.5 Kohlenstoffdioxidgas in tiefen Wasserschichten

(Spiegel Wissenschaft 2008).

Materialien und Chemikalien

Pulvertrichter	
Plastikschüssel	
Spatellöffel	
Durchbohrter Gummistopfen	
Glasrohr	
Schale mit Eis	
3 gefüllte Mineralwasserflaschen (mit viel Kohlensäure; eine davon eisgekühlt)	
Feinsand	

Durchführung

- Eine Mineralwasserflasche wird kräftig geschüttelt und die Veränderungen in der Flüssigkeit beobachtet. Anschließend wird die Flasche sofort geöffnet.
- Die zweite Mineralwasserflasche wird ebenfalls kräftig geschüttelt, anschließend ca. 20 min stehen gelassen und erst dann geöffnet.
- Die dritte eisgekühlte Mineralwasserflasche wird vorsichtig zu $1/5$ geleert. Dabei sollte ein Aufsteigen von Gasblasen nach Möglichkeit vermieden werden.
- Die Flasche wird dann in eine Schüssel gestellt und ein Spatellöffel Feinsand hinzugegeben. Anschließend wird die Flasche mit dem Stopfen und Glasrohr verschlossen.

Beobachtung

Schon beim Schütteln der Flaschen bilden sich kleine Gasblasen. Öffnet man die Flasche, zischt es und es bilden sich große Gasblasen, die das Wasser mit herausprudeln lassen. Lässt man die geschüttelte Flasche verschlossen, entweichen beim Öffnen nach 20 min deutlich weniger Gas und Wasser. Das gekühlte Sprudelwasser sprudelt nur wenig. Erst beim Zugeben des Sandes gast das Mineralwasser aus und die Gasblasen steigen im Steigrohr hoch. Es kann dabei sogar zum Herausspritzen des Wassers aus dem Steigrohr kommen.

Erklärung und didaktischer Kommentar

Spritziges Mineralwasser ist eine übersättigte Lösung von Kohlenstoffdioxid in Wasser. Es stellt sich ein druck- und temperaturabhängiges Gleichgewicht vornehmlich zwischen physikalisch gelöstem Kohlenstoffdioxid und dem Kohlenstoffdioxid der Gasphase über dem Wasser ein. Beim Schütteln gast Kohlenstoffdioxid bei Kontakt mit der Glaswand aus. Sinkt der Druck beim Öffnen der Flasche schlagartig, wird das Löslichkeitsgleichgewicht massiv gestört, ein großer Teil des gelösten Kohlenstoffdioxids wird frei und reißt beim Austreiben Wasser mit. Bleibt die Flasche nach dem Schütteln verschlossen, stellt sich das Gleichgewicht weitgehend wieder ein, sodass beim Öffnen nur ein Zischen bemerkbar ist. Der zum kalten Sprudelwasser zugegebene Sand hat eine große Oberfläche, die Keim für die Bildung von Gasblasen sind und das Ausgasen massiv fördern.

Dieser Versuch modelliert die Funktion des Tiefenwassers der Ozeane als Kohlenstoffdioxidreservoir (verschlossene Sprudelflasche unter Druck) und die Folgen einer Druckverringerung (aufsteigendes Wasser als Kohlenstoffdioxidquelle) bzw. die einer Temperaturverringerung (kaltes Wasser als Kohlenstoffdioxidsenke). Auch ein schlagartiges Ausgasen des Wassers an rauen Oberflächen kann hieran modelliert werden. Ein konkreter Zugang zum Versuch kann über Zeitungsberichte zum Nyos-, Manoun- oder zum Kivu-See erfolgen (Spiegel Geschichte 2011; Goergen 2017).

Entsorgung

Entfällt.

4.3   Kristallisieren und Kristalle züchten

(Schmidkunz 2008).

Kristallisationsversuche können im Chemieunterricht an mehreren Stellen im Unterrichtsgang eingesetzt werden. Im direkten Anfangsunterricht können die Lernenden auf der Phänomenebene eine typische Eigenschaft von Salzen kennenlernen. Es lohnt sich dabei, die Formen der Kristalle unter dem Mikroskop näher zu betrachten und ggf. die Kristallformen zeichnen zu lassen. Bei der Einführung des ersten Bausteinmodells der Materie, wie dem Teilchenmodell, sind die Prozesse beim Lösen und Kristallisieren von salzartigen Stoffen ein weiterer Anker für die Plausibilität des diskontinuierlichen Baus der Materie (Kap. 5). Auch bei der Einführung der Ionenbindung (vgl. Band 2) sind die Kristallisation von Kaliumnitrat oder von Kupfersulfat bzw. Alaun (Abschn. 4.3.1, 4.3.2, 4.3.3) ebenfalls geeignet, um Eigenschaften von Salzen und Salzlösungen zu zeigen. Dort jedoch mit dem Ziel, Ionen als dritte Sorte von Stoffteilchen zu charakterisieren und Salze als Ionenverbindungen zu kennzeichnen. In der Sek. II lassen sich die Temperaturabhängigkeit der Löslichkeit (Abschn. 4.3.3) sowie die Bildung von Bodenkörpern thematisieren und unter Anwendung von Löslichkeitsgleichgewichten und des Löslichkeitsprodukts als Quantifizierung erklären.

4.3.1　Kupfersulfat- und Alaun-Kristalle züchten

Materialien und Chemikalien

Bechergläser (250 mL, 400 mL)	
Erlenmeyerkolben (weit, 300 mL)	
Kristallisierschalen (Durchmesser 15–20 cm)	
Magnetrührer & Rührstab	
Trichter	
Filterpapier	
Pinzette	
Glasstäbe	
Dünner Faden (z. B. Nähgarn)	
Wollfaden	
Holzstäbe	
Kupfer(II)-sulfat-Pentahydrat (◇!◇⚐)	
Kaliumaluminiumsulfat-Dodecahydrat (Alaun)	
Demineralisiertes Wasser	

Durchführung – Kupfersulfat-Kristalle

a) Herstellen von Impfkristallen
- Mit 100 mL Wasser und dem Salz wird eine gesättigte Salzlösung hergestellt, indem man so viel des Salzes zugibt, bis sich ein Bodenkörper bildet.
- Die Lösung wird filtriert und 1–2 cm hoch in eine Kristallisierschale gefüllt.
- Die Schale wird anschließend an einen gleichmäßig temperierten Ort gestellt.
- Nach einiger Zeit scheiden sich am Boden Kristalle ab.
- Die schönsten Kristalle werden mit einer Pinzette aus der Lösung genommen und mit Brennspiritus abgespült. Sie werden als Impfkristalle verwendet (s. u.).

b) Kristallisation
- Mit 200 mL Wasser und Kupfersulfat wird eine heiß gesättigte Salzlösung hergestellt.
- Nach Abkühlen wird die Lösung in den Erlenmeyerkolben filtriert.
- Ein Impfkristall wird an einen Faden gebunden, der am Holzstab befestigt wird, und in die gesättigte Salzlösung gehängt.
- Der Erlenmeyerkolben wird anschließend an einen gleichmäßig temperierten Ort gestellt.
- Evtl. muss Salzlösung nachgefüllt werden.

Durchführung – Alaun-Kristalle

- Mit 200 mL Wasser und Alaun wird eine heiß gesättigte Salzlösung hergestellt.
- Nach Abkühlen wird die Lösung in den Erlenmeyerkolben filtriert.
- Ein Wollfaden wird an einem Holzstab befestigt und in den Erlenmeyerkolben gehängt.
- Der Erlenmeyerkolben wird anschließend an einen gleichmäßig temperierten Ort gestellt.
- Wenn das Kristallwachstum begonnen hat, werden regelmäßig überschüssige Kristalle entfernt, damit ein schöner, großer Kristall entsteht.
- Evtl. muss Salzlösung nachgefüllt werden.
- Der fertige Kristall wird mit Brennspiritus abgespült.

Beobachtung

Nach einiger Zeit scheiden sich am Boden Kristalle ab, die bis über 1 cm groß werden können (Abb. 4.10).

Erklärung und didaktischer Kommentar

Beim Kristallwachstum auf dem Boden einer Schale bilden sich flache Alaunkristalle, die erfahrungsgemäß nur schwer zu Oktaedern auskristallisieren. Deshalb züchtet man Impfkristalle, indem man einen Wollfaden in den Erlenmeyerkolben mit der gesättigten Lösung hängt. Der Impfkristall sollte quadratisch sein; damit lässt sich ein schöner Oktaeder züchten.

Abb. 4.10   Kupfersulfatkristall

Wichtig ist dabei, dass man die Schlierenbildung beobachtet: Ist die Lösung nicht gesättigt, fließen Schlieren vom Kristall nach unten, weil der Kristall sich wieder löst. Ist die Lösung gesättigt und wächst der Kristall, so „wandern" die Schlieren nach oben. Besonders über dem Kristall kann man dies schön erkennen. Der Kristall muss erschütterungsfrei und gleichmäßig temperiert stehen. Dazu eignet sich ein Kühlschrank. Zwillingsbildung vermeidet man, indem man ab und zu die Anlagerungen, die sich auf dem großen Kristall gebildet haben, mit einem scharfen Gegenstand entfernt.

Entsorgung
Entfällt.

4.3.2   Salzkristalle – ganz schnell

Materialien und Chemikalien

Mikroskop	
Schwarzer Tonkarton oder schwarze Pappe	
2 Objektträger	
Tropfpipetten	
Haarpinsel	
Lupe	
Föhn	
Natriumchlorid-Lösung (gesättigt)	
Kaliumaluminiumsulfat-Lösung (gesättigt)	
Kupfersulfat-Lösung (gesättigt, ⬦ ⬦)	

Durchführungsvariante 1

- Ein Tropfen einer Salzlösung wird auf einen Objektträger getropft. Nun legt man den zweiten Objektträger auf und zieht beide Objektträger wieder seitlich auseinander – wie bei einem Blutausstrich.
- Der so vorbereitete Objektträger wird unters Mikroskop gelegt. Der Rand eines Tropfens wird fokussiert und beobachtet, bis die Lösung auskristallisiert. Dies kann ein paar Minuten dauern.
- Der Versuch wird mit den anderen Salzlösungen wiederholt.

Durchführungsvariante 2 (verändert nach Jansen o.J.; Köhne und Sieve 2020)

- Über eine mit Kochsalzlösung gefüllte Tropfpipette oder einen Pinsel wird eine Figur oder ein Wort auf den Tonkarton geschrieben.
- Der Tonkarton wird für einige Zeit an einen warmen Platz gestellt (sonnenbeschienene Fensterbank o. Ä.). Alternativ kann man den Tonkarton mit der Luft eines Föhns trocknen.
- Man betrachtet die aufgebrachte Figur oder die Schrift nach dem Trocknen mit der Lupe.

Beobachtung

Es bilden sich Kristalle aus, die schnell wachsen und im Licht des Mikroskops bunt schimmern. Bei der Durchführungsvariante 2 erscheint auf dem Tonkarton nach dem Trocknen eine weiße Schrift.

Erklärung und didaktischer Kommentar

Durch die Beleuchtungswärme verdunstet das Wasser schnell und das Löslichkeitsprodukt ist alsbald überschritten. Auf der Glasfläche kristallisieren feinste Kristalle dendritenartig aus, die das Licht der Mikroskopbeleuchtung brechen. Die Kristallformen entsprechen jedoch nicht denen der aus einer gesättigten Lösung kristallisierenden Kristalle oder denen aus Abschn. 4.3.1. Die Kristallisation kann hier jedoch leichter als Prozess erkannt werden (Abb. 4.11).

Mit der Durchführungsvariante 2 lassen sich sehr einfach die Bedingungen des Kristallisierens untersuchen. Hierzu bekommen die Lernenden den Auftrag, das Salz einmal möglichst schnell auf der Pappe kristallisieren zu lassen (z. B. durch Föhnen) und einmal möglichst gleichmäßige, vergleichsweise große Kristalle auf dem Tonkarton zu erhalten (z. B. langsames Kristallisieren im Kühlschrank, Auftragen von größeren Tropfen auf dem Tonkarton). Für jüngere Lernenden ist das Malen von „Salzbildern", die zunächst unsichtbar sind und dann nach und nach sichtbar werden, sehr motivierend (Abb. 4.12).

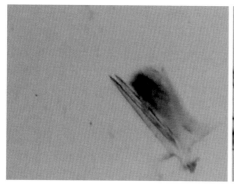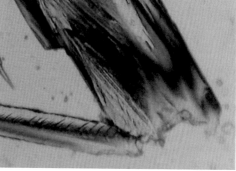

Abb. 4.11 Kristallisation von Kupfersulfat aus der Lösung unter dem Mikroskop; links beginnende Kristallisation, rechts acht Sekunden nachdem das linke Bild aufgenommen wurde

Abb. 4.12 Auf Tonkarton gemaltes „Salzbild"

Entsorgung
Die Lösungen können aufbewahrt werden. Objektträger sind zu spülen und wiederzuver-
wenden. Der Tonkarton sollte von den Lernenden in die Chemiemappe geklebt werden.

4.3.3 Kristallisation von Kaliumnitrat

Materialien und Chemikalien

Becherglas (100 mL)	
Petrischale	
Messzylinder (50 mL)	
Dreifuß mit Ceranplatte	
Gasbrenner	
Waage	
Wägeschälchen	
Spatel	
Glasstab	
Kaliumnitrat (⬦)	
Demineralisiertes Wasser	

Durchführung

- In einem Becherglas werden zu 50 mL Wasser 40 g Kaliumnitrat gegeben.
- Nun wird das Becherglas mit dem Bodenkörper erwärmt, bis sich das Kaliumnitrat restlos aufgelöst hat.
- Ein Teil der warmen Lösung wird dann in eine Petrischale gegossen und das Verhalten der Lösung beobachtet.

Beobachtung

Da sich bei Raumtemperatur (20°C) nur etwa 15 g des Salzes in 50 mL Wasser lösen, bleibt ein beachtlicher Teil des Salzes ungelöst am Boden des Becherglases zurück. Bei etwa 50°C ist das Kaliumnitrat vollständig gelöst. Nach etwa einer Minute beginnt das Kaliumnitrat sich in langen nadelförmigen Kristallen aus der Lösung abzuscheiden.

Erklärung und didaktischer Kommentar

Erklärung vgl. Abschn. 4.2.1.2. Durch vorsichtiges Erwärmen der Petrischale kann das auskristallisierte Kaliumnitrat wieder gelöst und anschließend erneut kristallisiert werden. Der Versuch wirkt besonders eindrucksvoll, wenn er über den Overhead-Projektor präsentiert wird. Die Nadeln sind im Schattenbild sehr gut zu erkennen.

Entsorgung

Feststoff in den Sammelbehälter für anorganische Feststoffe geben.

4.3.4   Salicylsäure – Kristallisation und schnelles Ausfällen

Materialien und Chemikalien

2 Reagenzgläser mit passenden Stopfen	
Reagenzglasklammer	
Reagenzglasständer	
Gasbrenner	
Becherglas mit kaltem Wasser	
Salicylsäure (⬥ ⚠)	
Wasser	

Durchführung

- In zwei Reagenzgläser werden jeweils 1–2 Spatelspitzen Salicylsäure gegeben und die Reagenzgläser anschließend mit Wasser etwa zur Hälfte gefüllt.
- Die Reagenzgläser werden verschlossen und das Gemisch kräftig geschüttelt.
- Beide Mischungen werden mit dem Gasbrenner erhitzt, bis sich die Salicylsäure vollständig gelöst hat.
- Eines der Reagenzgläser wird in das Becherglas mit kaltem Wasser gestellt, die andere Lösung lässt man im Reagenzglasständer langsam abkühlen.

Beobachtung

Salicylsäure löst sich im kalten Wasser schlecht. Beim Schütteln schäumt das Gemisch etwas, die Salicylsäure schwimmt dabei auf der Wasseroberfläche. Beim Erwärmen löst sich die Salicylsäure vollständig. Während sich beim schnellen Abkühlen der Lösung „amorphe" Salicylsäure bildet (im oberen Teil des Reagenzglases entstehen einige nadelförmige Kristalle), kristallisiert die Salicylsäure beim langsamen Abkühlen in sehr schönen Nadeln aus.

Erklärung und didaktischer Kommentar

Salicylsäure (2-Hydroxybenzoesäure) ist in kaltem Wasser schwer löslich (0,2 g in 100 mL bei 20°C), in heißem Wasser etwas besser löslich (bei 50°C lösen sich 0,8 g in 100 mL Wasser). Obwohl die Dichte 1,44 g/cm^3 beträgt, schwimmt das Pulver wegen der Lufteinschlüsse auf der Wasseroberfläche.

Dieser Versuch zeigt die Temperaturabhängigkeit der Löslichkeit sowie die Bedeutung des langsamen Abkühlens für die Bildung von Kristallen auf. Es kann gezeigt werden, dass die Temperaturabhängigkeit der Löslichkeit nicht nur ein Phänomen anorganischer Salze darstellt, sondern dies auch bei organischen Molekülverbindungen zu erkennen ist. Erweitert werden kann der Versuch durch die Untersuchung der Löslichkeit von Salicylsäure in Ethanol oder Propan-1-ol. Wurden in höheren Jahrgängen oder in der Oberstufe organische Stoffklassen unter Anwendung des Basiskonzepts Struktur-Eigenschaft behandelt und mit Wechselwirkungen zwischen den Stoffteilchen verknüpft, kann die Löslichkeit in den verschiedenen Lösemitteln über wirkende zwischenmolekulare Kräfte erklärt werden.

Entsorgung

Die Lösungen können in den Ausguss gegeben werden.

4.3.5 Spontane Kristallisation von Natriumthiosulfat-Pentahydrat

Materialien und Chemikalien

Reagenzglas	
Reagenzglasklammer	
Reagenzglasständer	
Gasbrenner	
Natriumthiosulfat-Pentahydrat	

Durchführung

- Ein Reagenzglas wird zur Hälfte mit Natriumthiosulfat-Pentahydrat gefüllt.
- Das Salz wird vorsichtig mit dem Gasbrenner erwärmt, bis eine klare Flüssigkeit entstanden ist.
- Das Reagenzglas wird zum Erkalten in den Reagenzglasständer gestellt.
- Nach Erreichen der Raumtemperatur lässt man einen Impfkristall aus Natriumthiosulfat-Pentahydrat in die übersättigte Lösung fallen.

Beobachtung

Nach dem Einbringen des Impfkristalls in die Schmelze bilden sich Kristalle, die sich strahlenförmig vom Impfkristall ausbreiten. Gleichzeitig erwärmt sich der Ansatz.

Erklärung und didaktischer Kommentar

Beim Erwärmen löst sich das Natriumthiosulfat im Kristallwasser und es entsteht eine übersättigte Lösung. Häufig spricht man in der Fachliteratur von einer unterkühlten Schmelze. Die Bezeichnung ist insofern problematisch, da es sich nur auf den ersten Blick um eine Schmelze handelt. Es liegt eine übersättigte Lösung vor. Beim Impfen mit einem Kristall bilden sich beobachtbar langsam nadelförmige Kristalle. Man kann also die Kristalle „wachsen" sehen. Die zusätzliche Erwärmung deutet auf einen exothermen Kristallisationsprozess hin.

Der didaktische Wert des Versuchs liegt einerseits in der Reversibilität von Lösen und Kristallisieren und andererseits in der Betrachtung des Wechselspiels von Lösungsenthalpie, Hydratationsenthalpie und Gitterenthalpie. Alltagsbezüge wie die Funktionsweise von Taschenwärmern sowie von Zwischenwärmespeichern auf der Basis dieses Salzes lassen sich leicht herstellen. Aus diesem Grund lässt sich dieses Beispiel als Anwendungskontext für die Temperaturphänomene beim Lösen von Salzen nutzen.

Der Versuch ist besonders instruktiv, wenn er als Demonstration in einem Schaureagenzglas vor einem dunklen Hintergrund durchgeführt wird.

Entsorgung

Natriumthiosulfat-Pentahydrat kann in kristalliner Form aufgehoben werden, um den Versuch zu wiederholen. Sonst im Behältnis für schwermetallhaltige Abfälle entsorgen.

4.4   Anwendungen von Salz-Lösungen im Alltag

4.4.1   Kältepack und Wärmepad zur Soforthilfe

Materialien und Chemikalien

Kältepack	
Wärmepad	

Durchführung 1

- Das Kältepack wird gedrückt, bis der innere Beutel platzt.
- Danach wird es geschüttelt und die Temperaturänderung wird beurteilt.

Durchführung 2

- Das im Wärmepad schwimmende Plättchen wird geknickt.
- Das Wärmepad wird beobachtet und die Temperaturänderung wird beurteilt.
- Nach dem Gebrauch wird das Pad etwa 10 min in kochendes Wasser gelegt, bis der Inhalt wieder klarflüssig ist.

Beobachtung

Sobald der innere Beutel platzt, tritt eine Flüssigkeit aus und das Kältepack kühlt sich auf etwa 4°C ab. Es können auch Temperaturen unterhalb der Gefriertemperatur von Wasser erreicht werden.

Beim Wärmepad wird das enthaltene Gel innerhalb kürzester Zeit trübe und fest. Das Pad erhitzt sich für etwa eine Stunde auf ca. 50°C.

Erklärung und didaktischer Kommentar

Kältepacks enthalten vielfach ein Gemenge aus Ammoniumnitrat und Calcium- sowie Magnesiumcarbonaten und -sulfaten; auch Harnstofffüllungen sind üblich. Die Calcium- und Magnesiumsalze dienen meist als Bindemittel. Für die Temperaturerniedrigung ist das Lösen des Ammoniumnitrats verantwortlich. Durch das Zerplatzen des wassergefüllten Beutels löst sich ein Teil des Ammoniumnitrats. Die Energie für den endothermen Vorgang wird aus der Umgebung zugeführt, wodurch sich die Abkühlung erklärt.

Das Wärmepad enthält eine unterkühlte übersättigte Lösung von Natriumacetat-Trihydrat, in der die Ionen von den Molekülen des Kristallwassers hydratisiert vorliegen. Durch einen Impfkristall (Knicken des Metallplättchens) beginnt der exotherm verlaufende Kristallisationsprozess. Das Pad kann bis zu 1000-Mal verwendet werden. Sollte es undicht geworden sein, darf es nicht weiterverwendet werden. Wärmepackungen können auch aus einem festen Salz und Wasser bestehen. Sie funktionieren dann ähnlich wie die Kältepackungen, nur mit dem Unterschied, dass die gewählten Salze einen negativen Wert der Lösungsenthalpie aufweisen. Diese sind beispielsweise wasserfreies Calciumchlorid ($CaCl_2$) oder wasserfreies Magnesiumsulfat ($MgSO_4$).

Diese beiden Versuche können als Anwendung der thermischen Effekte beim Lösen von Salzen eingesetzt werden. Die Lernenden können dabei das Verhältnis von Hydratations- und Gitterenthalpie abschätzen, um die Temperaturveränderungen zu erklären. Anspruchsvoller, doch auch motivierender ist es aber, diese beiden Anwendungen als Zugang an den Anfang der Unterrichtsreihe zu den Löseprozessen von Salzen zu stellen und daraus Fragen abzuleiten, wie: „Wie funktionieren diese beiden Pads?", „Welche Stoffe sorgen für die Erwärmung/Abkühlung?", „Weshalb kühlt sich das eine ab und das andere erwärmt sich?", „Weshalb lässt sich das Wärmepack mehrfach verwenden?" Die Klärung der Fragen erfordert dann die Erarbeitung der Prozesse, die modellhaft beim Lösen von Salzen erfolgen. Am Ende der Einheit können dann Kälte- und Wärmepacks selbst hergestellt werden (Abschn. 4.4.2 und 4.4.3).

Entsorgung
Das Kältepack wird im Hausmüll entsorgt. Das Wärmepad kann wiederverwendet werden.

4.4.2   Kältepack Marke Eigenbau

(Wiechoczek 2012).

Materialien und Chemikalien

Becherglas (100 mL)	
Waage	
Wägeschälchen	
Thermometer	

Glasstab	
Ammoniumnitrat (⟡ ⟨!⟩)	
Natriumchlorid	
Harnstoff	
Demineralisiertes Wasser	

Durchführung

- 5 g demineralisiertes Wasser werden in einem Becherglas abgewogen und die Temperatur des Wassers gemessen.
- In das Wasser werden 5 g Ammoniumnitrat eingerührt.
- Der Temperaturverlauf wird verfolgt und dokumentiert.
- Der Versuch wird mit den anderen Substanzen wiederholt.

Beobachtung

Beim Lösen des Ammoniumnitrats sinkt die Temperatur von etwa 20°C auf unter -4°C ab; beim Lösen von Harnstoff auf etwa 6°C. Kochsalz zeigt beim Lösen keine nennenswerten Temperatureffekte.

Erklärung und didaktischer Kommentar

Vgl. Abschn. 4.4.1.

Entsorgung

Harnstoff- und Kochsalzlösung werden in den Ausguss entsorgt. Die Ammoniumnitrat-Lösung in den Sammelbehälter für Salzlösungen (pH-Wert 6–8) geben.

4.4.3 Wärmepad Marke Eigenbau

(Wiechoczek 2009, 2014).

Materialien und Chemikalien

2 Reagenzgläser	
Reagenzglasständer	
Reagenzglasklammer	
Messzylinder (10 mL)	

Waage	
Wägeschälchen	
Löffelspatel	
Gasbrenner	
Glasstab	
Natriumacetat-Trihydrat	
Wasser	

Durchführung

- In zwei Reagenzgläser werden 5 g Natriumacetat mit 2 mL Wasser vermischt.
- Die Gemische werden über der Flamme des Gasbrenners erwärmt, bis alles Natriumacetat gelöst ist. Dabei dürfen keine Kristalle an den Rändern des Reagenzglases haften.
- Man lässt die Lösungen in den Reagenzgläsern abkühlen.
- Haben die Lösungen Raumtemperatur erreicht, löst man die Kristallisation aus.
- In das erste Reagenzglas wird ein Impfkristall gegeben.
- Im zweiten Reagenzglas fährt man mit einem sauberen Glasstab im Innern der Lösung über die Reagenzglaswand.
- Für das Verfolgen möglicher Temperaturunterschiede werden die Reagenzgläser in die Hand genommen.

Beobachtung

Die Kristallisation beginnt sofort. Gleichzeitig steigt die Temperatur der Lösungen und nimmt erst nach längerer Zeit wieder ab.

Erklärung und didaktischer Kommentar

Vgl. Abschn. 4.4.1.

Solche Wärmekissen können aus entsprechend stabiler Folie und mithilfe eines Folienschweißgeräts von den Lernenden selbst hergestellt werden. Die Aktivierung erfolgt dann durch ein Stück Blech aus einer Getränkedose.

Entsorgung

Die Chemikalien können ins Abwasser gegeben werden. Man sollte das Salz aber zurückgewinnen, indem man den Kristallbrei mit wenig Wasser wieder löst und in ein Sammelgefäß gibt. Beim Stehenlassen verdampft das Wasser, und das zurückbleibende Natriumacetat kann bei späteren Kristallisationsversuchen erneut eingesetzt werden.

Dichte

5

Inhaltsverzeichnis

Unter den messbaren Stoffeigenschaften ist die Dichte eine schwer fassbare Größe, da die Lernenden im Anfangsunterricht vielfach noch nicht hinreichend vertraut im Umgang mit Größengleichungen und Einheiten sind. Hier sind Absprachen mit den

Die Originalversion dieses Kapitels wurde korrigiert. Ein Erratum ist verfügbar unter https://doi.org/10.1007/978-3-662-63905-4_13

Ergänzende Information Die elektronische Version dieses Kapitels enthält Zusatzmaterial, auf das über folgenden Link zugegriffen werden kann https://doi.org/10.1007/978-3-662-63905-4_5. Die Videos lassen sich durch Anklicken des DOI Links in der Legende einer entsprechenden Abbildung abspielen, oder indem Sie diesen Link mit der SN More Media App scannen.

© Springer-Verlag GmbH Deutschland, ein Teil von Springer Nature 2022, korrigierte Publikation 2022
B. Sieve et al., *Experimente im Chemieunterricht Band 1*,
https://doi.org/10.1007/978-3-662-63905-4_5

Fächern Mathematik und Physik nötig. Einstiege über die Dichte von Schokoriegeln (Abschn. 5.3.2) oder von Cola-Getränken (Abschn. 5.3.3 und 5.3.4) sind motivierend und werfen spontan die Frage nach den Ursachen des unterschiedlichen Schwimm-Sink-Verhaltens auf. Massenbestimmungen und Volumenbestimmungen führen zur Dichte als Masse einer Stoffportion in Relation zu dessen Volumen (vgl. auch Abschn. 2.4). Hier können Lernende bereits ohne große Mathematisierung angeben, dass ein schwimmender Schokoriegel mehr Volumen an Wasser und damit eine größere Masse an Wasser verdrängt als der Schokoriegel selbst wiegt und dass dieses Verhältnis bei einem sinkenden Schokoriegel umgekehrt ist – hier ist die Masse des Schokoriegels größer als die Masse des verdrängten Wassers. Für Lernende in den Klassen 5 und 6 reicht diese Niveauebene aus; ältere Lernende sollten auch Berechnungen zur Dichte unter Anwendung von Größengleichungen durchführen und die Gleichungen entsprechend umformen können. Als Hilfsmittel kann hier das Zuhaltedreieck angeboten werden (Abb. 5.1): Der waagerechte Strich symbolisiert einen Bruchstrich, der senkrechte Strich eine Multiplikation. Die gesuchte Größe wird zugehalten, die beiden übrigen ergeben den Formelzusammenhang.

Die verschiedenen Verfahren für die Volumenbestimmung von Stoffen können von den Lernenden selbst erarbeitet werden. Als motivierende Hilfestellung zur Verdrängungsmethode kann hier die Geschichte von Archimedes und der Krone dienen (Leitner und Finckh 2020). Die verschiedenen Methoden zur Bestimmung der Dichte von Feststoffen zeigt Abschn. 5.1.1.

Gerade die motivierenden Experimente zu Dichtephänomenen im Alltag werfen die Frage auf, warum die Dichte der Lösungen mit steigendem Zuckergehalt zunimmt (Abschn. 5.3.5). Hier bietet es sich an, die Löslichkeit von Zucker zu thematisieren und schon den Massenanteil w und die Massenkonzentration β als erste Möglichkeiten für Gehaltsangaben gelöster Stoffe einzuführen.

Abb. 5.1 Zuhaltedreieck zur Ermittlung von Größengleichungen mit drei Variablen

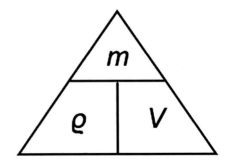

5.1   Bestimmung der Dichte von Feststoffen

5.1.1   Methoden zur Dichtebestimmung von Feststoffen

Materialien und Chemikalien

Messzylinder (100 mL)	
Waage	
Pyknometer	
Papiertuch	
Kubikzentimeterwürfel aus Eisen, Aluminium usw	
Wasser	

Durchführung – Verdrängungsmethode

- Der Messzylinder wird mit 50 mL Wasser gefüllt.
- Ein Kubikzentimeterwürfel wird gewogen und vorsichtig in den Messzylinder gegeben.
- Der neue Wasserstand wird erneut abgelesen.
- Aus den Werten für die Masse und für die Volumendifferenz wird die Dichte berechnet.
- Im Anschluss können unregelmäßig geformte Gegenstände auf die gleiche Weise untersucht und ggf. über die erhaltene Dichte das Material bestimmt werden.

Durchführung – Pyknometermethode

- Ein Video zur Handhabung eines Pyknometers finden Sie in Abb. 5.2.
- Das Pyknometer wird leer (mit Stopfen) gewogen.
- Ein Kubikzentimeterwürfel wird in das Pyknometer gegeben und es wird erneut gewogen.
- Das Pyknometer wird mit Wasser gefüllt, sodass der Schliff etwa zur Hälfte gefüllt ist.
- Der Stopfen mit Kapillare wird vorsichtig aufgesetzt, sodass sich die Kapillare vollständig und luftblasenfrei füllt. Überschüssiges Wasser wird vorsichtig mit dem Papiertuch entfernt.
- Das Pyknometer wird wiederum gewogen.

Abb. 5.2 Pyknometer mit definiertem Volumen: Das verlinkte Video zeigt die Dichtebestimmung mittels Pyknometer (▸ https://doi.org/10.1007/000-330)

Erklärung und didaktischer Kommentar

Die Versuche zeigen verschiedene Methoden zur Bestimmung des Volumens von Feststoffen. Über die Masse der Stoffportion lässt sich dann die Dichte des Stoffes ermitteln. Die Lernenden können die Verdrängungsmethode und die Ermittlung des Volumens durch Berechnung (bei regelmäßig geformten Körpern wie Würfeln, Kugeln oder Zylindern) selbst entwickeln und zunächst anhand der schulüblichen Kubikzentimeterwürfel erproben. Als Transfer empfiehlt sich folgende experimentelle Aufgabe: Die Lernenden erhalten jeweils einen unregelmäßig geformten Körper aus unbekanntem Material. Über die Bestimmung der Dichte soll das Material des Gegenstandes bestimmt werden. Dazu vergleichen die Lernenden die experimentell erhaltenen Dichtewerte mit den Literaturwerten aus Tabellenwerken. So wird die besondere Bedeutung der Stoffeigenschaft Dichte deutlich.

Entsorgung

Entfällt.

5.2   Bestimmung der Dichte von Flüssigkeiten

5.2.1   Dichtebestimmung von Milch

(Sieve 2012).

Materialien und Chemikalien

Waage	
Pyknometer	
Standzylinder	
Messzylinder (100 mL)	
Aräometer (Messbereich: 1,0000–1,1000 g/mL)	
Pipette und Pipettierhilfe	
Papiertuch	
Milch (Sorten mit unterschiedlichem Fettgehalt)	

Durchführung – Abmessen und Wiegen

- Der Messzylinder wird leer gewogen.
- 100 mL Milch werden in den Messzylinder gefüllt.
- Der Messzylinder wird wieder gewogen.
- Aus Masse und Volumen wird die Dichte berechnet.
- Der Versuch wird mit den anderen Milchsorten wiederholt.

Durchführung – Aräometermethode

- In Abb. 5.3 finden Sie ein Video zur Anwendung des Aerometers.
- Der Standzylinder wird zu etwa $^2/_3$ mit Milch befüllt.
- Das Aräometer wird so in die Flüssigkeit abgesenkt, dass es frei schwimmt.
- Die Dichte der Flüssigkeit wird auf Höhe des Flüssigkeitsspiegels abgelesen.
- Der Versuch wird mit den anderen Milchsorten wiederholt.

Durchführung – Pyknometermethode

- Das Pyknometer (Abb. 5.2) wird leer gewogen.
- Das Pyknometer wird so mit Milch befüllt, dass der Schliff etwa zur Hälfte gefüllt ist.

Abb. 5.3 Das verlinkte Video
zeigt die Dichtebestimmung von
Flüssigkeiten mit einem Aerometer
(Dichtespindel)
(▸ https://doi.org/10.1007/000-331)

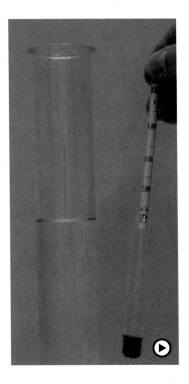

- Der Stopfen mit Kapillare wird eingesetzt und überschüssige Milch mit dem Papiertuch entfernt.
- Das mit Milch befüllte Pyknometer wird gewogen.
- Die Dichte der Milch wird berechnet.
- Der Versuch wird mit den anderen Milchsorten wiederholt.

Beobachtung

Beispielhafte Auswertung:

m (Pyknometer$_{leer}$): 48,763 g
m (Pyknometer$_{gefüllt mit Milch}$): 58,086 g
m (Milch): 10,323 g
V (Milch): 10 mL
$\rho = m/V = > 10{,}323$ g / 10 mL $= 1{,}0323$ g/mL

Die Dichte der Milch nimmt mit abnehmendem Fettgehalt zu. Vollmilch hat eine Dichte von etwa 1,031 g/mL, Magermilch einen Wert von ca. 1,037 g/mL.

Erklärung und didaktischer Kommentar

Wie schon in Abschn. 5.1.1 können die Lernenden die Verdrängungsmethode eigenständig planen. Aräometer und Pyknometer sind den Lernenden unbekannt und müssen als Fachmethode vorgegeben werden. Die Messung mit dem Pyknometer sollte bei der auf dem Pyknometer angegebenen Temperatur erfolgen. Ansonsten ist eine Temperaturkorrektur für die Werte der Dichte nötig: 0,0002 g/mL pro °C Temperaturunterschied zum Referenzwert erforderlich. Gleiches gilt auch für die Messung mit dem Aräometer.

Entsorgung

Die Milchreste können in den Ausguss gegeben werden.

5.3   Dichte-„Probleme" im Alltag

5.3.1   Bau eines Aerometers

Materialien und Chemikalien

Einwegtropfpipette (3 mL)
Standzylinder (100 mL)
Messzylinder (100 mL)
Waage
Glasstab
Schere
Folienstift (wasserfest)
Klebefilm
Eisengranulat
Haushaltszucker
Wasser

Durchführung

- Der Standzylinder wird mit Wasser gefüllt.
- Die Spitze der Pipette wird abgeschnitten. Anschließend wird die Pipette mit so viel Eisengranulat befüllt, dass sie tief in das Wasser des Standzylinders eintaucht, aber noch schwimmt.
- Die Pipettenöffnung wird mit Klebefilm zugeklebt. An der Pipette wird die Eintauchtiefe markiert.
- In einem Messzylinder werden 5 g Zucker in 95 mL (95 g) Wasser gelöst und das Volumen der Lösung abgelesen.

- Danach werden weitere Zuckerlösungen (10 g Zucker, 90 mL Wasser; 15 g Zucker, 85 mL Wasser; 20 g Zucker, 80 mL Wasser) hergestellt und ebenfalls die entsprechenden Volumina abgelesen. Diese Werte sind nachher Grundlage der Dichteberechnung für die Lösungen.
- Das selbst gebaute Aräometer wird nacheinander in die Zuckerlösungen getaucht und die Eintauchtiefe markiert.
- Aus den Massen und den gemessenen Volumina der Zuckerlösungen wird deren Dichte berechnet. Nun können die Eintauchtiefen am Aräometer mit der zugehörigen Dichteangabe versehen werden. Das Aräometer ist damit kalibriert. Alternativ können die Werte der Eintauchtiefen auch in Abhängigkeit vom Zuckergehalt der Lösung in einem Diagramm aufgetragen werden. Aus dem Diagramm lässt sich dann der Zuckergehalt der Lösung bestimmen.

Beobachtung

Das selbst gebaute Aräometer taucht unterschiedlich tief in die Zuckerlösungen ein. Je stärker konzentriert die Zuckerlösung ist, desto weiter ragt das Aräometer aus der Lösung.

Erklärung und didaktischer Kommentar

Der Selbstbau eines Aräometers vermittelt das Prinzip dieses Gerätes zur Dichtebestimmung. Die Lernenden können Auftrieb und Füllung des Pipettenhütchens qualitativ beschreiben und dann auf die Eintauchtiefe in Lösungen mit verschiedenem Zuckergehalt und damit unterschiedlicher Dichte anwenden. Wiederholt man den Versuch mit einem geeichten Aräometer, kann die Skalierung der Selbstbau-Aräometer noch genauer vorgenommen werden.

Entsorgung

Entfällt.

5.3.2   Dichte von Schokoriegeln – MilkyWay® und Mars®

Materialien und Chemikalien

Messzylinder (250 mL)	
Waage	
Uhrglas	
Glasstab	
MilkyWay®- und Mars®-Schokoriegel oder vergleichbare Produkte anderer Anbieter	
Wasser	

Durchführung

- Die Dichte von MilkyWay- und Mars-Schokoriegeln wird mit der Verdrängungsmethode bestimmt.
- Dazu werden die Schokoriegel gewogen und ihr Volumen im Messzylinder bestimmt.

Beobachtung

MilkyWay schwimmt auf dem Wasser, der Mars-Schokoriegel sinkt. Für die exakte Dichtebestimmung muss der MilkyWay-Riegel mit einem dünnen Holzstab „unter Wasser" gedrückt werden.

Erklärung und didaktischer Kommentar

Das Phänomen, MilkyWay schwimmt auf dem Wasser, ein Mars-Riegel nicht, kann als Einstieg in das Thema Dichte genommen werden. Es ergibt sich die Frage nach der Ursache des unterschiedlichen Schwimm-Sink-Verhaltens. Schüler argumentieren häufig, dass der MilkyWay-Riegel leichter als der von Mars sei. Dies lässt sich durch Wägung bestätigen. Im Unterricht muss dann auf das Volumen hingeführt werden. Wie das Volumen der Riegel bestimmt wird, kann von den Lernenden selbst entwickelt werden (Verdrängungsmethode). Als Ergebnis für die Dichte erhält man bei MilkyWay einen Wert kleiner als 1 g/mL und bei Mars einen Wert wenig über 1 g/mL. Es sollte sich die Bestimmung der Dichte von Wasser anschließen, damit die Aussage getroffen werden kann: Gegenstände mit geringerer Dichte als Wasser schwimmen, solche mit größerer Dichte sinken. Genau betrachtet gilt dies hier nicht für die Dichte, sondern für die mittlere Dichte der Schokoriegel. Gerade die lockere Füllung im MilkyWay schließt feine Gasblasen ein, die den Dichtewert verringern. Die Gasfüllung wird häufig von den Lernenden auch als Erklärung für das Schwimmverhalten von MilkyWay angegeben. Ein Werbespot für MilkyWay aus dem Jahre 1987 wirbt sogar mit dieser Argumentation: „So leicht und locker geschlagen; der schwimmt sogar in Milch." (AlteReklame 2018).

Entsorgung

Die Schokoriegel werden über den Hausmüll entsorgt.

5.3.3 Cola® und Cola light® – Dichtebestimmung mit Dosen

Materialien und Chemikalien

2 Messzylinder (500 mL)	
Waage	
Tiegelzange	
Cola® und Cola light® (0,33-L-Dosen)	
Wasser	

Durchführung

- Beide Coladosen werden gewogen.
- Zwei Messzylinder werden zur Hälfte mit Wasser befüllt und das Volumen notiert.
- In je einen Messzylinder wird eine Getränkedose gegeben. Der Volumenwert wird erneut notiert.

Beobachtung

Die Dose mit der herkömmlichen Cola sinkt im Standzylinder herab, die Dose mit der Cola light schwimmt.

Getränk	Masse [g]	Volumen [L]
Cola®	370,1	0,33
Cola light®	348,4	0,33

Erklärung und didaktischer Kommentar

Die Dichte von herkömmlicher Cola ist ein wenig größer als die von Wasser. Daher sinkt die Getränkedose im Wasser herab. Cola light hat umgekehrt eine geringere Dichte als Wasser, wodurch das Schwimmen der Dose erklärt werden kann.

Der Versuch eignet sich wie die verschiedenen Schokoriegel in Abschn. 5.3.2 gut als Einstieg in das Thema Dichte. Der Denkweg verläuft wie dort beschrieben. Die erhaltenen Dichtewerte entsprechen jedoch der mittleren Dichte inkl. Gasfüllung der Dose und dem Aluminiumblech der Dose, nicht der Dichte der Flüssigkeiten selbst. Dies kann von den Lernenden als Fehlerquelle erkannt werden und in einer abgewandelten Versuchsdurchführung münden (Abschn. 5.3.4).

Entsorgung

Entfällt.

5.3.4   Cola® und Cola light® – Dichtebestimmung der Getränke selbst

Materialien und Chemikalien

Bechergläser (400 mL)	
Messzylinder (100 mL)	
Waage	
Magnetrührer und Rührstäbe	
Cola® und Cola light® (0,33-L-Dosen)	

Durchführung

- Cola bzw. Cola light werden in die Bechergläser gefüllt und für etwa 10 min gerührt, um das enthaltene Kohlenstoffdioxid auszutreiben.
- Jeweils 100 mL werden in einen Messzylinder gefüllt.
- Der Messzylinder wird vor und nach dem Befüllen gewogen.
- Aus Masse und Volumen wird die Dichte berechnet.

Beobachtung (beispielhafte Messwerte)

Getränk	m (Getränk) in g	V (Getränk) in mL
Cola®	106	100
Cola light®	91	100

Erklärung und didaktischer Kommentar.

Aus den Messwerten ergibt sich für ein zuckerhaltiges Cola-Getränk eine Dichte von etwa $1{,}06\frac{g}{mL}$, für das Light- bzw. Zero-Produkt ein Wert von $0{,}91\frac{g}{mL}$. Bestimmt man entsprechend die Dichte von Wasser, kann man in Kombination mit dem Schokoriegel-versuch (Abschn. 5.3.2) das Schwimm-Sink-Verhalten mit den Dichtewerten ver-allgemeinern (s. o.).

Entsorgung

Die Lösungen werden in den Ausguss gegeben.

5.3.5   Wie süß sind Getränke wirklich?

Materialien und Chemikalien

Aräometer (1,0–1,1 g/mL)	
Standzylinder (100 mL)	
Becherglas (250 mL)	
Glasstab	
verschiedene Säfte und Limonaden, darunter auch Light-Produkte, Wasser, Tee	

Durchführung

- Der Standzylinder wird befüllt. Das Aräometer wird so hineingetaucht, dass es die Wände des Zylinders nicht berührt.
- Die Dichte der Lösung wird abgelesen.
- Der Versuch wird mit verschiedenen Getränken wiederholt.
- Mit Hilfe des Diagramms aus Abschn. 5.3.1 wird der Zuckergehalt der Säfte und Limonaden berechnet.

Beobachtung

Erklärung und didaktischer Kommentar
Es kann aus dem Versuch folgender grober Zusammenhang abgeleitet werden: Je größer der Zuckergehalt bei Säften ist, desto größer ist deren Dichte (Tab. 5.1). Dies gilt natürlich nur für Säfte ähnlicher Viskosität, denn diese wird nur zum Teil durch den

Tab. 5.1 Zuckergehalt von Getränken und beispielhafte Messwerte für die abgelesene Dichte

Getränk	Dichte [g/mL]	Zucker laut Zutatenverzeichnis [g/100 g]
Orangensaft	1,050	9,0
Apfelsaft	1,045	10,6
Orangenlimonade (Fanta®)	1,035	7,6
Fanta light®	1,005	0
Zitronenlimonade (Sprite®)	1,035	8,0
Sprite light®	1,000	0
Tee	1,000	0
Wasser	1,000	0

Zuckergehalt bestimmt. Letzteres lässt sich gut am Vergleich der Beispiele Orangensaft und Apfelsaft verdeutlichen. Bzgl. der bei diesem Versuch möglichen Einführung von Gehaltsangaben siehe den Einführungstext zum Kap. 5 Dichte.

Entsorgung
Die Lösungen werden in den Ausguss gegeben.

5.4 Dichte von Gasen

Die nachfolgend beschriebenen Versuche werden sicherlich nicht alle im Rahmen einer Einheit zum Thema Dichte eingesetzt werden, zumal das Thema Dichte von Gasen nicht in allen Bundesländern für den Anfangsunterricht gefordert ist. Wenn doch, dann soll vielfach lediglich das Messprinzip deutlich werden. Dennoch empfiehlt es sich, die Dichte von Gasen im Anfangsunterricht anzusprechen. Die Versuche im Abschn. 5.4.1 und 5.4.3. bilden hier eine aufeinander aufbauende Einheit, in der der Weg vom Phänomen zur experimentellen Bestimmung der Dichte von Gasen im Sinne der naturwissenschaftlichen Erkenntnislogik von den Lernenden gegangen werden kann.

Die folgenden Versuche lassen sich aber auch in anderen Themenbereichen einbinden – beispielsweise in eine Unterrichtseinheit zum Thema Gase, um am Ende der Einheit die Hypothese von Avogadro abzuleiten (Abschn. 11.2 und 11.4). Doch auch beim Thema Luft und Verbrennungen können einige der qualitativen Versuche dienlich sein. Selbst im Themenfeld der organischen Chemie sollten Dichtebestimmungen eingebunden werden (z. B. von Methan oder Feuerzeuggas), um die Stoffe zu charakterisieren und das Prinzip der Dichtebestimmung aufzufrischen. Konkrete Hinweise zu Einsatzmöglichkeiten sind in den didaktischen Kommentaren zu jedem Versuch vermerkt.

5.4.1 Vergleich der Dichte von verschiedenen reinen Gasen

Materialien und Chemikalien

Luftballons	
Wasserstoff (⬥ ⬦)	
Sauerstoff (⬥ ⬦)	
Stickstoff (⬦)	
Kohlenstoffdioxid (⬦)	

Durchführung

- Luftballons werden mit verschiedenen Gasen gleich groß befüllt.
- Die Ballons werden gleichzeitig aus größerer Höhe fallen gelassen.

Beobachtung

Die mit Sauerstoff und mit Stickstoff gefüllten Ballons sinken langsam nach unten, der mit Kohlenstoffdioxid gefüllte Ballon sinkt deutlich schneller zu Boden. Der Wasserstoffballon steigt zur Raumdecke.

Erklärung und didaktischer Kommentar

Dieser Versuch verdeutlicht, dass gleiche Volumina verschiedener Gase eine unterschiedliche Masse und damit unterschiedliche Dichten haben. Durch diesen Vergleich ergibt sich ein Phänomen zur Einführung der Dichte von Gasen, denn es ergeben sich zahlreiche Fragen: Warum steigt ein mit Wasserstoff gefüllter Ballon, während ein mit Kohlenstoffdioxid gefüllter Ballon am schnellsten nach unten sinkt? Zur Prüfung der von den Lernenden aufgestellten Hypothesen (Der Wasserstoff im Ballon ist leichter als Luft, das gleiche Volumen an Kohlenstoffdioxid ist schwerer als ein entsprechendes Volumen an Luft.) kann der Versuch im Abschn. 5.4.3 arbeitsteilig durchgeführt werden.

Entsorgung

Die Ballons können durch Anschneiden am Knoten ohne Platzen entleert werden.

5.4.2   Demonstration der hohen Dichte von Kohlenstoffdioxid

Materialien und Chemikalien

3 Standzylinder	
große Glaswanne oder Kunststoffwanne (Aquarium)	
Kerzen	
Blechstreifen (zu einer Treppe geformt)	
Trichter	
Schlauchstück	
Seifenblasenzubehör	
Streichhölzer	
Kohlenstoffdioxid (◇)	

Abb. 5.4 Auf
Kohlenstoffdioxid schwebende
Seifenblase

Durchführung – Kohlenstoffdioxid-Bodenschicht mit Seifenblasen sichtbar machen

- Durch einen senkrecht befestigten großen Trichter leitet man von unten her bis zum Überfließen Kohlenstoffdioxid ein.
- Nun lässt man Seifenblasen auf das Gas fallen (Abb. 5.4).

Beobachtung

Die Seifenblasen schweben auf der Kohlenstoffdioxidschicht.

Durchführung – Umgießen von Kohlenstoffdioxid

- Eine brennende Kerze wird auf den Boden eines Standzylinders gestellt.
- Ein zweiter Zylinder bleibt offen stehen, ein dritter Zylinder wird mit Kohlenstoffdioxid befüllt.
- Das Gas aus dem dritten Zylinder wird langsam und vorsichtig in den luftgefüllten Zylinder gegossen. Dann gießt man das Kohlenstoffdioxid aus dem zweiten Zylinder in den Zylinder mit der brennenden Kerze.

Beobachtung

Die Kerzenflamme erlischt sofort. Den Vorgang des Umgießens kann man auch sichtbar machen, wenn man das Kohlenstoffdioxid im ersten Zylinder mit Tabakrauch durchschüttelt oder wenn man in den ersten Zylinder einen Tropfen konz. Salzsäure und in den zweiten Zylinder einen Tropfen Ammoniak-Lösung eintropfen lässt (Bildung von Ammoniumchloridnebeln).

Durchführung – Kerzentreppe

- In einer Glaswanne wird aus Blech eine dreistufige Treppe aufgebaut.
- Auf jede der Stufen wird eine brennende Kerze gestellt.
- Mittels eines langen Glasrohres, das bis auf den Boden des Gefäßes reicht, wird langsam Kohlenstoffdioxid eingeleitet.

Beobachtung

Nach und nach erlöschen die Kerzen, angefangen bei der untersten.

Erklärung und didaktischer Kommentar

Alle drei Versuche zeigen die höhere Dichte von Kohlenstoffdioxid gegenüber Luft an.

Besonders einducksvoll wird das Experiment, wenn man ein paar Stücke Trockeneis in eine Glaswanne legt und mit etwas Wasser übergießt. Es bilden sich Nebelschwaden aus Kohlenstoffdioxid und feinsten Wassertröpfchen. Lässt man nun Seifenblasen auf den Nebel fallen, „tanzen" die Seifenblasen auf dem Nebel.

Entsorgung

Entfällt.

5.4.3   Quantitative Bestimmung der Dichte von Gasen

Materialien und Chemikalien

arretierbare Spritzen (60 mL, Luer-Lock)	
Nägel	
3-Wege-Hahn	
Waage (0,001 g Messgenauigkeit)	
Luftballons als Reservoir zum Befüllen der Spritzen mit Gasen	
Wasserstoff (◈ ◇)	
Sauerstoff (◈ ◇)	
Stickstoff (◇)	

Luft	
Methan (⬦ ⬦)	
Feuerzeuggas (⬦)	
Helium (⬦)	
Siliconöl	

Durchführung

- Die Dichtungen der Kunststoffspritzen werden mit je einem Tropfen Siliconöl benetzt und damit eingerieben. Dies macht den Kolben leichtgängig und dichtet gleichzeitig gasdicht ab.
- Ein 3-Wege-Hahn wird auf die Kunststoffspritze geschraubt und so gedreht, dass die Spritze verschlossen ist. Dann wird der Kolben herausgezogen und mit dem Nagel arretiert (Abb. 4.6). Die Spritze wird evakuiert gewogen, indem sie mit dem Kolben und der Drei-Wege-Hahn senkrecht auf die Waage gestellt wird. Der Wert der Masse wird notiert.
- Über den Luftballon wird eine zweite Kunststoffspritze mit 60 mL Sauerstoff gefüllt. Nach dem Befüllen wird die Spritze mit einem freien Hahnende verbunden. Der Hahn wird so gedreht, dass Sauerstoff in die evakuierte Spritze gezogen wird. Achtung: Der Kolben wird schlagartig eingezogen.
- Die Spritze wird erneut gewogen und Massen- und Volumenwert notiert.
- Der Versuch wird mit den anderen Gasen wiederholt.

Beobachtung

Beispielhafte Messwerte: Die Volumina der Gasportionen betragen jeweils 60 mL. Die Werte für die Massen der Gasportionen: m(Wasserstoff) $= 0{,}005$ g; m(Sauerstoff) $= 0{,}084$ g; m(Stickstoff) $= 0{,}072$ g; m(Luft) $= 0{,}074$ g; m(Methan) $= 0{,}042$ g; m(Feuerzeuggas) $= 0{,}145$ g; m(Helium) $= 0{,}011$ g.

Erklärung und didaktischer Kommentar

Aus den Wertepaaren lassen sich die Gasdichten relativ genau bestimmen. Die Dichtewerte sollten untereinander verglichen werden, wodurch der Bezug zum Einstiegsversuch in Abschn. 5.4.1 gegeben ist und die aufgestellten Hypothesen im Experiment geprüft werden konnten. Es kann sich ein Vergleich der Dichtewerte von Gasen und von Feststoffen/Flüssigkeiten anbieten, woraus sich die Frage erheben kann, warum Gase gegenüber Feststoffen und Flüssigkeiten so deutlich niedrigere Dichtewerte aufweisen. Dies kann im Themenkreis Teilchenmodell wieder aufgenommen und auf dieser Basis geklärt werden.

Entsorgung

Entfällt.

Stofftrennung

6

Inhaltsverzeichnis

Das Thema Mischen und Trennen stellt eine Anwendung des Themas Stoffeigenschaften dar, denn für die Begründung der Eignung eines Trennverfahrens müssen Kenntnisse über Stoffeigenschaften zugrunde gelegt werden. Fachlich steht neben den Stofftrennverfahren die Differenzierung des Stoffbegriffs in reine Stoffe und Stoffgemische im Fokus – sowohl auf Stoff- als auch auf Teilchenebene.

Ergänzende Information Die elektronische Version dieses Kapitels enthält Zusatzmaterial, auf das über folgenden Link zugegriffen werden kann https://doi.org/10.1007/978-3-662-63905-4_6

Lernendenorientiert kann diese Differenzierung einfach über das Experiment zur Trennung von Filzstiftfarben durch Papierchromatografie erfolgen. Auch wenn dieses Experiment vielfach als reines Trennverfahren betrachtet wird, häufig motivierend in eine Fälschergeschichte eingebunden, liegt das eigentliche didaktische Potenzial in der Hinführung zum Thema Mischen und Trennen. Die Lernenden erkennen, dass es Farbstifte gibt, deren Farbe durch Mischen mehrerer Farbstoffe entsteht (z. B. Schwarz, Grün, Violett), während einzelne Farbstifte nur einen Farbstoff enthalten (z. B. Rot, Blau) (vgl. Hüttner 1996; Horn und Wagner 1997). Die Ableitung der Bezeichnungen Mischfarbe (Farbstoffgemisch) und Grundfarbe (reiner Farbstoff, Reinstoff) kann hier leicht von den Lernenden geleistet werden. In der Reflexion des Versuchs ergibt sich dann gleichzeitig, dass durch das Verfahren der Chromatografie die zuvor gemischten Farbstoffe getrennt wurden, wodurch sich das Thema Mischen und Trennen zwanglos ergibt.

Im Unterricht erfolgt dann meist die Unterscheidung von homogenen und heterogenen Gemischen sowie die Differenzierung in verschiedene Gemischtypen wie Suspension, Emulsion, Nebel etc. Hier lassen sich beispielsweise Vollmilch und Sprudelwasser, Granit, Orangensaft, Kräutersalz, ein Brühwürfel oder Messing mit Lupe oder Mikroskop untersuchen. Um eine Lösung von einer sehr dünnen Suspension oder Emulsion zu unterscheiden, können die Flüssigkeiten mit dem Licht einer Taschenlampe oder eines Laserpointers durchstrahlt werden. Im Falle der Suspension und der Emulsion wird das Licht von den Partikeln/Tröpfchen des zugegebenen Stoffes gestreut, sodass der Lichtstrahl von der Seite her sichtbar wird. Dieser Tyndall-Effekt ist auch bei einem Nebel bzw. Rauch erkennbar.

Nach der Klassifizierung der Gemischtypen auf Stoffebene (über die am Gemisch beteiligten Aggregatzustände der Stoffe) empfiehlt sich auch eine Klassifizierung unter Anwendung des Teilchenmodells vorzunehmen. So können die Lernenden die Kenntnisse über die Anordnung der Teilchen in den Aggregatzuständen erneut anwenden und an diesen komplexeren Systemen üben.

Zur Beantwortung der Frage, ob und wie sich Gemische trennen lassen, eignen sich viele Beispiele: Das Trennen der Bestandteile einer Tütensuppe, das Trennen verschiedener Kunststoffe („Plastik" und „Mikroplastik" im Meer (z. B. Sieve und Kemmesies 2020)), das Entfärben eines Cola-Getränks oder aber das Trennen von Fett und Zucker aus Schokolade sind nur einige davon. Den Beispielen gemein ist die Möglichkeit der explorativen Herangehensweise der Lernenden an die Trennungen. Aus dem Alltag sind grundlegende Ideen zum Trennen von Stoffen durch Sieben und Filtrieren meist präsent. Lernende sollten daher im Sinne eines Forschungsauftrages die Gelegenheit bekommen, eine eigene Vorgehensweise für die Trennung des jeweiligen Stoffgemischs zu entwickeln und diese zu erproben. In der Diskussion der Ergebnisse können die verschiedenen Ansätze hinsichtlich ihrer Eignung beurteilt werden. Eine ebenso explorative Herangehensweise empfiehlt sich bei der Entwicklung einer Destillationsapparatur, wenn diese in eine Schiffbrüchigen-Geschichte mit dem Problem der Gewinnung von Trinkwasser aus Meerwasser eingebunden ist.

Tab. 6.1 Zur Trennung ausgenutzte Stoffeigenschaften

Trennverfahren	Trennung erfolgt aufgrund unterschiedlicher …	Beispiel
Sieben	Partikelgröße	Mehl sieben
Filtrieren	Partikelgröße	Lehmwasser filtrieren
Extrahieren	Löslichkeit	Kaffee, Tee zubereiten
Ausgasen	Temperaturabhängigkeit der Löslichkeit von Gasen	Herstellen von stillem Mineralwasser aus Sprudel
Adsorbieren	Haftfähigkeit	Dunstabzugshaube
Chromatografieren	Haftfähigkeit, Löslichkeit	Farbstoffgemische trennen
Eindampfen	Siedetemperatur	Salzgewinnung in Salzpfannen
Destillieren	Siedetemperatur	Herstellen von Branntwein
Zentrifugieren	Dichte	Entrahmen von Milch
Sedimentieren/Dekantieren	Dichte	Sinkstoffe in einer Kläranlage abtrennen
Schwimm-Sink-Verfahren	Dichte	Schwebstoffe in einer Kläranlage trennen
Magnettrennung	Magnetisierbarkeit	Eisen aus Schlacke abtrennen

Am Ende einer Einheit zur Gemischtrennung sollte dann die Reflexion der angewandten Trennverfahren stehen mit dem Ziel, die zur Stofftrennung ausgenutzten Stoffeigenschaften herauszustellen (Tab. 6.1).

Didaktische Anmerkungen zu Reinstoffen und Gemischen

Die Bezeichnung Reinstoff wurde fachlich sowie fachdidaktisch bereits mehrfach diskutiert (z. B. Schummer 1995). Die Problematik: Streng genommen gibt es keine Reinstoffe, denn jeder noch so hochreine Stoff enthält geringe Anteile an Beimischungen anderer Stoffe. Unseres Erachtens muss man jedoch eine pragmatische und fachlich tragfähige Definition entwickeln, in der man den gerade beschriebenen Umstand mit einbezieht. Reinstoffe sind nach unserem Verständnis Stoffe, in denen die darin enthaltenen geringfügigen Beimischungen anderer Stoffe die charakteristischen Eigenschaften des Reinstoffs nicht merklich verändern und der Reinstoff somit überall in der Stoffportion die gleichen Stoffeigenschaften aufweist. Ein Reinstoff kann daher nach dem Teilchenmodell vereinfacht als aus einer Teilchensorte aufgebaut aufgefasst werden. Bei einem Gemisch hingegen ergeben sich die Stoffeigenschaften aus den Komponenten und deren Anteilen im Gemisch. Gemische sind nach dem Teilchenmodell aus so vielen Teilchensorten aufgebaut, wie Reinstoffe in ihnen enthalten sind.

Im Unterricht sollte jedoch nicht stark betont werden, dass Reinstoffe aus nur einer Teilchensorte bestehen. Nach der Einführung einer ersten Atomvorstellung in Anlehnung an Dalton muss die genannte Vorstellung angepasst werden, denn nun gibt es Reinstoffe, die aus mehr als einer Atomsorte bestehen, die Verbindungen (Horn und Wagner 1997; Hüttner 1996; Schummer 1995).

6.1   Trennung heterogener Stoffgemische

6.1.1   Trennung einer Suspension

Materialien und Chemikalien

Bechergläser (50 mL, 150 mL, 250 mL)	
Esslöffel	
Abdampfschale	
Trichter	
grobporiges Filterpapier (schnell filtrierend, z. B. Schwarzband 589/1)	
feinporiges Filterpapier (langsam filtrierend, z. B. Blauband 5896)	
Taschenlampe oder Laserpointer	
Lupe	
Stoffgemisch aus Blumenerde Torf, Sand, Styropor	
Wasser	

Durchführung

- Drei Esslöffel Stoffgemisch werden in einem Becherglas (250 mL) mit Wasser gemischt.
- Man lässt das Gemisch einige Zeit stehen und beobachtet die Veränderungen.
- An der Oberfläche schwimmende Teile werden abgeschöpft und gesammelt.
- Die über dem Bodenkörper stehende Flüssigkeit wird vorsichtig in ein 150-mL-Becherglas dekantiert.
- Ein Drittel der Flüssigkeit wird über ein grobporiges, ein weiteres Drittel über ein feinporiges Filterpapier jeweils in ein 250-mL-Becherglas filtriert. Zum Vergleich dient das letzte Drittel der Flüssigkeit.

- Die Filtrate werden mit dem Rest der dekantierten Flüssigkeit verglichen. Sie werden gegen das Licht gehalten und in einem abgedunkelten Raum von der Seite mit einer Taschenlampe oder einem Laserpointer beleuchtet.
- Schwebstoffe und Bodenkörper werden betrachtet und wenn möglich, identifiziert.

Beobachtung

Nach einiger Zeit sammeln sich die weißen Styroporkügelchen auf der Wasseroberfläche. Auch Bestandteile von Torf bleiben eine Zeit lang an der Wasseroberfläche, bevor diese wie Sand und Blumenerde zum Becherglasboden sinken. Das Wasser bleibt aber trüb.

Die Styroporkügelchen lassen sich zusammen mit einigen Torf- und Blumenerdebestandteilen von der Oberfläche abschöpfen. Die trübe Flüssigkeit lässt sich relativ leicht dekantieren.

Beim Filtrieren ist die Durchlaufzeit beim grobporigen Filtrierpapier deutlich niedriger als beim feinporigen Filtrierpapier. Das Filtrat ist beim grobporigen Filtrierpapier noch trüb und beim feinporigen Filtrierpapier klar. In den Filterrückständen sind Sandkörnchen und Partikel aus der Blumenerde bzw. dem Torf zu erkennen.

Beim Durchleuchten der dekantierten Flüssigkeit mit der Taschenlampe oder dem Laserpointer wird ein Lichtstrahl deutlich, dieser ist beim Filtrat aus dem grobporigen Filtrierpapier schwächer, beim Filtrat aus dem feinporigen Filtrierpapier ist kein Lichtstrahl zu erkennen.

Erklärung und didaktischer Kommentar

Bei diesem Versuch wendet man verschiedene Trennverfahren an: Schwimm-Sink-Verfahren, Abschöpfen, Dekantieren und Filtrieren. Styropor und einige Bestandteile aus Blumenerde bzw. Torf haben eine geringere Dichte als Wasser und sammeln sich auf der Wasseroberfläche. Sand und die erdigen Bestandteile der Erden sedimentieren aufgrund ihrer Dichte nach unten. Da die Erden meist trocken sind, erfolgt das Sedimentieren meist erst nach der Wasseraufnahme. Sehr kleine Partikel verbleiben jedoch nahezu schwebend im Wasser, da ihre Dichte nur gering die von Wasser übersteigt und damit nur eine sehr langsame Sedimentation erfolgt. Je nach Porengröße der Filtrierpapiere bleibt das Filtrat mehr oder weniger trüb. In den trüben Suspensionen zeigt sich der Tyndall-Effekt, da das Licht an den Partikeln gestreut und somit für uns sichtbar wird.

Entsorgung

Das Filtrat bzw. die dekantierte Suspension kann in den Ausguss gegeben werden; sämtliche Feststoffe werden über den Hausmüll entsorgt.

6.1.2   Trennung einer Emulsion

Materialien und Chemikalien

Scheidetrichter oder Kunststoffspritze ohne Kolben als kostengünstige Alternaive	
Bechergläser (100 mL)	
Stativmaterial	
Wasser	
gefärbtes Sonnenblumenöl (z. B. mit Paprikapulver)	

Durchführung

- Gefärbtes Öl und Wasser werden in den Scheidetrichter gefüllt. Er sollte nicht mehr als zu drei Viertel gefüllt sein.
- Nach Aufsetzen des Stopfens wird kräftig geschüttelt.
- Nachdem die Emulsion eine Weile geruht hat, wird nochmals kurz geschüttelt, sodass sich die Flüssigkeiten vollständig trennen und das Öl eine Schicht bildet.
- Dann wird der Stopfen abgenommen und man lässt das Wasser vorsichtig abfließen.

Beobachtung

Direkt nach dem Schütteln ist die Flüssigkeit rötlich-trüb; es steigen aber vergleichsweise schnell rötliche Tropfen nach oben und weniger milchige Tropfen nach unten. Nach einiger Zeit ist oben eine rötliche Flüssigkeit und unten im Scheidetrichter eine zunehmend klarer werdende Flüssigkeit zu erkennen. Diese lässt sich abtrennen.

Erklärung und didaktischer Kommentar

Beim Schütteln entsteht eine Emulsion, die jedoch nicht stabil ist, sondern sich wieder trennt. Öl und Wasser sind zwei nicht mischbare Flüssigkeiten, die durch Ausschütteln voneinander getrennt werden können.

Dieses Experiment kann sowohl im Anfangsunterricht eingesetzt werden, um das Ausschütteln als Trennverfahren für eine Emulsion und die dabei verwendeten Glasgeräte (Scheidetrichter) kennenzulernen. Sofern später das Mischungskonzept unter Anwendung von Molekülstrukturen und den zwischen den Teilchen wirkenden Wechselwirkungen bekannt ist, lässt sich dieses Experiment erneut einbinden und erweitern.

Beispielsweise im Kontext Fleckentfernung oder Petrochemie (Simulation des Verhaltens von Öl auf einer Wasseroberfläche infolge einer Tankerhavarie).

Das gefärbte Öl lässt sich einfach herstellen, indem man Paprikapulver für einige Tage in handelsübliches Speiseöl einlegt und die Suspension im Anschluss dekantiert. In dieser Zeit diffundieren fettlösliche Farbstoffe aus dem Paprikapulver in das Öl.

Entsorgung

Das Öl kann für weitere Versuche aufbewahrt werden. Alternativ kann es über den Ausguss entsorgt werden. Dabei ist darauf zu achten, mit viel Wasser nachzuspülen.

6.1.3   Trennung von Kunststoffen

Materialien und Chemikalien

Becherglas (500 mL)
Löffel
Spülmittel
Pinzette
Aräometer (0,7 bis 2 g/mL)
bekannte Kunststoffproben (PE, PS, PVC)
Kunststoffschnitzel aus Kunststoffverpackungen
Natriumchlorid
Wasser

Durchführung

- Das Becherglas wird zur Hälfte mit Wasser gefüllt und ein Tropfen Spülmittel dazugegeben.
- Die Kunststoffschnitzel werden in das Wasser gegeben und umgerührt.
- Löffelweise wird Natriumchlorid dazugegeben und nach jeder Portion gut umgerührt. Mit der Dichtespindel (Aräometer) wird die Dichte der Lösung bestimmt.

Tab. 6.2 Dichte von
Kunststoffen (Woebcken 1998)

Kunststoff	Dichte in g/cm^3
Polyethen	0,92–0,96
Polypropen	0,9–1,0
Polystyrol	1,05
Polyvinylchlorid	1,2–1,4
Polymethylmethacrylat (Acrylglas)	1,2
Polyamid	1,0–1,2
Polycarbonat	1,0–1,2
Polytetrafluorethen	2,1

Beobachtung

Die Kunststoffschnipsel sinken nach dem Rühren auf den Becherglasboden, wobei die Sinkgeschwindigkeit unterschiedlich ist. Rührt man löffelweise Kochsalz ein, steigen nach und nach die Schnipsel der verschiedenen Kunststoffproben nach oben. Ist eine Sorte Kunststoffschnipsel nach oben gestiegen, lassen sich die Schnipsel abschöpfen oder mit der Pinzette herausholen.

Erklärung und didaktischer Kommentar

Die in herkömmlichen Verpackungsmaterialien verwendeten Kunststoffe haben eine höhere Dichte als Wasser und sinken daher in Wasser zu Boden. Durch die Zugabe von Kochsalz steigt die Dichte der Lösung, sodass nach und nach die Dichtewerte der Kunststoffproben überschritten werden und die Stücke nach oben steigen. Durch den Vergleich des Aufsteigens der Kunststoffe von Verpackungen mit dem von Proben bekannter Kunststoffe kann die Art des Kunststoffs jeweils abgeschätzt werden (Tab. 6.2).

Dieses Experiment verknüpft Kenntnisse zur Dichte von Stoffen mit dem Thema Gemischtrennung und modelliert das Schwimm-Sink-Verfahren. Auch in der Oberstufe kann dieses Experiment zur ersten Identifizierung von Kunststoffen dienen (Themenbereich Natur- und Kunststoffe).

Entsorgung

Die Kunststoffproben werden gesammelt und können erneut verwendet werden. Das Salzwasser wird in den Ausguss gegeben.

6.2   Trennung homogener Stoffgemische

6.2.1   Eindampfen einer Salz-Lösung

Materialien und Chemikalien

Abdampfschale	
Dreifuß mit Drahtnetz	
Gasbrenner	
Lupe	
Natriumchlorid	
Wasser	

Durchführung

- In die Abdampfschale wird etwa 1 cm hoch die Salzlösung gefüllt.
- Die Lösung wird mit kleiner entleuchteter Flamme erhitzt.
- Bevor das letzte Wasser verdampft ist, wird der Gasbrenner abgestellt.
- Die Salzkristalle werden durch eine Lupe betrachtet und mit Kristallen von Natriumchlorid verglichen.

Beobachtung

In der Lösung steigen nach einiger Zeit Blasen auf und es bilden sich Nebel über der Lösung. Das Volumen der Lösung wird immer kleiner. Es bilden sich Kristalle in der Lösung; kurz vor dem Verdampfen des letzten Wassers knistert es und Salzkristalle springen aus der Schale heraus. Es bleiben weiße, würfelförmige Kristalle zurück, die unter der Lupe denen von Kochsalz stark ähneln.

Erklärung und didaktischer Kommentar

Aus der Natriumchloridlösung verdampft aufgrund der niedrigeren Siedetemperatur nach und nach das Wasser. Es bleiben würfelförmige Kochsalzkristalle übrig.

Das Experiment kann auch in einem Reagenzglas durchgeführt werden. Hierbei ist jedoch darauf zu achten, dass das Reagenzglas nur zu einem Viertel mit der Lösung gefüllt wird und unter Zugabe eines Siedesteinchens vorsichtig erhitzt wird, um einen Siedeverzug zu vermeiden.

Entsorgung

Entfällt.

6.2.2 Ermittlung des Gehalts gelöster Stoffe

Materialien und Chemikalien

Abdampfschalen (schwarz)	
Dreifuß mit Drahtnetz	
Gasbrenner	
Waage (Messbereich min. 0,01 g)	
Messzylinder (50 mL)	
Tiegelzange	
Mineralwasser, Leitungswasser, Meerwasser (Salzgehalt 3,5 %), demineralisiertes Wasser	

Durchführung

- Eine leere Abdampfschale wird gewogen.
- 30 mL der Wasserprobe werden in die Abdampfschale gegeben und vorsichtig erhitzt, bis alles Wasser verdampft ist.
- Die Abdampfschale wird nach dem Abkühlen erneut gewogen und der Gehalt der ursprünglich gelösten Stoffe in Gramm pro Liter (g/L) ermittelt.

Beobachtung

Siehe Abschn. 6.2.1. In den Abdampfschalen bleiben unterschiedliche Mengen an Salzkrusten zurück. Während bei Mineralwasser und Leitungswasser nur ein weißer Schleier zurückbleibt, bildet sich bei Meerwasser eine Kruste aus würfelförmigen Kristallen. In der Abdampfschale mit demineralisiertem Wasser ist allenfalls ein äußerst schwacher weißer Schleier erkennbar.

Erklärung und didaktischer Kommentar

Siehe Versuch in Abschn. 6.2.1. Das Experiment ermöglicht schon rein qualitativ durchgeführt den Vergleich des Salzgehaltes verschiedener Wässer und zeigt besonders deutlich die kaum nennenswerten Unterschiede zwischen dem Salzgehalt von Mineralwasser und Leitungswasser auf. Thematisch lässt sich dieses Experiment auch im Themenkreis Salze einbinden, um aufzuzeigen, dass nahezu alle herkömmlichen Wässer gelöste Salze enthalten.

Entsorgung

Entfällt.

6.2.3 Entwicklung einer Destillationsapparatur

Materialien und Chemikalien

Erlenmeyerkolben (250 mL)	
durchbohrter Gummistopfen	
langes, abgewinkeltes Glasrohr	
Bechergläser (hoch, 100 mL)	
Dreifuß mit Drahtnetz	
Gasbrenner	
Liebig-Kühler	
Kühlwasserschläuche	
Siedesteinchen	
Papiertücher	
Kochsalzlösung	

Durchführung

- Der Erlenmeyerkolben wird etwa 3 cm hoch mit Kochsalzlösung und einigen Siedesteinchen befüllt.
- Es wird bis zum Sieden erhitzt und die Vorgänge im Hals des Kolbens beobachtet.
- Der Kolben wird mit einem Gummistopfen, in dem ein langes, abgewinkeltes Glasrohr steckt, verschlossen und ein Becherglas wird unter die Öffnung des Glasrohres gestellt.
- Es wird wiederum bis zum Sieden erhitzt und die Vorgänge im Hals des Kolbens und im Glasrohr beobachtet.
- Das Glasrohr wird mit befeuchteten Papiertüchern umwickelt und der Kolben wiederum bis zum Sieden erhitzt. Ein neues Becherglas wird unter die Öffnung des Glasrohres gestellt. Der Versuch wird beendet, wenn das feuchte Papier zu dampfen beginnt.
- Anstelle des Glasrohres wird ein Liebigkühler angeschlossen, wobei das Kühlwasser im Gegenstrom angeschlossen wird. Ein neues Becherglas wird unter die Öffnung des Glasrohres gestellt.
- Es wird wiederum bis zum Sieden erhitzt. Der Versuch wird beendet, bevor alles Wasser im Erlenmeyerkolben verdampft ist.
- Die Wassermengen in den Bechergläsern werden verglichen.

Beobachtung

Beim Erhitzen der Salzlösung steigen Dämpfe auf und es beschlägt der Kolbenhals.
Die Lösung beginnt zu sieden und es laufen klare Flüssigkeitstropfen an der Kolbenwand entlang nach unten. Im aufgesetzten Glasrohr sind die gleichen Beobachtungen
zu machen wie im Kolbenhals. Die Tropfen fließen durch das Glasrohr in die Vorlage.
Durch Kühlung mit dem feuchten Papier steigt die gewonnene Flüssigkeitsmenge, durch
den Liebigkühler wird im Vergleich noch mehr Flüssigkeit gewonnen.

Erklärung und didaktischer Kommentar

Aufgrund der niedrigeren Siedetemperatur verdampft das Wasser aus der Salzlösung und
kondensiert zunächst noch an den kühleren Kolbenwänden, später im Glasrohr und läuft
dann als destilliertes Wasser in die Vorlage. Durch die Kühlung wird die Kondensations-
rate erhöht und so die Destillationsleistung gesteigert.

Im Unterricht bieten sich zwei Vorgehensweisen an: Arbeitsteilig durchgeführt können
die einzelnen Variationen (ohne Kühlung, mit Kühlung durch feuchte Tücher und die
Kühlung mittels Liebigkühler) hinsichtlich der Effektivität des Verfahrens diskutiert
werden. Die Variationen werden dabei den Lernenden vorgegeben. Alternativ und deutlich explorativer ist es, über eine Geschichte einzusteigen, aus der das Problem der Trink-
wassergewinnung aus Salzwasser erwächst (z. B. in Anlehnung an die Geschichte von
Robinson Crusoe oder von Schiffbrüchigen auf dem Meer). Im Rahmen eines Forschungsauftrages entwickeln die Lernenden zunächst unter bloßer Vorgabe möglicher Materialien
verschiedene Vorgehensweisen, führen diese nach ihrer Planung durch, stellen die Ergebnisse vor und beurteilen diese im Anschluss. Auf diese Weise lassen sich neben inhaltsbe-
zogenen Kompetenzen insbesondere solche aus dem Kompetenzbereich Bewerten fördern.

6.2.4 Destillieren en miniature

Materialien und Chemikalien

2 Schnappdeckelgläser mit durchbohrtem Deckel	
Heidelberger Verlängerung oder Spritzentechnik-Schlauchadapter	
Draht	
Siedesteinchen	
Kerze, Teelicht oder Spiritusbrenner	
Porzellanschälchen	
Feuerzeug	
Rotwein	

Durchführung

- Es wird die in Abb. 6.1 dargestellte Destillationsapparatur aufgebaut.
- Das Destillations-Schnappdeckelglas wird maximal zu einem Viertel mit Rotwein gefüllt. Ein Siedestein wird zugegeben und der Deckel mit dem angeschlossenen Schlauch aufgesetzt.
- Der Rotwein wird mit der Kerze erwärmt und schwach am Sieden gehalten.
- Die Destillation wird so lange weitergeführt, bis sich etwa 0,5 cm hoch Destillat in der Vorlage gesammelt hat.
- Das Destillat wird in die Porzellanschale gefüllt und versucht, es anzuzünden.

Beobachtung

Beim Erhitzen des Weines steigen Blasen auf. Im Schlauchstück bilden sich farblose Tropfen, die langsam in die Vorlage tropfen. Die Flüssigkeit in der Vorlage lässt sich entzünden.

Erklärung und didaktischer Kommentar

Aufgrund der unterschiedlichen Siedetemperatur von Ethanol und Wasser kann das Gemisch durch Destillation getrennt werden. Es geht jedoch ein Azeotrop über mit

Abb. 6.1 Destillation von
Rotwein im Kleinmaßstab

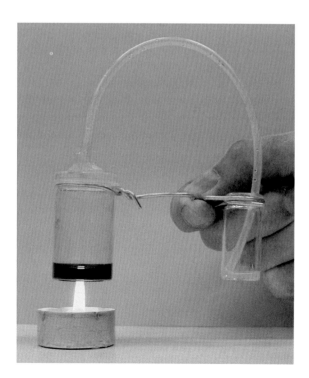

einem Alkoholgehalt von maximal 96 Vol.%. Das erhaltene Destillat lässt sich i. d. R. entzünden, obwohl der Alkoholgehalt zunächst deutlich niedriger ist.

Als Erweiterung kann man die Vorlagen nach jeweils 20 Tropfen des Destillats wechseln und die Brennbarkeit der Fraktionen untersuchen. Dabei stellt man fest, dass der Alkoholgehalt der ersten 20 bis 40 Tropfen vielfach noch für eine Entzündung zu gering ist. Die dritte und vierte Fraktion sollte sich entzünden lassen.

Entsorgung
Entfällt.

6.2.5 Chromatografie

Das Verfahren der Chromatografie wird im Anfangsunterricht Chemie meist als Trennverfahren und weniger als Verfahren zur Identifizierung von Stoffen betrachtet. Dabei ist es gerade die Kombination aus beidem, die chromatografische Verfahren für die Chemie so interessant machen. Kein Prüflabor kommt heute ohne chromatografische Verfahren aus. Die Grundprinzipien der Chromatografie lassen sich im Chemieunterricht vielfach am Beispiel der Papierchromatografie oder einer Säulenchromatografie verdeutlichen. Gerade das Experiment zur Papierchromatografie eignet sich dabei besonders zur Einführung in das Thema Mischen und Trennen, da aus dem Versuch eine Unterteilung in Reinstoffe und Gemische leicht möglich ist (s. o.). Eine Erweiterung chromatografischer Verfahren erfolgt dann meist in der Sekundarstufe II mit der Anwendung der Gaschromatografie. Hier sind dann sowohl qualitative Auswertungen von Chromatogrammen über die Peaks von Vergleichssubstanzen oder aber über Retentionsfaktoren (R_f-Werte) (Identifizierung der Substanzen eines Gemischs) als auch quantitative Auswertungen über die Peakfläche (Massenanteil einer Substanz) möglich.

6.2.5.1 Papierchromatografie von Filzstiftfarben

Materialien und Chemikalien

Filterpapier (rund)	
Petrischale	
Bleistift	
wasserlösliche und wasserunlösliche Filzstifte	
Wasser	

Durchführung

- Mit einem Bleistift wird ein Loch in die Mitte eines Rundfilters gestoßen.
- Mit verschiedenen Filzstiften werden Punkte rund um das Loch gesetzt.
- Ein Stück Filterpapier wird aufgerollt und als Docht durch das Loch des Rundfilters gesteckt.
- Die Petrischale wird zur Hälfte mit Wasser gefüllt und der Rundfilter wird so auf die Petrischale gelegt, dass der Docht in das Wasser taucht.

Beobachtung

Das Filterpapier wird über den Docht mit Wasser befeuchtet und die Wasserfront breitet sich vom Mittelpunkt nach außen aus. Sobald das Wasser (Laufmittel) die Farbstoffpunkte erreicht, bilden sich teilweise farbige Schlieren. Bei einigen Farben sind im Verlauf des Versuchs verschiedene Farben erkennbar, bei einigen verblasst die Farbe nur. Die Farbpunkte der wasserunlöslichen Stifte verlaufen nicht.

Erklärung und didaktischer Kommentar

Die Papierchromatografie ist allgemein ein Verfahren, bei dem man modellhaft die Haftfähigkeit der Stoffe (Adsorptionsvermögen) an die Fasern des Papiers und die Löslichkeit der Stoffe im Laufmittel für die Trennung ausnutzt. Entsprechend der Unterschiede der vermischten Farbstoffe in der Adsorption an den mit Wasser benetzten Cellulosefasern (stationäre Phase) und der Löslichkeit der Farbstoffe im Laufmittel Wasser erfolgt eine Trennung der Farbstoffe und das verschiedenartige Laufverhalten. Nicht-wasserlösliche Farbstoffe können vom Laufmittel Wasser nicht gelöst werden, sodass die Farbstoffpunkte nicht mit dem Wasser über das Papier bewegt werden.

Mit diesem Experiment können Grundfarben (Reinstoffe) von Mischfarben (Gemische) unterschieden werden. Über eine Einbindung in einer Geschichte eines Urkundenfälschers kann sogar ein Kontext geschaffen werden, in dem man über dieses Verfahren verschiedene Tintenarten identifiziert.

Entsorgung

Entfällt.

6.2.5.2 Papierchromatografie von Lebensmittelfarben

Materialien und Chemikalien

Bechergläser (25 mL; 250 mL hohe Form; 400 mL, weite Form)	
Messzylinder (5 mL, 10 mL)	
Reagenzgläser	
Reagenzglasständer	
Holzstäbchen	
Kapillarröhrchen	
Chromatografiepapier (5 cm × 14 cm)	
Föhn	
rote, blaue, grüne, gelbe und braune Schoko-Dragées (z. B. M & M®)	
Wasser	

Durchführung

- Drei Schoko-Dragées gleicher Farbe werden in einem kleinen Becherglas mit 5 mL Wasser gegeben und unter Schütteln vorsichtig der farbige Überzug gelöst. Danach werden die Reste der Schoko-Dragées durch Dekantieren entfernt.
- Ein Kapillarröhrchen wird in eine Farbstofflösung getaucht und 2 cm vom unteren Rand des Chromatografiepapiers wird ein Farbstofffleck aufgebracht. Der Durchmesser des Farbflecks sollte etwa 3 mm betragen.
- Der Fleck wird mit einem Föhn getrocknet und das Auftragen noch dreimal wiederholt.
- In das 250-mL-Becherglas werden 50 mL Wasser gefüllt und das Chromatografiepapier über ein Holzstäbchen so in das Becherglas gehängt, dass das Ende des Streifens in das Wasser taucht. Ein Eintauchen der Farbstoffflecken ist zu vermeiden.
- Das 400-mL-Becherglas wird über die Versuchsanordnung gestülpt.

Beobachtung
Vgl. Versuch in Abschn. 6.2.5.1. Bei dem grünen Dragée ist eine Aufspaltung in die Farben Gelb und Blau zu erkennen; beim braunen Dragee in die Farben Blau, Gelb und Rot. Die übrigen Farben verlaufen nur. Dort sind keine weiteren Farben erkennbar.

Erklärung und didaktischer Kommentar
Bei grünen und braunen Dragées handelt es sich um Farbstoffgemische, bei den übrigen Dragéefarben um reine Grundfarben.

Eine gelungene Einbindung dieses Experiments erhält man, wenn man den Lernenden die Farben der Dragees und die Farbstoffkennzeichnung auf der Packung zeigt. Es ist erkennbar, dass die Farbstoffe rot, blau und gelb gekennzeichnet sind, die für die Farben grün und braun jedoch fehlen. Das sich hieraus ergebende Problem, kann mit dem Experiment ergründet werden.

Alternativ kann zur Identifikation der Farbstoffe auch eine Dünnschichtchromatografie durchgeführt werden. Dazu werden eine Trennkammer, Glaskapillaren, DC-Karten (Kieselgel auf Aluminium), Bleistift, Lineal, Schere und Föhn benötigt. Als Laufmittel dient Wasser.

Sofern keine Chromatografiekammern bereitstehen, kann die Chromatografie auch sehr gut in Dragéedosen (z. B. tic tac®) durchgeführt werden. Dazu stellt man das Chromatografiepapier oder die DC-Folie in die mit Laufmittel gefüllte Dragéedose und setzt vorsichtig den Deckel auf, damit eine Dampfsättigung des Fließmittels erreicht werden kann. Eine weitere Low-Cost-Alternative dazu sind Marmeladengläser mit Schraubdeckel.

Entsorgung
Entfällt.

6.2.5.3 Säulenchromatografie von Ostereierfarben

Materialien und Chemikalien

Chromatografie-Säule	
Stativmaterial	
Bechergläser (400 mL, hohe Form; 200 mL)	
ggf. Trichter	
Kieselgel 60 (0,03–0,2 cm)	
flüssige Ostereierfarben (grün, rot und blau, z. B. „Super Color Trio"® Heitmann)	
Wasser	

Durchführung

- Chromatografie-Säule senkrecht an einem Stativ befestigen (Abb. 6.2).
- Kieselgel in einem Becherglas mit Wasser (Volumenverhältnis 2: 1) aufschlämmen.
- Aufschlämmung in die Säule gießen und überschüssiges Wasser nach dem Absetzen des Kieselgels durch Öffnen des Hahns ablassen.

Abb. 6.2 Versuchsaufbau –
Säulenchromatografie

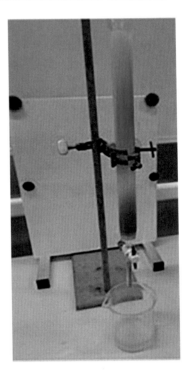

- In einem Becherglas je zwei bis drei Tropfen der Ostereierfarben mischen und mit wenigen Millilitern Wasser versetzen.
- Farbstofflösung auf die Säule füllen.
- Sobald die Probenlösung in die stationäre Phase eingesickert ist, portionsweise Wasser als mobile Phase auf die Säulenfüllung geben.
- Das Eluat wird in Bechergläsern aufgefangen.

Beobachtung
Die in der Probe enthaltenen Farbstoffe trennen sich beim Transport durch die Säule auf. Nach einiger Zeit können gefärbte Lösungen getrennt voneinander als Fraktionen aufgefangen werden.

Erklärung und didaktischer Kommentar
Siehe Vorversuch.

Entsorgung
Die Säulenfüllung kann über den Hausmüll entsorgt werden. Überschüssige Probenlösung und das gesammelte Eluat können ins Abwasser gegeben werden.

6.3   Trennungsprobleme im Alltag

6.3.1   Auftrennung und Analyse eines Cola-Getränks in zwei Varianten

Materialien und Chemikalien

Messzylinder (100 mL)	
Erlenmeyerkolben (250 mL)	
durchbohrter Stopfen mit gebogenem Glasrohr und Schlauch	
Becherglas (250 mL, hohe Form)	
beheizbarer Magnetrührer & Rührstab	
Reagenzglas	
Reagenzglasständer	
Spatel	
Trichter	
Faltenfilter	
Waage	
Abdampfschale	
Cola-Getränk	
Kalkwasser ($w = 0{,}02$ %, ◇⟨!⟩)	
Aktivkohle	
Milch	

Durchführung – Variante mit Aktivkohle als Adsorbens

- 50 mL des Cola-Getränks werden in den Erlenmeyerkolben gefüllt und der Kolben wird mit dem Stopfen verschlossen.
- Ein Reagenzglas wird zur Hälfte mit Kalkwasser befüllt.
- Der Kolben wird auf der Heizplatte unter Rühren erwärmt und das entstehende Gas in das Reagenzglas geleitet.
- Der Stopfen wird entfernt und die Lösung 5 min lang zum Sieden erhitzt.
- Ein Spatel Aktivkohle wird in den Erlenmeyerkolben gegeben und das Gemisch während des Abkühlens mit einem Glasstab gerührt. Alternativ kann der Ansatz bis zur nächsten Chemiestunde stehen gelassen werden. Dabei sollte der Erlenmeyerkolben mit einem Stopfen verschlossen werden.

- Eine Abdampfschale wird gewogen. Die Suspension aus dem Kolben wird in diese Schale filtriert und langsam und vorsichtig eingedampft.
- Die Abdampfschale wird nach dem Abkühlen nochmals gewogen.

Durchführung – Variante mit Milchproteinen als Adsorbens

- 100 mL des Cola-Getränks werden in das Becherglas gefüllt. Wenn sich das Aufschäumen beruhigt hat, gießt man in einem Schwung etwa 30 mL Milch zu.
- Der Ansatz wird für gut 20 min stehen gelassen. Eine weitere Beobachtung erfolgt nach etwa einem Tag.

Beobachtung
Variante mit Aktivkohle: Das Kalkwasser trübt sich beim Einleiten des freigesetzten Gases. Nach der Zugabe von Aktivkohle hellt sich die Lösung langsam auf und ist nach dem Filtrieren nur noch hellbraun-durchscheinend. Beim vorsichtigen Eindampfen der Lösung bilden sich weißliche Kristalle in der sonst bräunlich zähen Masse. Die Massendifferenz zwischen der leeren und der mit der eingedampften Lösung gefüllten Abdampfschale beträgt etwa 3 g.

Variante mit Milch: Das Gemisch aus dem Cola-Getränk und der Milch färbt sich hellbraun. Im Gemisch bilden sich Flocken, die nach und nach sedimentieren. Die überstehende Flüssigkeit ist leicht trüb, aber kaum noch gefärbt.

Erklärung und didaktischer Kommentar
Variante mit Aktivkohle: Beim Ausgasen des Cola-Getränks wird Kohlenstoffdioxid frei (Trübung des Kalkwassers). Ein Teil des im Getränk gelösten Farbstoffs Zuckercouleur (E 150d) wird von der großen Oberfläche der Aktivkohle adsorbiert, wodurch die Lösung sich deutlich aufhellt. Das Filtrat enthält noch große Teile des im Getränk gelösten Zuckers, der beim vorsichtigen Eindampfen auskristallisiert.

Das Eindampfen muss sehr vorsichtig erfolgen, denn der Zucker in der Lösung karamellisiert leicht bzw. zersetzt sich bei zu starkem Erhitzen. Dies ist auch ein Grund, weshalb der Literaturwert von 10,6 g Zucker pro 100 mL Cola-Getränk mit diesem Verfahren nicht erreicht werden kann.

Als Ergänzung lässt sich noch die Dichte der Cola bestimmen. Dazu verwendet man einen Teil der ausgegasten Lösung und bestimmt Masse und Volumen. Das Diagramm aus 5.3.1 dient dann der Abschätzung des Zuckergehalts.

Variante mit Milch: Aufgrund des niedrigen pH-Werts des Cola-Getränks kommt es zur Denaturierung der zuvor löslichen Milchproteine und infolgedessen zum Ausflocken von Proteinclustern. Diese adsorbieren Bestandteile der Cola, wobei auch Zuckercouleur aus der Lösung entfernt wird. Um die Sedimentation zu beschleunigen, kann man den Versuch im kleineren Maßstab in einem Zentrifugenröhrchen durchführen und den Ansatz nach einem Tag für 20 min zentrifugieren.

Entsorgung

Die Lösungen können in den Ausguss gegeben werden; die Feststoffe werden im Hausmüll entsorgt.

6.3.2   Woraus besteht Schokolade?

Materialien und Chemikalien

Waage	
Messer	
Messzylinder (50 mL)	
Heizplatte	
Erlenmeyerkolben (100 mL)	
3 Bechergläser (100 mL)	
Becherglas (150 mL)	
Glasstab	
Wasserbad	
Thermometer	
Trichter, Faltenfilter	
Stricknadel	
Schokolade	
Aceton (◇◇)	
Wasser	

Durchführung

Bestimmung des Fettanteils:

- Etwa 10 g Schokolade werden mit dem Messer zerkleinert (geraspelt) und genau gewogen.
- Die Schokolade wird in ein Becherglas gegeben und mit 30 mL Aceton vermischt. Im Wasserbad wird dabei das Gemisch so lange unter Rühren erwärmt, bis die Schokoladenraspel geschmolzen sind und eine feine Suspension entstanden ist.
- Ein Erlenmeyerkolben wird leer gewogen und die Schokoladensuspension durch einen Faltenfilter in den Kolben filtriert. Mit 20 mL warmem Aceton werden die Reste im Becherglas ausgespült und ebenfalls filtriert.
- Den Erlenmeyerkolben und den Trichter mit dem Filtrierpapier belässt man bis zur nächsten Chemiestunde im Abzug, damit das Aceton verdunsten kann. Im Anschluss wird der Kolben mit dem Rückstand gewogen.

Bestimmung des Zuckeranteils:
- In die Spitze des Faltenfilters bohrt man mit einer Stricknadel ein Loch.
- 80 mL Wasser werden auf 60°C erhitzt und damit der Filterrückstand in ein Becherglas gespült. Das Gemisch wird für etwa 5 min gerührt.
- Ein weiteres Becherglas und ein Glasstab werden leer gewogen. In dieses Becherglas filtriert man den suspendierten Filterrückstand über einen Faltenfilter. Der Faltenfilter ist zuvor zu wiegen.
- Das Filtrat wird vorsichtig auf der Heizplatte eingedampft, wobei der Glasstab als Kristallisationsfläche in die Lösung gestellt wird. Das Becherglas wird mitsamt Eindampfungsrückstand und Glasstab erneut gewogen.

Bestimmung des Filterrückstandes:
- Der Filterrückstand im Faltenfilter wird getrocknet und erneut gewogen.
- Zur Auswertung werden die Massendifferenzen berechnet und daraus die Massen der Bestandteile Fett, Zucker und Kakao ermittelt.

Beobachtung
Beim Verdunsten des Acetons bilden sich weiße Flocken im Erlenmeyerkolben. Ihre Masse beträgt etwa 2,5 bis 2,7 g. Beim Eindampfen des Filtrats aus der Zuckerextraktion bilden sich einzelne weiße Kristalle in einer ansonsten zähen, hell- bis mittelbraunen Masse. Die Massenbestimmung liefert Werte um 3 g. Der Filterrückstand ist bräunlich und er lässt sich leicht zwischen den Fingern zerreiben.

Erklärung und didaktischer Kommentar.
Durch das zwar aufwändige, aber für Lernende motivierende Verfahren können die drei Hauptbestandteile von Schokolade – Fett, Zucker und Kakaopulver – aufgetrennt und hinsichtlich der Massenanteile annähernd bestimmt werden. Die Literaturwerte der Massenanteile von Fett und Zucker liegen etwas höher (Milchschokolade: 31 % Fett, 48 % Zucker), was auf die Extraktions- und Filtrationsverluste zurückzuführen ist. Die Differenzen lassen sich im Rahmen einer Fehlerbetrachtung gut diskutieren – ein Inhaltsbereich, der im Chemieunterricht vielfach zu kurz kommt.

Lohnend sind bei diesem Versuch folgende Ergänzungen: Arbeitsteilige Untersuchung von Milchschokolade, Bitterschokolade (ca. 70 % Kakaoanteil) und Weißer Schokolade. Hierbei können experimentell Unterschiede zwischen den Schokoladensorten festgestellt werden, die sich in der Größenordnung auch in den Literaturwerten widerspiegeln. Zudem können erste Nachweisverfahren durchgeführt werden – die Fettfleckprobe für Fette und die Fehling- oder Benedict-Probe für Zucker. Damit lernen die Schülerinnen und Schüler schon früh im Anfangsunterricht die Bedeutung von Nachweisreaktionen kennen.

Entsorgung
Die festen Bestandteile können über den Hausmüll entsorgt werden.

6.3.3 Wassergehalt von Wurst

Materialien und Chemikalien

Schaureagenzglas	
durchbohrter Stopfen mit Glasrohr	
Stativmaterial	
Waage	
Gasbrenner	
Pinzette	
Watesmo®-Papier	
Fleischwurst	

Durchführung

- Das leere Reagenzglas wird gewogen.
- Das Reagenzglas wird zu einem Viertel mit klein geschnittener Wurst befüllt und erneut gewogen.
- Das Reagenzglas wird mit dem durchbohrten Stopfen mit Glasrohr verschlossen und am Stativ eingespannt. Zwischen Glaswand und Stopfen wird ein Streifen Watesmo®-Papier geklemmt.
- Das Reagenzglas wird vorsichtig mit kleiner, nicht leuchtender Flamme erhitzt. Die Wurststückchen sollen dabei gleichmäßig erhitzt werden, aber nicht verbrennen.
- Das Erhitzen wird beendet, wenn nur noch wenig Wasserdampf entweicht.
- Nach dem Abkühlen wird das Reagenzglas mit den Rückständen gewogen.

Beobachtung

Beim Erhitzen bilden sich Dampfschwaden. Das Watesmo®-Papier färbt sich blau, sobald der Dampf damit in Kontakt kommt. Die Wurst wird z. T. schwarz. Beispielhafte Messwerte: m (Fleischwurst vorher): 26 g; m (Fleischwurst nachher): 20 g.

Erklärung und didaktischer Kommentar

Durch das Erhitzen entweicht Wasserdampf aus der Wurst. Dabei ist es wichtig, dass die Wurst sehr vorsichtig mit kleiner Flamme erhitzt wird. Dennoch kommt es zum äußerlichen Verkohlen der Wurst, während das Innere der Stückchen noch Wasser enthält. Die erhaltenen Messwerte weichen daher recht stark von den Literaturwerten ab. So enthält Fleischwurst beispielsweise einen Massenanteil von 60 bis 65 %. Es empfiehlt sich daher, zum Vergleich Wurstscheiben zu wiegen und in einem Trockenschrank bei 110°C zu trocknen. Auch hier bietet sich eine Fehlerdiskussion an.

Anstelle von Wurst kann auch der Wassergehalt verschiedener Gemüse auf diese Weise geprüft werden (z. B. von Kartoffeln oder Gurken).

Entsorgung
Die Feststoffe werden im Hausmüll entsorgt.

6.3.4 Fettgehalt von Wurst

Materialien und Chemikalien

Erlenmeyerkolben (100 mL)	
Stopfen	
Messzylinder (50 mL)	
Abdampfschale	
Pinzette	
Messer	
Heptan (⬦⬦⬦⬦)	
Fleischwurst	

Durchführung

- Der leere Erlenmeyerkolben wird gewogen.
- Etwa 5 g klein geschnittene Wurst werden in den Kolben gegeben und der Kolben erneut gewogen.
- Etwa 50 mL Heptan werden aufgefüllt und der Kolben mit dem Stopfen verschlossen.
- Der Kolben wird mehrmals geschüttelt und mindestens einen Tag unter dem Abzug stehen gelassen.
- Das Extraktionsmittel wird vorsichtig in eine gewogene Abdampfschale dekantiert und das Heptan unter dem Abzug verdampft. Dann wird erneut gewogen.
- Der Kolben mit den Wurstresten verbleibt ebenfalls zum Abdampfen des restlichen Heptans unter den Abzug. Dann wird der Kolben nochmals gewogen.

Beobachtung
Das Heptan im Heptan-Wurst-Gemisch trübt sich. Nach dem Abdampfen des Heptans ist die Wurst brüchig. Im Extraktionskolben sind nach dem Verdunsten des Heptans gelbliche Tropfen zu erkennen. Beispielhafte Messwerte: m (Fleischwurst vorher): 5 g; m (Fleischwurst nachher): 3,8 g.

Erklärung und didaktischer Kommentar

Ein Teil des Fettanteils der Wurst wird durch das Heptan extrahiert. Auch hier zeigen sich Differenzen zu Literaturwerten. So enthält Fleischwurst einen Massenanteil an Fett von etwa 30 %. Wichtig ist, dass die Wurst in sehr kleine Stücke zerschnitten wird, um die Extraktionsleistung zu erhöhen. Auch dies kann im Rahmen einer Fehlerdiskussion angesprochen werden, wobei gleichzeitig die Abhängigkeit der Extraktionsleistung von der Oberfläche der Wurst herausgestellt werden kann. Es empfiehlt sich, zum Vergleich die Extraktion in einer Soxhlet-Apparatur durchführen (Demonstrationsversuch) und die Verfahren vergleichen zu lassen.

Entsorgung

Die Feststoffe können im Hausmüll entsorgt werden.

6.3.5   Vom Steinsalz zum Kochsalz

Materialien und Chemikalien

Messzylinder (100 mL)	
2 Erlenmeyerkolben (100 mL) mit passenden Stopfen	
Waage	
Brett aus Hartholz als Unterlage	
Tuch (z. B. Geschirrhandtuch)	
Hammer	
Mörser + Pistill	
Abdampfschale	
Petrischale	
Trichter, Faltenfilter	
Tropfpipetten	
Dreifuß und Drahtnetz	
Gasbrenner	
Steinsalzkristall	
Wasser	

Durchführung

- Etwa 25 g Steinsalzstücke werden in einer Petrischale eingewogen.
- Anschließend wickelt man die Stücke in ein Tuch, legt dieses auf das Holzbrett und zerschlägt die Stücke vorsichtig mit dem Hammer.
- Das zerkleinerte Steinsalz wird in einem Mörser mit dem Pistill fein zerrieben.
- 20 g Steinsalzpulver werden abgewogen und in einen Erlenmeyerkolben mit 50 mL Wasser darin überführt.
- Mit aufgesetztem Stopfen wird durch Schütteln möglichst viel vom Steinsalz im Wasser gelöst.
- Die Steinsalz-Wasser-Mischung wird über einen Faltenfilter in einen zweiten Erlenmeyerkolben filtriert. Der Rückstand wird bis zur nächsten Chemiestunde auf dem Filter getrocknet.
- 5 mL des Filtrats werden in eine Petrischale gefüllt und bis zur nächsten Chemiestunde offen stehen gelassen.
- Der Rest des Filtrats wird in einer Abdampfschale eingedampft. Gegen Ende des Eindampfens wird ein Glastrichter umgestülpt in die Abdampfschale gestellt, um das Herausspritzen von heißen Salzkristallen zu verhindern.

Beobachtung

Steinsalzkristalle sind nicht rein weiße Kristalle, sondern enthalten noch blaue, grüne oder bräunliche Einschlüsse, die beim Zerschlagen und Zermahlen der Stücke ebenfalls zerkleinert werden. Beim Schütteln des Salzpulvers in Wasser bleiben in der Lösung unlösliche Bestandteile zurück. Diese bleiben als Rückstand im Filter hängen. Beim Eindampfen des Filtrats entstehen weiße Kristalle, die kurz vor dem Ende des Eindampfens knisternd aus der Abdampfschale geschleudert werden.

Erklärung und didaktischer Kommentar

Reines Steinsalz (Halit) bildet rein weiße Kristalle. Die verschiedenen Farben von Steinsalzkristallen beruhen auf Gesteinsbeimengungen (z. B. Eisenoxide, Tonminerale) oder aber auch auf Gitterfehlordnungen durch Einbau anderer Metallkationen. Beim Vermischen mit Wasser lösen sich die Natrium- und Kaliumchloride im Steinsalz, während unlösliche oder schwer lösliche Tonminerale und Eisenverbindungen sedimentieren. Beim Eindampfen bilden sich Kochsalz- und je nach Anteilen Kaliumchloridkristalle. Die Kristalle zeigen jedoch beim schnellen Eindampfen keine würfelförmige, regelmäßige Struktur. Dies erfolgt erst beim langsamen Verdunstenlassen des Wassers.

In dem Versuch können verschiedene Trennverfahren kombiniert werden. Sofern im Vorunterricht verschiedene Trennverfahren behandelt wurden, können die Lernenden diese an diesem Beispiel anwenden und eigenständig eine Strategie entwickeln, wie man aus Steinsalz Kochsalz gewinnen kann.

Steinsalzkristalle lassen sich preisgünstig im Pferdebedarfshandel erstehen. Dort findet man Steinsalz als so genannte Salzlecksteine.

Entsorgung
Die Feststoffe werden im Hausmüll entsorgt.

Das Teilchenmodell der Materie

7

Inhaltsverzeichnis

Ergänzende Information Die elektronische Version dieses Kapitels enthält Zusatzmaterial, auf das über folgenden Link zugegriffen werden kann https://doi.org/10.1007/978-3-662-63905-4_7. Die Videos lassen sich durch Anklicken des DOI Links in der Legende einer entsprechenden Abbildung abspielen, oder indem Sie diesen Link mit der SN More Media App scannen.

© Springer-Verlag GmbH Deutschland, ein Teil von Springer Nature 2022
B. Sieve et al., *Experimente im Chemieunterricht Band 1*,
https://doi.org/10.1007/978-3-662-63905-4_7

Die Vorstellung vom Aufbau der Stoffe aus Teilchen (Bausteinen) ist grundlegend für das Verständnis physikalischer und chemischer Vorgänge. Im Chemieunterricht bietet es sich an, dieses erste Bausteinmodell der Materie an das Thema Stoffe und ihre Eigenschaften (Kap. 3) anzuschließen, noch bevor man sich im Unterricht mit Stofftrennungen beschäftigt. Dadurch können die Lernenden z. B. die Visualisierungen der Aggregatzustände nach dem Teilchenmodell am Beispiel der Gemischtypen anwenden und festigen. Ein klassischer Zugang zur Teilchenvorstellung und damit zur Teilchenebene ist das Gedankenexperiment zur Endlichkeit der Teilbarkeit der Materie, mit dem bereits Demokrit seine Vorstellung entwickelte: Den Lernenden wird ein Kandiskristall gezeigt und durch Hammerschlag zerteilt. Auf die Frage, ob man die Kristalle unendlich klein machen könne, geben die Lernenden meist eine verneinende oder zustimmende spekulative Antwort an. Durch das Zerreiben werden die Kristalle noch kleiner, bleiben aber noch sichtbar. Das „Verschwinden lassen" der Kristalle durch Lösen in Wasser, verbunden mit der Aussage der Lehrkraft, dass der Zucker nun „weg" sei, führt zur Diskussion darüber, wie der Zucker im Wasser vorliegen könnte. Die Lernenden entwickeln, dass der Zucker zwar nicht mehr sichtbar ist, er jedoch nicht verschwunden sein kann, da das Wasser ja noch süß schmeckt. Den Beleg für diese Hypothese kann durch Auskristallisieren der Lösung (nicht Eindampfen) erbracht werden. Kernaussage ist dann: Im Zuckerwasser liegen einzelne Zuckerteilchen vor, die unsichtbar klein sind. Die Zuckerteilchen sind die Bausteine, die Zuckerkristalle aufbauen. Aus didaktischen und fachlichen Gründen ist das Zerkleinern und Lösen von Kochsalz nicht ratsam, denn die Bausteine von Kochsalz sind Ionen und nicht Moleküle, die eben diskrete Teilchen darstellen (s. Terminologie). Zeichnungen, wie sich die Lernenden den gelösten Zustand von Zucker vorstellen, können hier einen Eindruck in die Vorstellungswelt der Lernenden liefern.

Alternativ bieten Löslichkeits- und Diffusionsprozesse einen phänomenorientierten Zugang zur Teilchenvorstellung (Abschn. 7.3.1). Besonders geeignet ist der Versuch „Molekulares Sieben" (Abschn. 7.1.1), da durch die schülernahe Analogie des Siebens bereits unterschiedlich große „Teilchen" in den Blick der Lernenden gerückt werden, die dann das unterschiedliche Durchtrittsvermögen der Farbstoffe durch die Membran erklären. In der Auswertung des Versuchs empfiehlt sich, auf die Größenordnungen der Poren einzugehen, um eine ungefähre Dimension von den Farbstoffteilchen zu vermitteln.

Die Kennzeichen der Teilchenvorstellung können im Anschluss z. B. anhand von REM-Bildern von Metalloberflächen abgeleitet werden (Teilchenanordnung in Festkörpern, Gleichheit der Teilchen eines Stoffes in Größe und ggf. Form). Auch der in der Auswertung recht komplexe Öltröpfchenversuch (Abschn. 7.1.5) kann hier passable Dienste leisten, sollte jedoch nicht in jüngeren Klassenstufen als der Klasse 7 eingesetzt werden. Die so abgeleitete erste Teilchenvorstellung vom Aufbau der Materie muss an weiteren Experimenten auf Plausibilität geprüft werden. Weitere Diffusionsversuche (Abschn. 7.3.1 und 7.3.2) liefern Indizien, dass Teilchen in ständiger Bewegung sind und dass diese Bewegung von der Temperatur abhängt. Wichtig ist hier, dass die Stoffeigenschaften mit der Teilchenanordnung rückgekoppelt werden. So sollte die feste

Form eines Feststoffs mit den Gitterplätzen der Teilchen und der infolge der wirkenden Anziehungskräfte geringen Teilchenbewegung begründet werden. Die Formvariabilität und geringe Kompressibilität einer Flüssigkeit entsprechend mit aneinander verschiebbaren, doch noch sehr dicht gepackten Teilchen. Ein Problem bei der Vermittlung der ersten Teilchenvorstellung ist das *Horror vacui,* die Vorstellung, dass zwischen den Teilchen eines Stoffes keine weitere Materie ist. Damit diese Vorstellung für Lernende plausibel wird, empfehlen sich Experimente zur Volumenausdehnung beim Verdampfen von Flüssigkeiten wie Aceton (Abschn. 7.2.5). Als Abschluss des Themas bietet sich der Versuch zur Volumenkontraktion von Brennspiritus und Wasser (Abschn. 7.2.3) an.

Neben den experimentellen Evidenzen für die Teilchenstruktur der Materie sollten Sie in Ihrem Unterricht auch auf eine angemessene Visualisierung der Dynamik setzen. Animationen können hier sehr gute Dienste leisten. Das Erstellen von Stop-Motion-Filmen durch die Lernenden selbst ist eine sehr motivierende Art der dynamischen Visualisierung, die es zudem erlaubt, die Konzeptentwicklung zu prüfen (Sieve et al. 2017).

Infobox: Terminologie und Symbolik rund um Teilchen

In der fachdidaktischen Literatur und der Schulbuchliteratur gibt es eine Vielfalt an Termini für das erste Bausteinmodell der Materie. Auf Bezeichnungen wie *Kugelteilchen* oder gar *kleinste Teilchen* sollte man im Sinne einer konsistenten Vorstellungsentwicklung verzichten: Das Zeichnen von Kugeln oder Kreisen für Teilchen nach dem Teilchenmodell erschwert den Übergang zur Atomvorstellung nach Dalton. Die Kugelform sollte nur für Atomsymbole vorbehalten sein. Die Bezeichnung kleinste Teilchen ist fachlich falsch, denn die Teilchen bestehen später aus noch kleineren Bausteinen – den Elementarteilchen Protonen, Neutronen und Elektronen.

Wichtig ist für Sie als Lehrkraft, dass das Wort Teilchen einen Bedeutungswandel erfährt. Im Rahmen des hier beschriebenen Teilchenmodells meint ein Teilchen die kleinste Baueinheit eines Stoffes, der den Stoff formal charakterisiert. Nach dem Teilchenmodell besteht jeder Stoff aus einer spezifischen Teilchensorte: Zucker aus Zucker-Teilchen, Wasser aus Wasser-Teilchen, Kochsalz aus Kochsalz-Teilchen usw. Um dies auszudrücken, spricht man bisweilen von *Stoffteilchen.* Im späteren Unterricht konkretisiert man die (Stoff-)Teilchen bzw. die Bausteine der Stoffe im Sinne eines abgewandelten Dalton-Modells als Atome, Moleküle und ggf. Ionen. Dass das Wort Teilchen nun als Oberbegriff zu verstehen ist, muss im Unterricht klar herausgestellt werden.

Auch die symbolische Darstellung von Teilchen will überlegt sein. Im Unterricht muss herausgestellt werden, dass Farbe und Form der Teilchen nicht zugänglich sind und daher die zeichnerische Darstellung vereinbart werden muss. Die Vermeidung der Kugelform für Teilchensymbole wurde oben bereits diskutiert. Es empfiehlt sich, die Teilchen angelehnt an die spätere Molekülform anzulehnen.

So können z. B. Wasserteilchen als Dreiecke oder als Winkel oder Bogen dargestellt werden. Der Übergang zur gewinkelten Struktur der Wasser-Moleküle fällt dann ggf. leichter (Abb. 7.1). Wichtig ist auch, dass man im Unterricht die Teilchenform und -farbe für gleiche Teilchensorten nicht von Stunde zu variiert. Dies behindert das Verständnis nachweisbar.

7.1   Einstiegsversuche zum Teilchenmodell

7.1.1   Molekulares Sieben

(Wilms et al. 2004).

Materialien und Chemikalien

Bechergläser (50 mL)	
Rollrandgläschen	
Einmachfolie (z. B. Firma DETI®)	
Gummibänder	
Stativmaterial	
Iod-Stärke-Sol	
Iod-Dextrin-Sol	
Kaliumpermanganat (⬦⬦⬦)	
Lebensmittelfarbstoffe	
Tinte (LAMY®)	
Tinte (Pelikan®)	
Wasser	

Abb. 7.1   Vom Wasser-Teilchen zum Wasser-Molekül

Teilchenmodell

Dalton-
Atommodell

Strukturformel

Durchführung

- Die Rollrandgläschen werden zur Hälfte mit den farbigen Lösungen befüllt und mit einem Stück Einmachfolie und einem Gummiband verschlossen.
- Die Rollrandgläser werden kopfüber jeweils in ein mit Wasser gefülltes Becherglas gehalten und am Stativ befestigt.

Beobachtungen

Nach kurzer Zeit sind in den meisten Bechergläsern farbige Schlieren unter den Rollrandgläschen zu erkennen. In den Ansätzen mit den Farbmitteln Iod-Stärke-Sol und Iod-Dextrin-Sol kann auch nach längerer Zeit keine Schlierenbildung bzw. Färbung des Wassers in den Bechergläsern beobachtet werden.

Erklärung und didaktischer Kommentar

Dieser Versuch eignet sich als Hinführung zur Vorstellung, dass Stoffe aus diskreten Bausteinen aufgebaut sind. Die Beobachtungen führen zur Frage nach den Ursachen der Färbung der Lösung und warum die Färbung bei einigen Farbstoffen ausbleibt. Als erste Ideen äußern die Lernenden meist, dass die Lösungen in vielen Fällen durch die Membran hindurch kann, dass dies aber nicht für alle Lösungen gilt. Es muss genau herausgestellt werden, was sich im Rollrandgläschen befindet und dass nur der Farbstoff für die Farbe der Lösung verantwortlich ist. Blendet man als Impuls ein EM-Bild der Membran ein, kommen die Lernenden schnell auf die Idee, dass ‚die Farbstoffe unterschiedlich groß sein müssen.' Hier muss dann geklärt werden, ob hier feinste Tröpfchen, Körnchen oder etwas anderes gemeint ist. Die Lernenden befinden sich hier u. U. noch auf der Betrachtungsebene der Stoffe. Die Vorstellung von der Teilchennatur der Materie wird durch diesen Versuch daher nur angebahnt; die eigentliche Theorie und die Axiome des Teilchenmodells können die Lernenden nicht eigenständig aus den Beobachtungen ableiten, sondern müssen diese materialgestützt erarbeiten – beispielsweise über das Konzept der *chemischen Lupe* (Abb. 7.2). Das Teilchen wird dann zum Baustein, aus denen Stoffe aufgebaut werden.

Entsorgung

Die Lösungen können in den Ausguss gegeben werden.

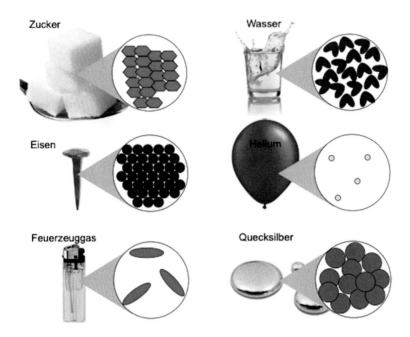

Abb. 7.2 Die „chemische Lupe" als Hinführung zur Diskontinuumsvorstellung

7.1.2   Molekulares Sieben mit Alginatperlen

(Thomas et al. 2017).

Materialien und Chemikalien

Erlenmeyerkolben (300 mL)	
Beheizbarer Magnetrührer & Rührstab	
Waage	
4 Bechergläser (100 mL)	
2 Bechergläser (250 mL)	
2 Tropfpipetten oder Kunststoffspritzen (1 mL)	
Haushaltssieb	
Spatel	
Milchaufschäumer	
2 Glasstäbe	
Calciumchloridlösung ($w = 2\,\%$)	

Erlenmeyerkolben (300 mL)	
Natriumalginat	
Blaue Tinte (Farbstoff 1)	
Sirius Lichtblau BRR (⚠) (Farbstoff 2)	
Demineralisiertes Wasser	

Durchführung

- Zur Vorbereitung werden 2 g Natriumalginat im mit 200 mL demineralisiertem Wasser gefüllten Erlenmeyerkolben suspendiert (am besten mit einem Milchaufschäumer). Um die entstehenden Klümpchen zu entfernen, wird das Sol auf einem beheizbaren Magnetrührer unter starkem Rühren so lange erwärmt, bis die Klümpchen gelöst sind. Das dauert etwa 10 min. Dieses Natriumalginat-Sol reicht für die gesamte Klasse aus.
- Das Natriumalginat-Sol wird auf zwei Bechergläser verteilt und unter Rühren mit jeweils so viel Farbstoff versetzt, dass eine deutliche Färbung erkennbar ist. Für den Farbstoff Sirius Lichtblau BRR sind nur wenige Körnchen nötig.
- Mit den gefärbten Alginat-Solen wird jeweils eine Kunststoffspritze gefüllt. Jede Gruppe erhält eine Spritze mit dem Farbstoff 1 und eine mit dem Farbstoff 2.
- Zwei Bechergläser werden mit etwa 30 mL Calciumchloridlösung gefüllt, zwei weitere mit demineralisiertem Wasser.
- Vom Alginat-Sol 1 tropft man vorsichtig 10 Tropfen in das eine Becherglas mit Calciumchloridlösung und vom Alginat-Sol 2 10 Tropfen in das andere Becherglas mit der Calciumchloridlösung.
- Die entstehenden Kugeln werden aus der Calciumchloridlösung gekäschert, kurz mit Wasser abgespült und dann schnell in je ein Becherglas mit Wasser übertragen.

Beobachtung

In der Calciumchloridlösung entstehen jeweils blau gefärbte Kugeln. Nach dem Spülen und Überführen in Wasser zeigen sich beim Farbstoff 1 blaue Schlieren, die sich im Wasser ausbreiten und das Wasser nach einiger Zeit blau färben. Aus den Kugeln mit Farbstoff 2 gehen keine Schlieren hervor und das Wasser bleibt ungefärbt.

Erklärung und didaktischer Kommentar

Siehe Abschn. 7.1.1. Beim Eintropfen des gefärbten Natriumalginat-Sols in die Calciumchloridlösung bildet sich durch Komplexierung der Calcium-Ionen eine dünne Membran um die Kugeln. Dabei werden jeweils zwei wannenförmige Guluronsäure-Blöcke über ein Calcium-Ion verknüpft und zwei Alginat-Makromolekülketten werden verknüpft. Diese Strukturveränderung bewirkt den Übergang vom löslichen Sol zum unlöslichen Gel. Wie auch die Einmachhaut ist die hier entstehende Membran für kleinere Moleküle und Ionen durchlässig, nicht aber für größere Farbstoffmoleküle bzw. deren Cluster. Daher zeigen sich vergleichbare Beobachtungen wie beim Versuch in Abschn. 7.1.1.

Diese Variante ist für die Lernenden sehr motivierend, da sie erstaunt sind, dass sich in der Calciumsalzlösung Kugeln bilden, die man herausnehmen kann. Die Diffusionsprozesse lassen sich nach dem Überführen sehr gut beobachten.

Entsorgung

Die Calciumchloridlösung kann in den Ausguss gegeben werden, die Alginatperlen werden mit einem Sieb aufgefangen und im Hausmüll entsorgt.

7.1.3 Modellversuch zum Molekularen Sieben

Materialien und Chemikalien

Getrocknete Erbsen	
Reis	
Nudelsieb	
Plastikschale	
Erlenmeyerkolben (1 L)	
Pulvertrichter	

Durchführung

- Der Erlenmeyerkolben wird bis zur Hälfte mit einem Gemenge aus Erbsen und Reis gefüllt. Durch Schwenken werden beide Bestandteile vermischt.
- Man gießt das Gemenge in ein Nudelsieb, welches auf der Plastikschale steht, und rüttelt am Sieb.

Beobachtung

Die kleineren Reiskörner sammeln sich in der Plastikschale, während die größeren Erbsen im Sieb verbleiben.

Erklärung und didaktischer Kommentar

Die Trennung erfolgt durch die unterschiedliche Größe von Erbsen und Reiskörnern. Dieser Modellversuch dient der Veranschaulichung der beiden Versuche zum molekularen Sieben. Folgende Analogien sollten herausgestellt werden: Sieb: Einmachhaut bzw. Membran der Alginatperlen; Plastikschale: Becherglas, in das die Membran gehalten wird; Erlenmeyerkolben mit Erbsen/Reis-Gemisch: Rollrandglas bzw. das

Innere der Alginatperle; Erbsen/Reis-Gemisch: Gemisch aus den Teilchen verschiedener Farbstoffe (z. B. Teilchen der Iod-Stärke-Dispersion und der blauen Tinte, Variante 1), Teilchen eines nicht durchgängigen Farbstoffs und des Wassers (Variante 2).

Bei der Variante 1 sollte mit Blick auf die Versuchsbedingungen herausgestellt werden, dass man hier die Wasser-Teilchen weglässt, da diese auf beiden Seiten der Membran vorliegen.

Entsorgung

Entfällt. Das Gemenge kann wiederverwendet werden.

7.1.4 Brown'sche Molekularbewegung

Materialien und Chemikalien

Mikroskop	
Objektträger	
Pipetten	
Milch	
Wasser	

Durchführung

- Auf einen Objektträger wird ein kleiner Tropfen Milch aufgebracht, mit Wasser verdünnt und fein ausgestrichen (verteilt).
- Die Flüssigkeitsschicht wird mit dem Mikroskop bei 400-facher Vergrößerung (ohne Deckglas) betrachtet. Dabei sollte man über mehrere Minuten genau auf ein oder zwei Fetttröpfchen achten.

Beobachtung

Die sichtbaren, sehr kleinen Kügelchen sind Fetttröpfchen. Diese bewegen sich ungerichtet durch das Mikroskopbild.

Erklärung und didaktischer Kommentar

Mit diesem Versuch lässt sich die stetige Teilchenbewegung ableiten. Die Bewegung der Fetttröpfchen resultiert durch ständige Kollisionen der Tröpfchen mit den Wasser-Molekülen (Wasser-Teilchen). Da diese Kollisionen nicht immer mit gleicher Häufigkeit und gleichem Impuls von allen Seiten auf die Fetttröpfchen erfolgen, scheinen sich die Tröpfchen durch den Milchtropfen zu bewegen.

Es empfiehlt sich sehr, zur Veranschaulichung eine Computersimulation anzuschließen, damit diese Beobachtung auch sachgerecht auf der Teilchenebene gedeutet werden kann. Gelungene Beispiele sind Meier (2011) oder Leitner und Finckh (2020a).

Statt Milch wird oft auch Tusche verwendet. Hierbei kann Ähnliches beobachtet werden, wenn man mit Wasser verdünnte Tusche verwendet, bloß dass es hier um farbige Partikel handelt.

Entsorgung
Entfällt.

7.1.5   Exkurs: Wie groß ist ein Ölsäure-Teilchen?

Materialien und Chemikalien

Glaswanne (fettfrei, 30 cm)	
Bürette	
Lineal	
Ölsäure-Heptan-Gemisch (1: 1000, ⬦⬦⬦⬦)	
Bärlapp-Sporen	
Wasser	

Durchführung

- Das Volumen eines Tropfens des Ölsäure-Heptan-Gemischs wird bestimmt, indem man genau 1 mL aus der Bürette tropfen lässt und die Anzahl der Tropfen zählt.
- Die Glaswanne wird mit Wasser befüllt und die Wasseroberfläche hauchdünn mit Bärlapp-Sporen bestreut.
- Man lässt einen Tropfen der Ölsäure-Lösung aus der Bürette in die Mitte der Wanne fallen.
- Wenn nach einigen Minuten das Heptan verdunstet ist, wird mit dem Lineal der Durchmesser des Ölsäureflecks gemessen.

Beobachtung

Die Lösung bildet einen kreisförmigen Fleck auf der Wasseroberfläche und schiebt dabei die Bärlapp-Sporen beiseite.

Erklärung und didaktischer Kommentar

Ölsäure bildet auf Wasser einen sehr dünnen Film, der bei der hier vorliegenden Verdünnung als unimolekular angenommen werden kann. Die Höhe des Ölsäure-Flecks entspricht daher der Höhe eines Ölsäure-Moleküls. Daraus lässt sich die ungefähre Teilchengröße abschätzen (siehe Rechenbeispiel).

Entsorgung

Das Ölsäure-Heptan-Gemisch sollte unter den Abzug gestellt werden, damit das Heptan verdunstet. Das Gemisch sollte stets neu hergestellt werden. Das Ölsäure-Wasser-Bärlappsporen-Gemisch kann in den Ausguss gegeben werden.

Rechenbeispiel

Der Ölsäurefleck ist geometrisch gesehen ein flacher Zylinder. Seine Grundfläche kann aus dem Durchmesser berechnet werden. Sein Volumen ist gleich dem Volumen der Ölsäure in einem Tropfen der Lösung. Da der Ölsäurefleck nur aus einer Schicht Ölsäure-Teilchen besteht, entspricht die Höhe des Zylinders etwa dem Durchmesser eines Teilchens.

Es wurden die folgenden Messwerte aufgenommen:

1 mL Gemisch = 50 Tropfen, $d_{Fleck} = 16$ cm = 160 mm.

Daraus ergeben sich die folgenden Daten.

Volumen der Ölsäure:	1 mL Ölsäure-Lösung ergibt 50 Tropfen.
	1 Tropfen = 0,02 mL Lösung
	$\frac{1}{1000}$ des Volumens der Lösung ist Ölsäure. 1 Tropfen =
	$\frac{0,02}{1000}$ mL Ölsäure
	$V_{Ölsäure} = 0,00002$ mL $= 0,02$ mm^3
	1 mL $= 1$ cm$^3 = 1.000$ mm^3
Fläche des Ölsäureflecks:	$A_{Fleck} = \pi \cdot r^2 \approx 3,14 \cdot (80\,\text{mm})^2 \approx 20.000\,\text{mm}^2$
Höhe des Ölsäureflecks:	$V_{Ölsäure} = A_{Fleck} \cdot h_{Fleck}$
	$h_{Fleck} = \frac{0,002\,\text{mm}^3}{20000\,\text{mm}^2} = 0,000.001$ mm

Die Höhe des Zylinders entspricht dem Durchmesser eines Ölsäure-Teilchens. Er beträgt etwa 0,000.001 mm. Da ein Ölsäure-Teilchen aus 54 Atomen aufgebaut ist, muss der Durchmesser eines Atoms noch kleiner sein: *Atome sind also kleiner als ein Millionstel Millimeter.*

7.2   Anwendungen des Teilchenmodells – Volumenveränderungen

7.2.1   Volumenkontraktion beim Mischen von Wasser und Alkohol

Materialien und Chemikalien

Messkolben (100 mL)	
Vollpipetten (50 mL)	
Pipettierhilfe	
Brennspiritus (⬦⬦, kann zur besseren Unterscheidung eingefärbt werden)	
Wasser	

Durchführung

- In einem Messkolben werden 50 mL Wasser vorsichtig mit 50 mL Alkohol über-schichtet und beobachtet. Dann wird umgeschwenkt und erneut beobachtet.

Beobachtung

Zunächst erhält man 100 mL. Beim Mischen erfolgt die Volumenverringerung auf etwa 97 mL.

Erklärung und didaktischer Kommentar

Unter Anwendung des Teilchenmodells lässt sich der Versuch wie folgt deuten: Ethanol-Teilchen und Wasser-Teilchen sind unterschiedlich groß. Die kleineren Wasser-Teil-chen können beim Mischen in die Lücken zwischen den größeren Ethanol-Teilchen diffundieren, sodass das Gesamtvolumen der Lösung dann kleiner ist als das Volumen der beiden einzelnen Flüssigkeiten.

Lernende äußern als Erklärung häufig, dass ein Teil des Ethanols verdunstet ist und daher das Volumen kleiner ist. Dies kann durch einen Gegenversuch (Mischen von 2-mal 50 mL Ethanol) entkräftet werden.

Dieses Experiment wurde und wird häufig noch als Hinführung zum Teilchenmodell verwendet, doch ist dieses Experiment sehr in die Kritik geraten, weil die Ursache der Volumenkontraktion nicht mit den Unterschieden in der Teilchengröße, sondern mit den sich zwischen den Molekülen bildenden H-Brücken erklärbar ist. Dieses Experi-ment wurde daher mitunter auch als Unversuch tituliert. Aufgrund der Anschaulichkeit in der Kopplung mit dem Modellversuch (s. u.) halten wir dieses Experiment dennoch geeignet, die Plausibilität des Teilchenmodells zu bestätigen. Sofern im späteren Chemieunterricht H-Brücken thematisiert werden, lässt sich dieses Experiment wiederholen und um die nun passende Erklärung erweitern. Dabei wird dann auch die Erwärmung des Ethanol-Wasser-Gemischs erklärbar.

Für dieses Experiment eignet sich Brennspiritus genauso wie der deutlich teurere Ethanol. Im Internet und in Schulbüchern findet man vielfach Durchführungsvarianten mit zwei Messzylindern. Die hier vorgestellte Variante ist instruktiver, da Volumenverluste beim Eingießen der beiden Flüssigkeiten in den großen Messzylinder nicht mehr als Ursache der Volumenkontraktion angegeben werden können.

Entsorgung
Das Brennspiritus-Wasser-Gemisch kann in den Ausguss gegeben werden.

7.2.2 Modellversuch zur Volumenkontraktion

Materialien und Chemikalien

Messzylinder (1 L)	
Reis	
Erbsen	

Durchführung

- Im großen Messzylinder werden 250 mL Reis vorgelegt und bis zur 500-mL-Marke vorsichtig mit Erbsen überschichtet.
- Durch Schütteln vermischt man und liest das Volumen ab.

Beobachtung
Beim Überschichten ist ein Gesamtvolumen von 500 mL zu erkennen. Nach dem Mischen ist das Volumen um etwa 10 bis 15 mL gesunken.

Erklärung und didaktischer Kommentar
Beim Schütteln lagern sich die kleineren Reiskörner in die Lücken zwischen den Erbsen, sodass das Gesamtvolumen niedriger ist. Reiskörner dienen hier als Modell für die Wasser-Teilchen, Erbsen als Modell für die Ethanol-Teilchen. Auf diese Weise modelliert dieser Versuch die Vorgänge im Realversuch mit dem Erklärungsansatz des Teilchenmodells.

Entsorgung

Das Gemenge kann durch ein Sieb aus dem Modellversuch zum Teilchensieben wieder in die Bestandteile getrennt und wiederverwendet werden.

7.2.3 Volumenkontraktion mit Ethanol und Wasser – alternative Variante

(Johannsmeyer 2004).

Materialien und Chemikalien

Glasrohr (Länge: 100–120 cm, Innendurchmesser: 8–10 mm)	
Stopfen	
Stativmaterial	
Brennspiritus (◇◇)	
Wasser	

Durchführung

- Das auf der unteren Seite mit einem Stopfen verschlossene, senkrecht stehende Glasrohr wird mit demineralisiertem Wasser aus einer Spritzflasche bis 1 cm unterhalb der Mitte gefüllt (Markierung vorher anbringen!).
- Die obere Hälfte des Glasrohres wird anschließend durch vorsichtiges Überschichten des Wassers mit Ethanol so weit aufgefüllt, dass eine 2 cm lange Luftblase (Markierung vorher anbringen!) zwischen der Flüssigkeit und dem oberen Stopfen eingeschlossen wird. Im Glasrohr befinden sich so gleiche Volumina beider Flüssigkeiten. Die Ethanol-Zugabe erfolgt am einfachsten auch aus einer Spritzflasche, aus der der Ethanol vorsichtig auf den Glasrand gegeben wird.
- Das Glasrohr wird mehrfach umgedreht, wobei die Luftblase jedes Mal durch die gesamte Flüssigkeitssäule nach oben steigen sollte.

Beobachtung

Anfangs zeigen sich Schlieren, die jedoch verschwinden. Der Flüssigkeitsstand des Gemischs liegt etwas unterhalb der zuvor angebrachten Markierung.

Erklärung und didaktischer Kommentar

Siehe Abschn. 7.2.1. Die Volumenverringerung zeigt sich aufgrund des geringen Durchmessers des Glasrohres deutlich. Durch Anfärben des Wassers kann der Mischungseffekt besser sichtbar gemacht werden.

Entsorgung

Das Brennspiritus-Wasser-Gemisch kann in den Ausguss gegeben werden.

7.2.4   Volumenkontraktion bei Flüssigkeiten

Materialien und Chemikalien

3 Getränkeflaschen mit engem Hals (z. B. 0,7 L)	
3 Bechergläser (1 L)	
Thermometer	
Heizplatte	
Schüssel	
ggf. Handschuhe und Trichter	
Wasser	
Sonnenblumenöl	
Brennspiritus (◈◈)	

Durchführung

- Die Flüssigkeiten werden in Bechergläsern auf einer Heizplatte auf ca. 70°C erwärmt (Brennspiritus unter dem Abzug).
- Die Flaschen werden in eine Schüssel gestellt, jeweils mit einer warmen Flüssigkeit bis zum Rand befüllt und verschlossen.
- Anschließend lässt man auf Raumtemperatur abkühlen. Ggf. kann das Abkühlen durch kaltes Wasser beschleunigt werden (Achtung, nicht mit Eiswasser kühlen).

Beobachtung

Nach dem Abkühlen bildet sich im oberen Teil der Flasche ein freier Raum (Gasraum). Dieser Gasraum nimmt in der Reihe Ethanol, Sonnenblumenöl und Wasser hin ab.

Erklärung und didaktischer Kommentar

Die Abkühlung bewirkt eine Volumenkontraktion, die Ursache für das Entstehen des Gasraumes ist. Das Ausmaß der Volumenkontraktion ist stoffspezifisch. Mit einer ersten Teilchenvorstellung kann dies erklärt werden: Beim Abkühlen der Flüssigkeiten nimmt die Teilchengeschwindigkeit ab, sodass auch die Abstände zwischen den Teilchen minimal kleiner werden und sich in der Summe das Volumen der Flüssigkeit leicht verringert.

Entsorgung

Entfällt.

7.2.5 Aceton im Seifenbeutel – Horror vacui I

Materialien und Chemikalien

Topf	
Herdplatte	
Leere und ausgespülte Seifentüte (Nachfüllpackung) mit Schraubverschluss oder Quetschie für Kinder	
5-mL-Spritze	
Thermometer	
Tiegelzange	
Acetonhaltiger Nagellackentferner ($\diamondsuit$)	
Wasser	

Durchführung

- Aus der Nachfüllpackung wird die Luft mit der flachen Hand ausgestrichen. Zusätzlich kann die Nachfüllpackung eng aufgerollt werden.
- Etwa 2 mL Nagellackentferner werden mit Hilfe einer 5-mL-Spritze abgefüllt und in die aufgerollte Seifentüte gegeben. In den Quetschie gibt man maximal 8 Tropfen Nagellackentferner.
- Die Seifentüte wird verschlossen und in das 70–80°C heiße Wasser getaucht. Die Beobachtungen werden notiert.
- Anschließend wird die Tüte aus dem Wasser genommen. Die Beobachtungen werden erneut aufgenommen.

Beobachtung

Die Tüte bläht sich im heißen Wasser auf. Im zweiten Schritt zieht sich die Tüte wieder zusammen.

Erklärung und didaktischer Kommentar

Beim Eintauchen des flüssigen Nagellacks in das heiße Wasser verdampft die Flüssigkeitsportion. Da beim Verdampfen das Volumen des Dampfes etwa um den Faktor 1600 höher ist als das der Flüssigkeit, bewirkt der entstehende Druck das Aufblähen des Seifenbeutels. Beim Erkalten erfolgt die Kondensation des Dampfes und der Beutel schrumpft wieder.

Dieser Versuch verdeutlicht, dass zwischen den Teilchen nichts als leerer Raum ist. Für Lernende ist diese Vorstellung, die als *Horror vacui* bezeichnet wird, schwierig. Lernende haben eher die Vorstellung, dass sich beim Verdampfen einer Flüssigkeit zwischen den Teilchen des entstandenen Gases Luftteilchen befinden. Um diese Vorstellung zu entkräften ist es wichtig, noch vorhandene Luft aus der Seifentüte auszustreichen. Durch das Aufrollen wird dieser Effekt noch unterstützt. Andernfalls könnten die Lernenden das Ausdehnen der Luft im Beutel als mögliche Erklärung angeben.

Es empfiehlt sich, den Vorgang des Siedens und die Anordnung der Teilchen im schlaffen und aufgeblähten Zustand des Beutels veranschaulichen zu lassen – beispielsweise durch eine Zeichnung oder durch ein Stop-Motion-Video. So erhält man gleichzeitig eine gute Diskussionsgrundlage für die Sicherung des Experiments.

Entsorgung

Wasser kann in den Ausguss gegeben werden. Der Nagellackentferner wird gesammelt und unter dem Abzug abgedampft.

7.2.6   Volumenzunahme beim Verdampfen – Horror vacui II

Materialien und Chemikalien

Becherglas (2 L)	
Luftballon mit Stopfen	
Heizplatte	
Wasserkocher	
Tropfpipette	
Brennspiritus (⬖⬗)	
Wasser	

Durchführung

- Im Wasserkocher werden etwa 500 mL Wasser bis zum Sieden erhitzt. Das heiße Wasser gießt man in ein Becherglas, welches auf der Heizplatte steht. Die Heizplatte wird so eingestellt, dass das Wasser weiterhin siedet.
- In einen Luftballon gibt man etwa 2 mL Brennspiritus, drückt die restliche Luft heraus und verschließt den Ballon mit einem Stopfen.
- Der Ballon wird mit dem Stopfen nach unten in das siedende Wasser getaucht.
- Man nimmt den Ballon aus dem Wasserbad heraus und beobachtet erneut.

Beobachtung

Der schlaffe Ballon bläst sich auf und dehnt sich im Becherglas aus. Nimmt man den Ballon heraus, erschlafft dieser wieder.

Erklärung und didaktischer Kommentar

Vgl. Abschn. 7.2.5.

Entsorgung

Wasser und Brennspiritus können in den Ausguss gegeben werden.

7.2.7   Mal rein, mal raus – Horror vacui III

Materialien und Chemikalien

Rundkolben (1 L)	
Stativmaterial	
Gasbrenner	
Luftballon	
ggf. Wärmeschutzhandschuhe	
Wasser	

Durchführung

- Etwa 30 mL Wasser werden so lange in einem Rundkolben erhitzt, bis der Wasserdampf die Luft im Kolben verdrängt hat.
- Ein Luftballon wird über die Kolbenöffnung gestülpt und der Gasbrenner dann entfernt.
- Nach erfolgter Abkühlung kann man das Restwasser im Kolben wieder vorsichtig erhitzen.

Beobachtung

Der Ballon wird kleiner, stülpt sich nach Innen und schmiegt sich z. T. innen an der Kolbenwand an. Beim Erwärmen stülpt sich der Ballon wieder nach außen und bläht sich weiter auf.

Erklärung und didaktischer Kommentar

Siehe Abschn. 7.2.5.

Entsorgung

Entfällt.

7.3   Anwendungen des Teilchenmodells – Diffusion und Osmose

7.3.1   Diffusion einer Kaliumpermanganatlösung

Materialien und Chemikalien

2 Standzylinder	
2 Glasrohre	
Uhrglas	
2 Petrischalen	
Wasserkocher	
Thermometer	
Kaliumpermanganat (⬦⟨!⟩⬦)	
Wasser	

Durchführung

Variante im Standzylinder

- In den Standzylinder wird Leitungswasser gefüllt und das Glasrohr senkrecht hineingestellt.
- Durch das Rohr lässt man einen großen Permanganat-Kristall fallen. Der Ansatz wird für einige Tage stehen gelassen.
- Parallel wird ein Ansatz mit etwa 50°C warmem Wasser angesetzt. Die Diffusionsgeschwindigkeit wird verglichen.

Variante in Petrischalen

- Man legt einen Kaliumpermanganat-Kristall in eine Petrischale mit Wasser (Raumtemperatur) und in eine Petrischale mit etwa 50°C warmem Wasser.

Beobachtung

Variante im Standzylinder: Nach einigen Tagen ist die violette Lösung im Standzylinder etwas angestiegen; nach zwei bis drei Wochen füllt sie ihn ganz aus. Im Ansatz mit dem warmem Wasser steigt der Spiegel der violetten Lösung schneller an. Durch das Erkalten der Flüssigkeit gleicht sich die Geschwindigkeit des Spiegelanstiegs der des Ansatzes bei Raumtemperatur an.

Variante in Petrischalen: Man erkennt einen violetten Fleck in der Petrischale, der sich langsam ausbreitet. Im Ansatz mit dem warmen Wasser breitet sich der Fleck deutlich schneller aus.

Erklärung und didaktischer Kommentar

Der Kaliumpermanganat-Kristall löst sich im Wasser aufgrund der Kollisionen mit den Wasser-Teilchen. Dabei werden die Kaliumpermanganat-Teilchen aus dem Kristallgitter herausgedrängt. Durch weitere Zusammenstöße mit Wasser- und anderen Kaliumpermanganat-Teilchen werden die Kaliumpermanganat-Teilchen nach und nach im ganzen Gefäß verteilt. Die gleichmäßige Verteilung von Teilchen eines Stoffes in einem Raum aufgrund von Zusammenstößen infolge der Brown'schen Teilchenbewegung wird als Diffusion bezeichnet.

In den Ansätzen mit warmem Wasser erfolgt die Diffusion aufgrund der höheren Teilchengeschwindigkeit (> höherer Impuls und größere Kollisionsrate) schneller.

Anstelle des verwendeten Kaliumpermanganats lassen sich Diffusionsversuche auch einfach mit Früchtetee- oder Schwarzteebeuteln durchführen, die man in kaltes und warmes Wasser hängt. Die Entsorgung erfolgt dann über den Hausmüll bzw. den Ausguss (Abb. 7.3). Diese Variante eignet sich auch als experimentelle Hausaufgabe.

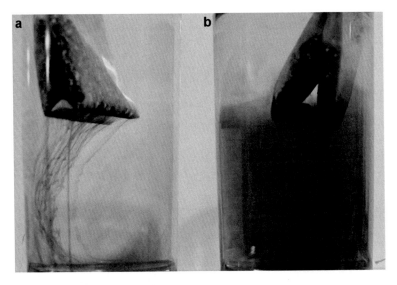

Abb. 7.3 Extraktion und Diffusion der Farbstoffe aus Früchtetee nach 30 s. a Wasser bei Raumtemperatur, b Wasser bei 80°C

Auf die in einigen Schulbüchern und Experimentierhandreichungen noch zu findende Diffusion vom Bromdampf sollte man aufgrund der durch Brom verursachten Umweltgefahren verzichten.

Entsorgung
Die Lösungen werden in das Gefäß für Schwermetalllösungen gegeben.

7.3.2 Diffusion von Chlorwasserstoff und Ammoniak

Materialien und Chemikalien

Glasrohr (l = 100 mm, d = 4 mm)	
Wattestäbchen	
Stativ und Klemmen	
2 Bechergläser (50 mL)	
Ammoniak-Lösung ($w = 25\,\%$, ◇⟨!⟩⟨⚪⟩)	
Salzsäure ($w = 37\,\%$, ◇⟨!⟩)	

Durchführung

- Ein Video zum Versuch ist mit Abb. 7.4 verlinkt.
- Unter dem Abzug wird das Glasrohr waagerecht eingespannt.
- Auf der rechten Seite wird ein mit Salzsäure und auf der linken Seite ein mit Ammoniak-Lösung getränkter Wattebausch eines Wattestäbchens eingeführt. Der Gasraum wird beobachtet.

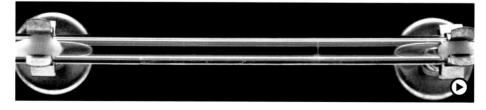

Abb. 7.4 Bildung von Ammoniumchlorid: Das verlinkte Video zeigt die Bildung von Ammoniumchlorid nach Diffusion von Chlorwasserstoffgas und Ammoniakgas (▶ https://doi.org/10.1007/000-332)

Beobachtung

Nach einigen Minuten ist im rechten Drittel des Reaktionsrohres die Bildung eines weißen Nebels zu beobachten.

Erklärung und didaktischer Kommentar

Die beiden Gase Chlorwasserstoff und Ammoniak diffundieren durch das Glasrohr aufeinander zu und bilden an der Stelle, an der sie zusammentreffen, fein verteiltes, weißes Ammoniumchlorid. Die Stelle mit dem Belag liegt näher am mit Salzsäure getränkten Wattebausch, weil Chlorwasserstoff wegen seiner größeren Molekülmasse langsamer diffundiert als Ammoniak.

Dieses Experiment sollte bevorzugt in der Sek. II eingesetzt werden, beispielsweise im Kontext der Säure-Base-Reaktionen. Hieran lässt sich gut zeigen, dass eine Protolysereaktion auch im nichtwässrigen Medium ablaufen kann. Um die Nebelbildung besser zu erkennen, sollte man einen dunklen Pappstreifen als Hintergrund hinter dem Glasrohr positionieren.

Entsorgung

Die Wattestäbchen lässt man unter dem Abzug abdampfen. Danach können sie in den Hausmüll gegeben werden.

7.3.3   Osmose an einer Eihaut

Materialien und Chemikalien

3 Bechergläser (250 mL)	
Löffel	
Schieblehre	
3 Hühnereier	
Waage	
Essigessenz (Essigsäure, $w = 25\,\%$, ⬦)	
Eiweiß-Teststäbchen	
Natriumchlorid	
Demineralisiertes Wasser	

Durchführung

- In einem Becherglas werden die Eier mit Essigessenz übergossen, bis sie vollständig bedeckt sind. Von Zeit zu Zeit wird die Härte der Eischale mit dem Löffel überprüft.
- Ist die Eischale bis auf die Eihaut entfernt (nach etwa 4–6 h), werden die Eier aus der Flüssigkeit entnommen und mit Wasser abgespült.
- Die Länge der Eier wird gemessen. Auch deren Masse wird bestimmt.
- Die Eier werden für etwa 2 h in folgende Lösungen gelegt: demineralisiertes Wasser, 0,9 %ige Natriumchloridlösung, gesättigte Natriumchloridlösung. Dabei werden die Eier nur jeweils zur Hälfte mit den jeweiligen Lösungen bedeckt.
- Danach werden wieder die Länge und die Masse der Eier bestimmt.
- Das Ei wird geöffnet und sein Inhalt auf Eiweißstoffe überprüft.
- Auch das Wasser im Becherglas wird auf Eiweißstoffe überprüft.

Beobachtung

Die Eier werden in demineralisiertem Wasser und in der 0,9 %iger Kochsalzlösung länger und schwerer. In der gesättigten Kochsalzlösung wird das Ei kürzer und verliert an Masse. In allen drei Eiern lassen sich Eiweiße nachweisen, im Wasser der Bechergläser bleibt der Eiweißnachweis allerdings negativ.

Erklärung und didaktischer Kommentar

Die Eihaut wirkt wie eine semipermeable Membran. Wasser kann durch sie hindurchdiffundieren, gelöste Salze und größere Moleküle wie Eiweißstoffe jedoch nicht. Demineralisiertes Wasser und die 0,9 %ige Kochsalzlösung sind gegenüber der Lösung im Ei hypoton. Ihr Gehalt an gelösten Stoffen ist geringer als der Gehalt dieser Stoffe im Ei. Umgekehrt ist die Konzentration der Wasser-Moleküle in der Außenlösung größer als in der Lösung im Ei, da viele Wasser-Moleküle die Ionen und polaren Moleküle im Ei hydratisieren und so nicht mehr ungehindert diffundieren können. Aus diesem Grund ist die Wahrscheinlichkeit des Membrandurchtritts für Wasser-Moleküle in das Ei größer als aus dem Ei. Somit kommt es zu einer Wasseraufnahme. Die gesättigte Kochsalzlösung ist hyperton im Vergleich zur Lösung im Ei. Entsprechend der vorigen Argumentation kommt es zum vermehrten Wasserausstrom aus dem Ei, weshalb das Ei in dieser Lösung schrumpft.

Dieses Experiment kann im Anfangsunterricht allenfalls als Differenzierung für besonders leistungsstarke Lernende eingesetzte werden. Seinen festen Platz hat dieses Experiment beim Thema Membranaufbau und Membraneigenschaften in der Sek. II.

Entsorgung

Die Eier werden, sofern noch nicht geschehen, angestochen und der Inhalt wird über den Ausguss entsorgt. Es muss mit reichlich Wasser nachgespült werden. Sämtliche Lösungen können über den Ausguss entsorgt werden.

7.3.4 Diffusions- und Osmosevorgänge im Wasserglas ("Chemischer Garten")

Materialien und Chemikalien

Becherglas (400 mL)	
Uhrglas (d = 90 mm)	
Pinzetten	
Natriumsilicat-Lösung (Wasserglas-Lösung, $w = 15\,\%$, ⬦)	
Kupfer(II)-chlorid-Dihydrat (⬦⬦)	
Eisen(III)-chlorid-Hexahydrat (⬦⬦)	
Aluminiumchlorid-Hexahydrat (⬦)	
Mangan(II)-chlorid-Tetrahydrat (⬦)	

Durchführung

- Ein Becherglas wird mit etwa 300 mL Wasserglas-Lösung gefüllt.
- Je ein Salzkristall (d ≈ 1 mm) wird mit der Pinzette in das Becherglas gegeben.
- Das Becherglas wird mit einem Uhrglas abgedeckt.

Beobachtung

Nach einigen Minuten bilden sich eigenartige räumliche Strukturen aus, die sich in bestimmten Richtungen ("Wachstum" nach oben) ständig verlängern.

Erklärung und didaktischer Kommentar

Es entstehen blaue, gelb- und rotbraune sowie weiße semipermeable Häute (Membranen), die gelöste farbige Metallsalze einschließen ("Chemischer Garten"). Das Lösemittel Wasser diffundiert durch die dünnen Metallsalzmembranen, während die Diffusion von hydratisierten Ionen nach außen stark behindert wird. Dies führt zur Druckerhöhung im Inneren. Bei Erreichen eines bestimmten Innendruckes zerplatzt dieses Häutchen und der Vorgang beginnt erneut. Analoge Effekte werden auch beim Einsatz von Kaliumpermanganat, Kupfer(II)-sulfat-Pentahydrat, Cobalt(II)-chlorid-Hexahydrat, Chrom(III)-chlorid-Hexahydrat, Nickel(II)-nitrat-Hexahydrat und Eisen(II)-sulfat-Heptahydrat erzielt.

Entsorgung

Becherglas in eine Plastikfolie stellen und vorsichtig mit Sand oder Küchenpapier auffüllen, um die Flüssigkeit aufzusaugen. Dann wird das Gefäß samt Inhalt zum Schwermetallabfall gegeben.

Kennzeichen chemischer Reaktionen

8

Inhaltsverzeichnis

Ergänzende Information Die elektronische Version dieses Kapitels enthält Zusatzmaterial, auf das über folgenden Link zugegriffen werden kann https://doi.org/10.1007/978-3-662-63905-4_8

Während bisher konkrete Stoffe und deren Stoffeigenschaften im Fokus des Chemie-
unterrichts standen, rückt mit dem Konzept der chemischen Reaktion die Umwandel-
barkeit von Stoffen und die Stoffneubildung ins Zentrum. Den Anfang bilden dabei die
Ableitung von Kennzeichen für chemische Reaktionen: Das Entstehen neuer Stoffe
mit neuen Eigenschaften (Stoffneubildung), und die dabei vielfach zu beobachtende
Energieänderung (Energieumsatz). Hierfür geeignete Experimente mit eindeutigen
Beobachtungen sind die Bildung Kupfer(II)-sulfid sowie von Kupfer(I)-iodid aus den
Elementen (Abschn. 8.1.1 und 12.3.12). Diese Beispiele haben gegenüber Verbrennungsreaktionen wie der Verbrennung von Kohlenstoff oder den Versuchen mit Kerzen
(Abschn. 9.3) den Vorteil, dass dort zwei Edukte für die Schüler sichtbar sind, deren
Eigenschaften auch eindeutig, beispielsweise in einem Steckbrief, beschrieben werden
können. Auf diese Weise kann das Konzept der Stoffneubildung deutlicher werden, als
es durch Verbrennungsreaktionen möglich ist. Zudem ist das Erstellen von Reaktions-
schemata bei diesen Beispielen deutlicher. Auf der Basis von Verbrennungsreaktionen
zur chemischen Reaktion hinzuführen, mag zwar näher am Alltag der Lernenden und
damit motivierend sein, doch erkauft man sich damit, u. U. fachlich nicht anschluss-
fähige Lernervorstellungen zu erzeugen. Barker und Todtenhaupt weisen bei der Verbrennung von Nichtmetallen darauf hin, dass Lernende eine Vernichtungsvorstellung
entwickeln können („Die Kerze und die Kohle sind nicht mehr da.") (Barke 2006,
S. 42 f.).

Es empfiehlt sich, das Erhitzen von Salz und Zucker (Abschn. 8.1.3) mit den Ein-
stiegsversuchen zu kombinieren, denn dieses Experiment ermöglicht die Gegen-
überstellung von physikalischen Vorgängen wie dem reversiblen Wechsel des
Aggregatzustandes oder dem bloßen Lösen oder Kristallisieren von Stoffen zu einer
bleibenden stofflichen Veränderung – eben der chemischen Reaktion. Zwar ist die grundlegende Unterscheidbarkeit zwischen „Chemie" und „Physik" nur für wenige proto-
typische Beispiele gültig – meist laufen beide Vorgänge gekoppelt ab wie beispielsweise
beim Lösen von Kohlenstoffdioxid in Wasser –, doch ist diese Grenzziehung für eine
eindeutige Begriffsbildung zunächst einmal hilfreich. Im weiteren Verlauf des Chemieunterrichts sollte man jedoch die Kopplung dieser Vorgänge bewusst thematisieren.

Aus diesen Beispielen sollte eine Definition der chemischen Reaktion auf der stofflichen Ebene abgeleitet werden: Die chemische Reaktion ist ein „Prozess, bei dem aus
Stoffen mit bestimmten Eigenschaften, neue Stoffe mit anderen (bleibenden) Eigenschaften gebildet werden." (Eilks, Leerhoff und Möllering 2002).

Weitere Beispiele für chemische Reaktionen sollten Beispiele aus dem Alltag
präsentieren und damit die Allgegenwärtigkeit dieses Phänomens aufzeigen.

Infokasten: Vorstellungen der Lernenden zu chemischen Reaktionen

„Bei einer Reaktion verschwindet etwas, die Stoffe sind nicht mehr da, wie beim Verbrennen von Kohle, da bleibt nur Asche übrig." (Sieve und Rehm 2012). Neben der in dieser Schüleraussage deutlich werdenden bereits angesprochenen *Vernichtungsvorstellung* gibt es weitere alltagsbedingte Lernendenvorstellungen, die der wissenschaftlichen Sicht nicht entsprechen und die damit Lernhürden in der Entwicklung eines tragfähigen Konzeptverständnisses bedeuten. So differenzieren Lernende nicht immer zwischen einem Mischen und einer chemischen Reaktion. Dies rührt häufig von der Beobachtung, dass für eine Reaktion die Edukte zunächst vermischt werden, wie beim Herstellen eines Eisen-Schwefel-Gemischs. Die im Anschluss durch Energiezufuhr in Gang gesetzte Sulfidbildung wird dann mitunter nicht im Kern erfasst. Die *Mischungsvorstellung* wird beispielsweise durch Aussagen deutlich wie „Die Verbindung Wasser besteht aus Wasserstoff und Sauerstoff" – eine Formulierung die leider auch Lehrkräfte und Hochschullehrende durchgehen lassen bzw. sogar selbst verwenden. Dahinter steckt ein Bild einer chemischen Reaktion, dass im Wasser die Stoffe Wasserstoff und Sauerstoff unverändert nebeneinander vorliegen, was fachlich falsch ist. Um diese Mischungsvorstellung zu vermeiden, sollte man beim Thema chemische Reaktion nicht zu lange auf der stofflichen Ebene bleiben, sondern zügig den Übergang zur Teilchenebene mit dem Atommodell von Dalton vollziehen. Atomar betrachtet besteht ein Wasser-Molekül aus zwei H- und einem O-Atom, niemals aber aus Wasserstoff und Sauerstoff, weil dies die Stoffe meint. Auf der Stoffebene wären Formulierungen vorzuziehen wie: „Wasser ist eine Verbindung, die durch eine chemische Reaktion aus den Elementen Wasserstoff und Sauerstoff hergestellt werden kann." Auf die Wendungen wie „bestehen aus", „sind enthalten" oder „sind aufgebaut aus" sollte man auf der Stoffebene verzichten und auch die Lernenden in dieser Sprechweise unterweisen.

Doch auch selbst die Vorstellung, dass sich bei einer chemischen Reaktion neue Stoffe bilden und die Ausgangsstoffe gar nicht mehr vorliegen, scheint für Lernende nicht ohne Probleme zu sein. Unsere Alltagssprache tut ihr Übriges dazu, wenn wir davon sprechen, dass „Silber schwarz anläuft" oder dass „Eisen beim Rosten braun wird". Dass diese Eigenschaftsveränderungen einen neuen Stoff anzeigen und eben nicht mehr Silber oder Eisen, wird durch solche Formulierungen verschleiert. Mehr noch, es wird die Vorstellung erzeugt, dass die Stoffe erhalten bleiben und nur ihr Aussehen verändert ist. Aus diesem Grund sollte man die genannten Aussagen beim Auftreten im Unterricht thematisieren und durch fachlich angemessene Formulierungen ersetzen – beispielsweise durch „Es entsteht ein schwarzer/brauner Feststoff." anstelle der obigen Aussagen.

8.1   Einführungsversuche zur chemischen Reaktion

8.1.1   Reaktion von Kupfer mit Schwefel

Materialien und Chemikalien

Reagenzglas (Duran®)	
Reagenzglasklammer	
Pinzette	
Luftballon	
Gasbrenner	
ggf. Glaswolle (◈)	
Pinzette	
Kupferblech (1 cm × 7 cm)	
Schwefelpulver (◇)	

Durchführung

- Einige Spatel Schwefelpulver werden in ein Reagenzglas gegeben und ein Streifen Kupferblech etwa daumenbreit über das Schwefelpulver positioniert. Dazu kann das Kupferblech am oberen Ende umgeknickt werden, sodass es im Reagenzglas festgeklemmt ist.
- Das Reagenzglas wird mit einem Luftballon verschlossen. Alternativ reicht ein haselnussgroßer Bausch Glaswolle aus, der in die Reagenzglasöffnung gesteckt wird.
- Zunächst wird das Kupferblech für etwa 5 Sekunden erhitzt, dann erhitzt man den Schwefel kräftig bis die Schwefeldämpfe über das Kupferblech strömen und eine Veränderung am Kupferblech eintritt.
- Nach dem Abkühlen wird das Reaktionsprodukt entnommen und untersucht.

Beobachtung

Im Reagenzglas bildet sich eine braune Schmelze und orangebraune Dämpfe strömen über das heiße Kupferblech. Beim Hinüberströmen der Dämpfe durchzieht eine Glühfront den Kupferblechstreifen und es ist ein blauschwarzer Stoff mit leicht glänzenden Kristallen erkennbar. Beim Herausnehmen zerbricht der Stoff leicht (spröde).

Erklärung und didaktischer Kommentar

Kupfer reagiert mit Schwefel in einer exothermen Reaktion zu Kupfer(II)-sulfid. Dieses Experiment ist als Einstiegsexperiment für das Thema chemische Reaktion instruktiv, da die Stoffneubildung und das Aufglühen des Kupferblechs als Form der Energieänderung gut erkennbar sind. Es empfiehlt sich, vor dem Versuch die Stoffe Kupfer und Schwefel näher beschreiben zu lassen, beispielsweise in Kurzsteckbriefen. Der entstandene Stoff kann dann leicht unter Rückgriff auf die Steckbriefe als etwas ,Neues' identifiziert werden, welches zuvor nicht da war. Diese Einschätzung wird unterstützt, da das Produkt durchgehend die neuen Eigenschaften zeigt und sich nicht bloß eine Schicht auf dem Kupferblech abgelagert hat (s. Infobox Vorstellungen der Lernenden zu chemischen Reaktionen).

Alternativ zur obigen Durchführung kann der Schwefel im Reagenzglas auch so lange erhitzt werden, bis das Reagenzglas zu einem Drittel mit Schwefeldampf gefüllt ist. Dann lässt man das Kupferblech mit Hilfe einer Pinzette in die heiße Schwefelschmelze fallen. Anschließend gibt man das Produkt in eine Porzellanschale.

Die Bildung von Kupfer(II)-sulfid ist der mitunter noch in Schulbüchern zu findenden Reaktion von Eisen mit Schwefel zu Eisen(II)-sulfid klar vorzuziehen. Kernschwäche des Eisen-Schwefel-Experiments ist, dass das entstehende Eisen(II)-sulfid noch immer leicht magnetisierbar ist, wodurch der eigentliche Nachweis des neuen Stoffs – „Es kann kein Eisen mehr sein, denn Eisen ist magnetisch, das Produkt aber nicht." – argumentativ nicht haltbar ist.

Entsorgung

Die Kupfer(II)-sulfid-Stücke sollten in den Behälter für anorganische Feststoffe gegeben werden. Auf keinen Fall dürfen Stücke davon in den Ausguss gegeben werden, da sich dort u. U. Schwefelwasserstoff bilden kann. Gleiches gilt für Reste von Eisen(II)-sulfid.

8.1.2   Reaktion von Zink mit Schwefel

Materialien und Chemikalien

feuerfeste Unterlage	
Gasbrenner	
langer Eisenstab (z. B. Fahrradspeiche)	
Spatel	
Zinkpulver (⬦ ⬦)	
Schwefelpulver (⬦)	

Durchführung

- Ein stöchiometrisches Gemisch aus 2 g Zinkpulver und 1 g Schwefelpulver wird auf einer feuerfesten Unterlage mit einem Spatel vorsichtig gut durchmischt. Im Anschluss wird mit dem Spatel das Gemisch zu einem Haufen geformt. Achtung: Druck vermeiden.
- Ein Eisenstab wird zum Glühen gebracht.
- Die Zündung des Gemisches auf einer feuerfesten Unterlage wird gestartet, indem der glühende Eisenstab in das angehäufte Gemisch gedrückt wird.
- Alternativ kann das Gemisch mit der Gasbrennerflamme gezündet werden.

Beobachtung

Nach dem Zünden bildet sich eine gelblich-grüne Stichflamme mit einem Rauchpilz. Auf der feuerfesten Unterlage sind gelbliche und weiße Körnchen zu erkennen. Die gelblichen Körnchen werden beim Abkühlen weiß. Es riecht nach Silvesterfeuerwerk.

Erklärung und didaktischer Kommentar

In einer stark exothermen und schnellen Reaktion bilden sich weißes Zinksulfid und in der Wärme gelbliches Zinkoxid. Zudem entsteht als Produkt der Reaktion von Schwefel mit Sauerstoff Schwefeldioxid. Allein schon aus diesem Grund muss das Experiment unter dem Abzug stattfinden.

Dieses Experiment kann unter der Fragestellung „Reagieren noch andere Metalle mit Schwefel?" ergänzend zur Bildung von Kupfer(II)-sulfid durchgeführt werden. Wird die Reaktion von Eisen mit Schwefel nun auch noch betrachtet – jedoch nicht als Einführungsversuch zum Thema chemische Reaktion, sondern zur Prüfung einer Theorie –, können die Lernenden ableiten, dass viele Metalle mit Schwefel zu Metallsulfiden reagieren. Darüber hinaus ermöglicht die Betrachtung der verschieden stark exothermen Reaktionen eine erste Abschätzung der Bindungstendenz der Metalle zu Schwefel. Dies kann die energetische Betrachtung chemischer Reaktionen einleiten (s. u.).

Entsorgung

Das Zinksulfid wird in den anorganischen Feststoffabfall gegeben. Auf keinen Fall dürfen Stücke davon in den Ausguss gegeben werden, da sich dort u. U. Schwefelwasserstoff bilden kann.

8.1.3   Erhitzen von Zucker und Salz

Materialien und Chemikalien

2 Reagenzgläser (Duran®)	
Reagenzglasklammer	
Gasbrenner	
Luftballon	
Spatel	
Haushaltszucker	
Salzgemisch aus 2 g Lithiumchlorid (⚠) und 3 g Kaliumchlorid	

Durchführung

- In ein Reagenzglas wird so viel Haushaltszucker gefüllt, dass der Boden gerade bedeckt ist.
- Das Reagenzglas wird mit einem Luftballon verschlossen und der Zucker mit einer kleinen nicht-leuchtenden Brennerflamme erhitzt.
- Das Reagenzglas wird aus der Gasbrennerflamme genommen, sobald der Reagenzglasboden schwarz ist.
- Der Versuch wird mit einer vergleichbaren Portion des Salzgemischs wiederholt. Ein Luftballon ist hier jedoch nicht nötig.

Beobachtung

Beim Zucker bildet sich eine zunächst farblose, dann schnell braun werdende Flüssigkeit. Bei weiterem Erhitzen entstehen bräunliche Gase und ein schwarzer Feststoff. Im Ansatz mit dem Salzgemisch entsteht eine klare Flüssigkeit, die beim Entfernen des Brenners wieder kristallisiert.

Erklärung und didaktischer Kommentar

Haushaltszucker zersetzt sich beim Erhitzen. Bei dieser Pyrolyse entstehen verschiedene Spaltprodukte der Zuckermoleküle und auch Kohlenstoff. Das Salzgemisch schmilzt beim Erhitzen und erstarrt bei Wegnahme der Heizquelle.

Als Modellsubstanz für Salz wird ein eutektisches Gemisch aus Lithiumchlorid und Kaliumchlorid verwendet. Dieses hat mit etwa 360°C eine deutlich niedrigere Schmelztemperatur als atriumchlorid ($\vartheta_M = 801$°C).

Dieses Experiment zeigt beispielhaft den Unterschied zwischen einer chemischen Reaktion (bleibende stoffliche Veränderung mit Stoffneubildung) und einem Aggregatzustandswechsel (physikalischer Vorgang) auf. Dadurch können Lernende das Konzept der chemischen Reaktion deutlicher erkennen und zu anderen Vorgängen abgrenzen lernen. Als Ergänzung empfiehlt es sich, noch eine Probe Zinkoxid in einem dritten Reagenzglas erhitzen zu lassen. Die dabei zu beobachtende Thermochromie (weiß – gelb – weiß) können die Lernenden als physikalischen Vorgang deuten, da keine dauerhafte stoffliche Veränderung erfolgt.

Entsorgung
Entfällt. Bei Verwendung von Zinkoxid sollte dies gesammelt werden. Es kann für den nächsten Versuch wiederverwendet werden.

8.2   Chemische Reaktionen und Energie

Lernende können energetische Phänomene bei chemischen Reaktionen meist recht leicht beschreiben, doch nur schwerlich in einen Erklärungszusammenhang bringen. Dies begründet sich einerseits darin, dass der Begriff Energie abstrakt und schwer fassbar ist und Formen von Energie wie Wärme oder Licht von Lernenden mitunter als stofflich wahrgenommen werden („Wärmestoff"). Lernenden muss deutlich werden, dass Energie weder erzeugt noch vernichtet werden kann, sondern bei chemischen Reaktionen nur umgewandelt wird. Besonders schwierig ist dabei das Erfassen der Vorstellung zur *inneren Energie* der Stoffe. Im Chemieunterricht wird diese Energieform häufig didaktisch reduziert als *chemische Energie* bezeichnet, doch ist die Bezeichnung innere Energie hinsichtlich der Vorstellungsentwicklung tragfähiger. Eine anschauliche Analogie zur inneren Energie und zur Energieänderung und -umwandlung bei chemischen Reaktionen ist der Vergleich mit einem Konto. Von diesem können auch Beträge zu- und abfließen; zudem lassen sich die abfließenden Beträge in andere Währungen umwandeln bzw. tauschen (Friege et al. 2018).

Ein geeignetes Experiment, um sich der inneren Energie zu nähern, ist die Zugabe von Wasser zu wasserfreiem Kupfersulfat (s. u.) und das Erhitzen des entstehenden Produkts. Auf dieser Basis kann im Unterricht ein Energieschema entwickelt werden, in dem auch die Termini System und Umgebung enthalten sind und die Zu- und Abflüsse von Energie dargestellt werden (Abb. 8.1).

Ein weiteres Problem stellt für die Lernenden häufig die Aktivierungsenergie dar. Da für viele Reaktionen zunächst eine Zufuhr von Aktivierungsenergie nötig ist, ist nicht immer ersichtlich, dass die Reaktion auch wirklich exotherm verlaufen ist. In einem stark vereinfachten Kalorimeter lässt sich für die Reaktion von Eisen mit Schwefel der exotherme Charakter aufzeigen (Abschn. 8.2.2). Ferner ist die Ableitung der

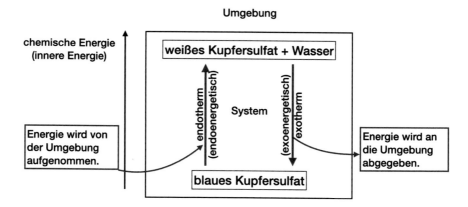

Abb. 8.1 Energieschema zur Auswertung der Versuche mit Kupfer(II)-sulfat

Aktivierungsenergie möglich, wodurch aus dem Energieschema ein Energiediagramm entwickelt werden kann, in dem der energetische Verlauf einer Reaktion visualisiert wird. In vielen Fällen schließen sich dann Betrachtungen zur Katalyse und zu Katalysatoren an (Abschn. 8.5).

8.2.1 Versuche Kupfer(II)-sulfat

Materialien und Chemikalien

Uhrglas	
Thermometer	
Tropfpipette	
Becherglas (50 mL)	
Reagenzglas	
Reagenzglasständer	
Reagenzglasklammer	
Gasbrenner	
Spatel	
Kupfer(II)-sulfat, wasserfrei (⟨!⟩ ⟨※⟩)	

Durchführung

- Auf ein Uhrglas gibt man zwei Spatel weißes Kupfer(II)-sulfat und misst die Temperatur mit dem Thermometer. Im Anschluss wird die Temperatur des Wassers im Becherglas gemessen. Wichtig: An der Messspitze des Thermometers dürfen keine Kupfersulfatreste anhaften.
- Das Uhrglas wird in die Handfläche gelegt. Mit der Tropfpipette gibt man nacheinander fünf bis sieben Tropfen Wasser zum weißen Kupfersulfat. Die Temperatur des entstehenden Produkts wird mit der Handfläche erspürt und mit dem Thermometer gemessen.
- Das Reaktionsprodukt wird in das Reagenzglas überführt und unter leichtem Schütteln vorsichtig mit mäßig heißer Flamme erhitzt, bis deutliche Veränderungen zu erkennen sind.
- Das Reagenzglas wird zum Abkühlen in den Reagenzglasständer gestellt und beobachtet.

Beobachtung

Beide Edukte haben zunächst Raumtemperatur. Nach der Zugabe von Wasser zum weißen Kupfersulfat entsteht ein blauer Stoff und man spürt in der Handfläche eine Erwärmung; es lässt sich eine Temperatur von etwa 35 °C messen. Beim Erhitzen des blauen Stoffs bildet sich ein weißer Feststoff und ein farbloser Dampf, der am Reagenzglasrand zu farblosen Tropfen kondensiert. Steht das Reagenzglas im Reagenzglasständer, läuft die Flüssigkeit herunter und führt wieder zu einer Blaufärbung des weißen Stoffes.

Erklärung und didaktischer Kommentar

Weißes Kupfer(II)-sulfat reagiert mit Wasser in einer exothermen Reaktion zu blauem Kupfer(II)-sulfat-Pentahydrat. Die Umkehrung ist endotherm und führt wieder zur Bildung von weißem Kupfer(II)-sulfat und Wasser.

Das didaktische Potenzial des hier beschriebenen Versuchs ist breit. Erstens verläuft die Reaktion von Kupfer(II)-sulfat mit Wasser spontan, d. h. ohne vorige Zufuhr von Aktivierungsenergie. Zudem ist es über die hier ablaufende Umkehrung ersichtlich, dass eine exotherme Reaktion durch eine endotherme Reaktion zurückgeführt werden kann. Die Begriffe exotherm und endotherm sind daher als Gegensatzpaar erfassbar. Das eigentliche Potenzial dieses Versuchs liegt aber in der Frage, woher die Energie bei der Bildung von blauem Kupfer(II)-sulfat-Pentahydrat kommt (Ebling 2017). Die Lernenden erkennen, dass die Erwärmung des Systems durch die Reaktion erfolgen muss. Die Energie, die bei der Reaktion frei wird, muss also aus den reagierenden Stoffen kommen. Dies macht die Begriffe innere Energie (chemische Energie) und exotherm plausibel. Ferner können die Lernenden voraussagen, dass das Erwärmen des blauen Stoffs wieder zum weißen Kupfer(II)-sulfat und Wasser führen muss. Die Bestätigung im Experiment verdeutlicht, dass das System Energie aus der Umgebung aufgenommen hat, also

Energie in das System hineinfließt. Damit sind die Grundlagen für die Ableitung des Energieschemas gelegt (Abb. 8.1).

Ein starkes Erhitzen des blauen Kupfer(II)-sulfat-Pentahydrats auf etwa 600 °C ist zu vermeiden, da die Verbindung dann unter Freisetzung von Schwefeltrioxid zu Kupferoxid reagiert.

Entsorgung

Das Kupfer(II)-sulfat kann gesammelt und für weitere Experimente verwendet werden. Kleine Reste können in den Behälter für Schwermetallsalzlösungen gegeben werden.

8.2.2   Ist die Reaktion von Eisen mit Schwefel wirklich exotherm?

(Sieve 2012)

Materialien und Chemikalien

Stativmaterial	
2 Reagenzgläser	
2 Bechergläser (250 mL, hohe Form)	
Tiegelzange	
Temperaturfühler oder Thermometer	
Gasbrenner	
Waage	
Glasstab	
Eisen-Schwefel-Gemenge (Massenverhältnis 7 : 4)	
2 Eisennägel oder Eisenmuttern	
Wasser	

Durchführung

- Die Bechergläser werden mit jeweils 150 mL Leitungswasser gefüllt. Die Temperatur des Wassers wird gemessen.
- In ein Reagenzglas wird das Eisen-Schwefel-Gemenge daumenbreit eingefüllt. Das Reagenzglas wird so in das Wasser gehängt, dass sich das Eisen-Schwefel-Gemenge etwa in der Mitte der Wassermenge befindet.

- Der Nagel wird bis zur Rotglut in der Brennerflamme erhitzt. Dann lässt man ihn noch heiß in das Reagenzglas mit dem Eisen-Schwefel-Gemisch fallen.
- Das Wasser wird zur Temperaturangleichung mit dem Glasstab etwa 20 s umgerührt. Die Wassertemperatur wird erneut gemessen.
- Zur Kontrolle wird ein weiterer Nagel zur Rotglut erhitzt. Diesen lässt man in das zweite Becherglas fallen, rührt für etwa 20 s und misst dann die Temperatur des Wassers.

Beobachtung

Das Wasser erwärmt sich im Ansatz mit dem Wasser etwa um 2–3°C, im Ansatz mit dem Eisen-Schwefel-Gemenge um etwa 5–8°C.

Erklärung und didaktischer Kommentar

Da die Temperatur im Ansatz mit dem Reaktionsgemisch stärker ansteigt als in dem Kontrollansatz lässt sich ableiten, dass bei der Bildung von Eisensulfid mehr Energie in Form von Wärme frei wird als durch den Nagel für die Aktivierung in das System hineingeflossen ist. Die Reaktion ist also exotherm. Für den Start der Reaktion muss aber Aktivierungsenergie zugeführt werden.

Entsorgung

Die Eisensulfidreste werden in den Behälter für anorganische Feststoffe gegeben.

Auf keinen Fall dürfen Reste in den Ausguss gegeben werden, da sich dort u. U. Schwefelwasserstoff bilden kann.

8.2.3   Endotherme Reaktion lässt Wasser gefrieren

Materialien und Chemikalien

Erlenmeyerkolben (250 mL) mit Stopfen	
kleines Holzbrett	
Waage	
Wägeschälchen	
Ammoniumthiocyanat (⟨!⟩)	
Bariumhydroxid-Octahydrat (⟨⟩ ⟨!⟩)	
Wasser	

Durchführung

- Das Holzbrett wird gut nass gemacht.
- Im Erlenmeyerkolben werden 15 g Bariumhydroxid und 7 g Ammoniumthiocyanat vermischt.
- Der Kolben wird verschlossen und solange geschüttelt, bis das Gemisch sich zu verflüssigen beginnt.
- Der Kolben wird auf das nasse Holzbrett gestellt und nach einigen Minuten angehoben.

Beobachtung

Beim Vermischen ist ein Geruch nach Ammoniak festzustellen. Die Temperatur kühlt sich binnen weniger Minuten von Raumtemperatur auf $-20\,°C$ und tiefer ab, sodass das Gefäß am Holzbrett festfriert.

Erklärung und didaktischer Kommentar

Es läuft folgende Reaktion ab:

$Ba(OH)_2 \cdot 8\,H_2O\,(s) + 2\,NH_4SCN\,(s) \rightarrow Ba(SCN)_2 + 2\,NH_3\,(g) + 10\,H_2O$; endotherm

Dieses Beispiel zeigt eine Reaktion, die stark exotherm ist und dennoch spontan abläuft. Die Ursache liegt in der deutlichen Entropiezunahme der Reaktion (hier: Erhöhung der Anzahl an freien Teilchen). Dadurch wird der Wert der Freien Enthalpie negativ.

Im Anfangsunterricht ist dieses Beispiel instruktiv, um eine spontan verlaufende endotherme Reaktion zu zeigen, was für die Lernenden verwunderlich, aber in der Sek. I nicht erklärbar ist. In der Sek. II gehört dieses Experiment zu den Standardversuchen für den Zugang zur Entropie.

Entsorgung

Da Bariumsalze giftig sind, müssen die Reste im Behälter für giftige anorganische Salze gesammelt werden.

Ergänzung

Vergleichbar verläuft die Reaktion von Kupfer(II)-sulfat-Pentahydrat mit Ammoniumthiocyanat ab, jedoch ist der Temperatureffekt deutlich geringer. Dazu werden in ein Reagenzglas je 4 g Kupfer(II)-sulfat-Pentahydrat und Ammoniumthiocyanat gegeben und noch nicht vermischt. Mit einem durchbohrten Stopfen mit Thermometer wird das Reagenzglas verschlossen und der Ansatz geschüttelt. Es bilden sich sofort schwarzbraunes Kupferthiocyanat ($Cu(SCN)_2$), Ammoniak und Wasser und die Temperatur sinkt auf etwa $12\,°C$ ab. Entsorgung wie bei Bariumsalzen. Eine weitere und hinsichtlich der Entsorgung sinnvolle Alternative ist die Verwendung von Citronensäure und Natriumcarbonat-Decahydrat.

8.2.4 Brausepulver – ein endothermer Vorgang

Materialien und Chemikalien

Becherglas (200 mL)	
Thermometer	
Citronensäure-Lösung ($c = 1$ mol/L, ⬦)	
Natriumhydrogencarbonat	

Durchführun

- Etwa 50 mL Citronensäure-Lösung werden in das Becherglas gefüllt und die Temperatur gemessen.
- Dann werden 12,6 g festes Natriumhydrogencarbonat hinzugegeben und wieder die Temperatur gemessen.

Beobachtung

Es setzt eine Gasentwicklung ein. Die Temperatur fällt bei der Reaktion auf etwa 6°C.

Erklärung und didaktischer Kommentar

Es läuft eine Neutralisationsreaktion ab, bei der gleichzeitig Carbonat-Ionen unter Bildung von Kohlenstoffdioxid zerfallen.

$$H_3Cit\ (aq) + 3\ NaHCO_3\ (s) \rightarrow Na_3Cit\ (aq) + 3\ CO_2\ (g) + 3\ H_2O\ (l)$$

Das Experiment eignet sich als Modellreaktion für die Reaktion im Brausepulver. Dass die Reaktion endotherm verläuft, ist ein interessanter Nebeneffekt. Die genauen Vorgänge können im Anfangsunterricht Chemie aber noch nicht erarbeitet werden, da zu dem Zeitpunkt weder Kenntnisse zu Säuren und Basen noch zur Neutralisationsreaktion vorliegen.

Liegen diese Kenntnisse später jedoch vor (Kapitel Säuren und Basen), können an diesem Experiment Säure-Base-Phänomene mit energetischen Aspekten gekoppelt werden.

Entsorgung

Die Lösungen können in den Ausguss gegeben werden.

8.3 Chemische Reaktionen benötigen Kontakt

Dass für eine chemische Reaktion die Teilchen der an der Reaktion beteiligten Stoffe in Kontakt treten müssen, scheint trivial, doch lässt sich dieser Umstand sehr deutlich bei Reaktionen in einer Petrischale oder direkt auf Filtrierpapier zeigen. Es kann dabei herausgestellt werden, dass die Teilchen der Stoffe diffundieren und dabei zufällig aufeinandertreffen. Erst dann kann eine Reaktion einsetzen. Hierfür eignet sich auch der Versuch zur Diffusion von Chlorwasserstoff- und Ammoniakgas (Abschn. 7.3.2). Generell sollte diese Kollision von Teilchen als Voraussetzung für eine chemische Reaktion auch visualisiert und verbalisiert werden.

8.3.1 Reaktionen in Petrischalen und auf Filtrierpapier

Materialien und Chemikalien

Petrischalen	
Filterpapier (größerer Durchmesser als die Petrischale)	
Bechergläser (50 mL)	
Pasteurpipetten	
Overhead-Projektor oder Dokumentenkamera	
Kaliumhexacyanidoferrat(II) (fest und Lsg., $w = 1$ %)	
Ammoniumthiocyanat (⟨!⟩)	
Calciumchlorid (⟨!⟩)	
Citronensäure (⟨※⟩)	
Eisen(III)-nitrat fest (⟨※⟩ ⟨!⟩) und Lsg. ($w = 1$ %, ⟨!⟩)	
Eisen(III)-chlorid fest (⟨※⟩ ⟨!⟩) und Lsg. ($w = 1$ %, ⟨!⟩)	
Natriumcarbonat (⟨!⟩)	
Silbernitrat (⟨※⟩ ⟨※⟩ ⟨※⟩)	
Natriumchlorid	
demineralisiertes Wasser	

Durchführung 1: Zusammenstöße in der Petrischale

- Die Petrischale wird auf eine weiße (Ansätze 1 und 2) bzw. schwarze Unterlage (Ansätze 3 bis 5) gestellt und zur Hälfte mit Wasser befüllt.
- Nachdem sich die Flüssigkeit beruhigt hat, gibt man an zwei gegenüberliegenden Stellen an der Innenwand jeweils eine stecknadelkopfgroße Menge der beiden festen Chemikalien hinein.

  Ansatz 1:   Kaliumhexacyanidoferrat(II) und Eisen(III)-nitrat oder Eisen(III)-chlorid,

  Ansatz 2:   Eisen(III)-chlorid oder Eisen(III)-nitrat und Ammoniumthiocyanat,

  Ansatz 3:   Calciumchlorid und Natriumcarbonat,

  Ansatz 4:   Citronensäure und Natriumcarbonat,

  Ansatz 5:   Silbernitrat und Natriumchlorid.

Durchführung 2: Chemische Reaktionen auf Filterpapier

- Die Petrischale wird mit einem Filterpapier abgedeckt.
- In etwa 3–5 cm Entfernung voneinander wird ein Tropfen Kaliumhexacyanidoferrat(II)-Lösung und ein Tropfen Eisen(III)-nitrat-Lösung oder Eisen(III)-chlorid-Lösung auf das Filterpapier gegeben.
- Wenn sich die Flüssigkeiten nicht weiter ausbreiten, wird jeweils ein weiterer Tropfen hinzugegeben.
- Der Schritt wird wiederholt, bis die beiden Flüssigkeiten Kontakt bekommen.

Beobachtung

Durchführung 1: In allen Fällen bildet sich etwa in der Mitte der Petrischale eine trennscharfe Linie. Detailbeobachtungen:

Ansatz 1:   Gelbe Lösungsfronten bewegen sich aufeinander zu; beim Zusammentreffen bildet sich eine blaue Linie.

Ansatz 2:   Eine gelbe Lösungsfront breitet sich aus; in der Mitte entsteht eine rot-violette Linie.

Ansatz 3:   In der Mitte entsteht eine weiße Linie.

Ansatz 4:   In der Mitte bildet sich ein Band aus Gasblasen.

Ansatz 5:   Vgl. Ansatz 3; die Linie ist jedoch schärfer als in Ansatz 3.

Durchführung 2:   Vgl. Ansatz 1 aus der Durchführung 1.

Erklärung und didaktischer Kommentar

Es bilden sich in der Reihung der Ansätze folgende Stoffe: Berliner Blau, Eisenthiocyanat-Ionen ($FeSCN^{2+}$), Calciumcarbonat, Kohlenstoffdioxidgas, Silberchlorid.

Didaktische Bemerkungen: siehe Einführungstext.

Entsorgung

Die Lösungen aus den Ansätzen 3 und 4 können in den Ausguss gegeben werden; die Lösungen der Ansätze 1, 2 und 5 werden in den Behälter für anorganische Schwermetallsalzlösungen gegeben.

8.4   Chemische Reaktionen hin und zurück

Das Beispiel der Bildung und Zersetzung von Kupfersulfat-Pentahydrat zeigt die *Reversibilität* einiger Reaktionen auf. Auch wenn sich nur wenige Reaktionen auf einfachem Wege umkehren lassen und die Reversibilität daher nicht explizit als Kennzeichen chemischer Reaktionen herausgestellt werden sollte, ergeben sich aus der Umkehrbarkeit mehrere didaktische Potenziale, sodass die Thematisierung bereits im Anfangsunterricht förderlich sein kann. So lässt sich an geeigneten Beispielen verdeutlichen, dass die Umkehrung einer exothermen Reaktion endotherm verläuft, wodurch beide Begriffe deutlicher als Gegensatzpaar erkannt werden können (s. o.). Bei der Bildung binärer Verbindungen wie Silbersulfid, Silberoxid oder Kupferiodid (Abschn. 12.3.12) aus den elementaren Stoffen ist über die Zerlegbarkeit der Verbindungen die Ableitung der Begriffe Element und Verbindung möglich, was eine wesentliche Voraussetzung des Atommodells in Anlehnung an Dalton und die darauf aufbauende Formelsprache ist (Kap. 11) (Rehm und Sieve 2012). Ferner ist die Reversibilität einer Reaktion eine zentrale Bedingung für die Ausbildung chemischer Gleichgewichte. Die Grundidee dazu kann bereits im Chemieunterricht der Sek. I angebahnt werden.

8.4.1   Bildung und Zersetzung von Silbersulfid

Materialien und Chemikalien

2 Reagenzgläser (Duran oder Supremax)	
Reagenzglasklammer	
2 Gasbrenner oder zwei Flambierbrenner	
Pinzette	
Korken (größer als die Reagenzglasöffnung)	
Spatel	
Absorptionsstopfen mit Aktivkohle	

| Schwefelpulver (⚠) | |
| Silberblech (länglich) | |

Durchführung
Bildung von Silbersulfid:

- In einem Reagenzglas wird ein halber Spatel Schwefel bis zum Sieden erhitzt.
- Dann wird ein längliches, nicht zu kleines Stück Silberblech hineingegeben.
- Das Reagenzglas wird weiter erhitzt, wobei ein Austreten des Schwefeldampfes vermieden werden soll. Wenn sich der entweichende Schwefeldampf entzündet, wird die Luftzufuhr beispielsweise durch einen Korken abgeschnitten.
- Zum Schluss wird der überschüssige Schwefel abgegossen und das Blech vorsichtig in ein anderes Reagenzglas überführt. Das Reagenzglas wird mit einem Absorptionsstopfen gasoffen verschlossen.

Zerlegung von Silbersulfid:

- Das Blech wird mit der nicht leuchtenden Brennerflamme kräftig erhitzt. Ggf. kann ein zweiter Brenner verwendet oder die Flamme mit einem Lötrohr gegen das Reagenzglas geblasen werden, um ausreichend hohe Temperaturen zu erzielen.

Beobachtung
Bildung: Aus dem blanken, verformbaren Silber ist ein neuer Stoff aus grau glänzenden Kristallen entstanden.
Zerlegung: Beim längeren Erhitzen geschieht zunächst nichts, dann wird schlagartig ein weißlich-gelblicher Belag frei, der sich an den kühleren Reagenzglasstellen abscheidet. Gleichzeitig entsteht eine silbrig glänzende Kugel am Reagenzglasboden.

Erklärung und didaktischer Kommentar
Es bildet sich zunächst schwarz glänzendes Silber(I)-sulfid (Ag_2S). Dies lässt sich durch starkes Erhitzen wieder in Silber und Schwefel zerlegen. Aufgrund der geringen Mengen an gebundenem Schwefel ist der resublimierte Schwefel weißlich und nicht gelblich. Die silbrige Kugel am Reagenzglasboden färbt sich aufgrund der noch vorhandenen Schwefeldämpfe nach dem Experiment schnell wieder schwarz.

Abb. 8.2 Zerlegung von Silbersulfid in einem Quarzglasrohr. Oben: Beobachtung nach dem starken Erhitzen; unten: silbrig glänzende Silberkugel mit beginnender Rückreaktion

Die Bildung von Silber(I)-sulfid muss aufgrund der frei werdenden Schwefeldämpfe zwingend unter dem Abzug durchgeführt werden. Ferner kann Schwefeldioxid freigesetzt werden. Durch den Absorptionsstopfen ist für die Zerlegung von Silber(I)-sulfid kein Abzug nötig.

Die früher in diesem Zusammenhang häufig durchgeführte Thermolyse von orangem Quecksilber(II)-oxid ist zwar eindrucksvoll, darf jedoch aufgrund des Gefährdungspotenzials von Quecksilber und der notwendigen Ersatzstoffprüfung heute nicht mehr vorgeführt werden. Aufgrund der Eignung dieses Experiments kann man hier auf einen Film zurückgreifen. Die stattdessen vorgeschlagene Thermolyse von Silberoxid ist weitaus unspektakulärer und kostspielig. Nachteilig ist bei beiden Oxidzerlegungen zudem der nur indirekt mögliche Nachweis von Sauerstoff über die Glimmspanprobe. Beide Systeme sind nicht reversibel, sodass die anschließende Herstellung von Quecksilberoxid und Silberoxid nicht mit schulischen Mitteln möglich ist. Die Bildung und Analyse von Silbersulfid liefert hingegen vom Phänomen her sehr gute Ergebnisse und lässt sich mit etwas Geschick in einem schwer schmelzbaren Reagenzglas durchführen. Eine Alternative ist die Durchführung der Analyse von Silbersulfid in einer Mikrowelle (Großmann und Schwab 2008).

Entsorgung

Die verschlossenen Reagenzgläser dürfen erst unter dem Abzug geöffnet werden. Dort dampfen sie ab. Das Silber kann anschließend zu einem Blech gehämmert und erneut verwendet werden.

8.4.2 Bildung und Zersetzung von Kupferacetat

Materialien und Chemikalien

Rollrandglas mit Deckel	
Pinzette	
Reagenzglas	
Reagenzglasklammer	
Reagenzglasständer	
Spatel	
Gasbrenner	
Kupferblech	
Haushaltsessig (Essigsäure, $w = 5\,\%$, ◇)	
Kupfer(II)-acetat (◇ ⚠)	

Durchführung

Bildung von Kupferacetat

- Das Rollrandglas wird zu etwa einem Drittel mit Essig gefüllt. In die Lösung stellt man ein Kupferblech, welches etwa 2 cm über den Flüssigkeitsspiegel herausragt. Der Ansatz wird mit dem Deckel verschlossen.
- Nach ca. einer Woche wird das Kupferblech aus dem Ansatz entnommen.

Zerlegung von Kupferacetat

- In ein Reagenzglas wird etwa 1 cm hoch Kupfer(II)-acetat gegeben.
- Das Reagenzglas wird waagerecht gehalten und der Stoff gleichmäßig über eine Strecke von ca. 5 cm verteilt.
- Das waagerecht gehaltene Reagenzglas wird mit nicht zu heißer Flamme unter ständigem Drehen erhitzt, bis eine Veränderung im Reagenzglas zu sehen ist.
- Durch Zufächeln wird vorsichtig eine Geruchsprobe durchgeführt.
- Die Abscheidung im Reagenzglas wird betrachtet.

Beobachtung

Bildung: In der Essigsäure überzieht sich das Kupferblech oberhalb der Essigsäure mit grünlich-bläulichen Kristallen und die Lösung färbt sich blau.

Zerlegung: Beim Erhitzen des grünen, kristallinen Kupfer(II)-acetats bildet sich ein gelblich-oranger Rauch und es entsteht ein kupferfarbenes Pulver. Auch das Reagenzglas wird von Innen kupferfarben (Kupferspiegel). Der Geruch nach Essig ist wahrzunehmen.

Erklärung und didaktischer Kommentar

Benetzt man Kupfer mit Essigsäure, bildet sich an der Luft über längere Zeit ein Gemisch aus mehreren basischen Kupferacetaten, das landläufig auch als Grünspan bezeichnet wird. Vereinfacht kann hier die Formel $Cu(CH_3COO)_2$ angenommen werden. Beim Erhitzen von Kupfer(II)-acetat entstehen wieder Kupfer und Essigsäure. Dieser Versuch zeigt, dass Kupfer(II)-acetat wieder in die Edukte zerlegt werden kann. Da sich Kupfer nicht weiter zerlegen lässt, kann Kupfer als Element eingeordnet werden.

In der Experimentierliteratur findet man einen vergleichbaren Versuch zur Bildung und Zersetzung von Kupferformiat ($Cu(HCOO)_2$) (Baumgärtner und Pfeifer 1996). Da bei der Thermolyse von Kupferformiat neben elementarem Kupfer, Wasserdampf und Kohlenstoffdioxid auch geringe Anteile an Kohlenstoffmonooxid entstehen, sollte man auf diesen Versuch verzichten und den hier beschriebenen Versuch favorisieren.

Entsorgung

Reste von Kupfer(II)-acetat werden in den Behälter für organische Stoffe gegeben.

8.4.3 Thermolyse von Diiodpentaoxid

Materialien und Chemikalien

Reagenzgläser	
Stopfen	
Reagenzglasständer	
Schaureagenzglas mit durchbohrtem Stopfen und Pasteurpipette	
Gasbrenner	
Spatel	
Messzylinder (20 mL)	
Glimmspan	

Reagenzgläser	
Diiodpentaoxid (⬦ ⬦)	
Heptan (⬦ ⬦ ⬦ ⬦)	
frische Stärke-Lösung	
Wasser	

Durchführung – Vorversuche

- In einem Reagenzglas wird eine kleine Spatelspitze Diiodpentaoxid mit 10 mL Wasser unter kräftigem Schütteln vermischt.
- Die Lösung wird auf zwei Reagenzgläser aufgeteilt.
- In das erste Reagenzglas werden 1–2 mL Heptan gegeben und geschüttelt.
- In das zweite Reagenzglas wird Stärke-Lösung geben.

Durchführung – Thermolyse

- 200 mg Diiodpentaoxid werden im verschlossenen Schaureagenzglas in rauschender Flamme bis zur vollständigen Zersetzung erhitzt. An die Spitze der Pasteurpipette hält man dabei einen Glimmspan.
- Man lässt das Reagenzglas abkühlen, bis der violette Dampf vollständig resublimiert ist und führt eine Glimmspanprobe durch.
- Es werden 15 mL Wasser zugegeben und geschüttelt, bis die Lösung eine Braunfärbung zeigt.
- Je 5 mL der Lösung werden in zwei Reagenzgläser gegeben.
- In das erste Reagenzglas werden 1–2 mL Heptan gegeben und geschüttelt.
- In das zweite Reagenzglas wird Stärke-Lösung gegeben.

Beobachtung

Die Lösungen von Diiodpentaoxid zeigen in den Nachweisreaktionen keine Veränderungen. Beim Erhitzen von Diiodpentaoxid bildet sich ein violetter Dampf. Beim Abkühlen bilden sich violett glänzende Kristalle an der Reagenzglaswand. Das an der Pasteurpipette austretende Gas entzündet einen Glimmspan.

Nach dem Versetzen der in Wasser gelösten Kristalle mit Heptan bilden sich zwei Phasen. Die Heptanphase zeigt eine Violettfärbung. Die Stärke-Lösung färbt sich blauschwarz.

Erklärung und didaktischer Kommentar

Diiodpentaoxid zerfällt beim Erhitzen über 300°C in die elementaren Stoffe Iod und Sauerstoff. Sauerstoff wird über die Glimmspanprobe nachgewiesen, Iod über die Färbung in Heptan sowie die Iod-Stärke-Reaktion (Einlagerung von Polyiodid-Ionen in die spiralisierten Amylose-Moleküle und Blaufärbung durch Charge-Transfer). Didaktisches Potenzial des Versuchs: Siehe Vorversuche.

Entsorgung

Resublimiertes Iod in Wasser lösen und zusammen mit der restlichen Iod-Lösung mit Natriumsulfit reduzieren. Das Iod in der Hexanphase ist leichter zu reduzieren, wenn es nicht mit festem Natriumsulfit, sondern mit einer Sulfit-Lösung ausgeschüttelt wird. Die wässrige Lösung von Diiodpentaoxid kann mit anderen halogenhaltigen Lösungen entsorgt werden. Organische Phasen werden gesammelt und zum Lösungsmittelabfall gegeben bzw. zum Ausschütteln aufgehoben.

8.5 Katalyse

Katalysatoren beeinflussen das Reaktionsgeschehen, indem sie die Aktivierungsenergie einer Reaktion absenken und dadurch Reaktionen bei niedrigeren Temperaturen möglich machen. Katalysatoren sind zwar an der Reaktion beteiligt und können zwischenzeitlich verändert werden. Am Ende der Reaktion liegen sie aber in der vor der Reaktion eingesetzten Form wieder vor. Nachfolgend werden zwei klassische Experimente zur Katalyse vorgestellt. Diese sollten sich idealerweise an die Behandlung energetischer Aspekte chemischer Reaktionen anschließen (Abschn. 8.2).

8.5.1 Verbrennen eines Zuckerwürfels

Materialien und Chemikalien

Dreifuß mit Keramikdrahtnetz und Tondreieck	
Tiegel oder Porzellanschale	
Streichhölzer	
Gasbrenner	
Würfelzucker	
trockenes Pflanzenmaterial (Heu, Stroh)	
Spatel	
Papiertuch	

Durchführung

- Einige Halme des Pflanzenmaterials werden im Tiegel oder der Porzellanschale mit dem Gasbrenner entzündet und verbrannt.
- Die abgekühlte Pflanzenasche wird in die Mitte des Keramiknetzes auf dem Dreifuß gegeben; ein Zuckerwürfel wird so auf eine Ecke des Keramikdrahtnetzes gelegt, dass das Stück von unten her angezündet werden kann.
- Nun versucht man mit dem Streichholz zunächst den Zuckerwürfel zu entzünden und dann die Pflanzenasche.
- Eine Spatelspitze der Pflanzenasche wird auf den Zuckerwürfel gestreut und mit dem Papiertuch etwas eingerieben. Anschließend versucht man erneut, den Zuckerwürfel mit einem Streichholz zu entzünden.

Beobachtung

Die Pflanzenasche lässt sich nicht entzünden; am Zuckerwürfel ohne Pflanzenasche bildet sich an der Kante eine orangene, zähe Flüssigkeit. Eine Entzündung erfolgt nicht. Der mit der Pflanzenasche eingeriebene Zuckerwürfel entzündet sich und brennt mit heller Flamme.

Erklärung und didaktischer Kommentar

Für sich allein lassen sich beide Stoffe, Pflanzenasche und Zucker, nicht mit dem Streichholz entzünden. Die Asche zeigt dabei keine Veränderung, da die Asche bereits verbrannt ist. Der Zucker schmilzt und zersetzt sich teilweise zu Karamell. Erst die Kombination aus beiden Stoffen führt zur erfolgreichen Verbrennung von Zucker. Die in Pflanzenasche vorliegenden Kaliumsalze wirken als Katalysator der Verbrennung von Saccharose.

Die im Experiment vorgenommene Prüfung der Nichtentzündbarkeit von Zucker *und* Pflanzenasche unterstützt die Erkenntnis, dass die Pflanzenasche die Verbrennung von Zucker unterstützt. Dieser Versuch sollte also von der Durchführung her zweigeteilt werden: Zunächst wird die Nichtentzündbarkeit der beiden einzelnen Stoffe demonstriert und festgehalten. Erst danach erfolgt der Entzündungsversuch der Zucker-Asche-Kombination. Über den dadurch erzeugten kognitiven Konflikt ergibt sich die Frage nach der Ursache der nun beobachtbaren Entzündung des Zuckers und der Bedarf der Klärung der Rolle der Pflanzenasche.

Entsorgung

Die nicht mehr brennenden Stoffe können in den Hausmüll gegeben werden.

8.5.2 Zerlegen von Wasserstoffperoxid

(Brandl 2010)

Materialien und Chemikalien

5 Reagenzgläser oder Schnappdeckelgläser
Reagenzglasständer
4 Bechergläser (50 mL)
2 Bechergläser (100 mL)
hoher Standzylinder
Kelchglas
Streichhölzer oder Feuerzeug
Glimmspan
Spatel
Tropfpipetten
Messzylinder (50 mL)
Wasserstoffperoxid ($w = 6\,\%$)
Wasserstoffperoxid ($w = 30\,\%$, ⬦)
Kaliumiodid-Lösung (10 %ig, ⬦ ⬦)
Mangandioxid (Braunstein, ⬦)
Trockenhefesuspension (1 Päckchen auf 100 mL) oder frisch geriebene Kartoffel
Citratblut
Spülmittel

Durchführungsvariante 1

- Fünf Reagenzgläser werden daumenbreit mit der 6 %igen Wasserstoffperoxid-Lösung gefüllt. Eines davon dient als Vergleichsprobe.
- In je ein Reagenzglas gibt man eine Spatelspitze Mangandioxid, etwa 2 mL Kalium-iodid-Lösung, 2 mL der Hefesuspension oder 2 mL des Breis einer frisch geriebenen Kartoffel.
- Ein Glimmspan wird in den Gasraum der Reagenzgläser gehalten. Sofern sich ein Schaum bildet, wird mit dem Glimmspan eine Schaumblase angestochen.

Durchführungsvariante 2: Chemischer Eisbecher

- In ein Kelchglas gibt man 20 mL der 30 %igen Wasserstoffperoxid-Lösung.
- Mit einem Schwall gießt man dann 20 mL des Citratbluts in das Kelchglas.

Durchführungsvariante 3: Elefantenzahnpasta

- Man füllt ein Becherglas mit 35 mL der 30 %igen Wasserstoffperoxid-Lösung. In das andere Becherglas gibt man 30 mL der Kaliumiodid-Lösung und verrührt noch mit 5 mL Spülmittel.
- Die Inhalte der beiden Bechergläser schüttet man mit Schwung in den Standzylinder.

Beobachtung
Die Vergleichsprobe verändert sich nicht, bei den übrigen Ansätzen ist eine z. T. lebhafte Gasentwicklung zu beobachten, in den Ansätzen mit Hefesuspension oder Kartoffelbrei bildet sich zusätzlich ein Schaum. Ein Glimmspan fängt im Gasraum der Ansätze wieder Feuer. Der Ansatz mit Braunstein erwärmt sich merklich; der Ansatz mit der Kaliumiodid-Lösung färbt sich zwischenzeitlich gelblich.

Bei der Durchführungsvariante 2 bildet sich schlagartig ein weißer Schaum, der mit roten Flecken durchsetzt ist. Bei der Durchführungsvariante 3 bildet sich rasch eine dampfende, warme Schaumsäule, die aus dem Standzylinder herausquillt.

Erklärung und didaktischer Kommentar
Die metastabile Verbindung Wasserstoffperoxid reagiert unter Katalysatoreinfluss in einer exothermen Reaktion zu Wasser und Sauerstoff (positive Glimmspanprobe):

$$2\,H_2O_2\,(aq) \rightarrow 2\,H_2O\,(l) + O_2\,(g).$$

Der exotherme Charakter der Reaktion wird nur beim Ansatz mit Mangandioxid deutlich. Die Lernenden können aus dem Versuch schließen, dass die Reaktion nur in Gegenwart der zugegebenen Stoffe erfolgt, weil die Vergleichsprobe keinerlei Veränderung zeigt. Zudem wird die Beteiligung des Katalysators an der Reaktion durch den Ansatz mit Kaliumiodid-Lösung deutlich, denn die zwischenzeitliche Gelbfärbung (entstehendes Iod) verschwindet wieder. In den Ansätzen mit biologischen Substanzen katalysiert das Enzym Katalase die Reaktion. Besonders eindrucksvoll sind dabei die Durchführungsvarianten 2 und 3, die ausschließlich als Demonstrationsversuche durchgeführt werden sollten.

Entsorgung
Der Ansatz mit dem Mangandioxid sollte filtriert und das Mangandioxid in den Behälter für Schwermetalle gegeben werden. Die übrigen Ansätze können mit viel Wasser im Ausguss entsorgt werden.

Verbrennungen und Oxidbildungsreaktionen

Inhaltsverzeichnis

Die Originalversion dieses Kapitels wurde korrigiert. Ein Erratum ist verfügbar unter
https://doi.org/10.1007/978-3-662-63905-4_13

Ergänzende Information Die elektronische Version dieses Kapitels enthält Zusatzmaterial,
auf das über folgenden Link zugegriffen werden kann https://doi.org/10.1007/978-3-662-
63905-4_9. Die Videos lassen sich durch Anklicken des DOI Links in der Legende einer
entsprechenden Abbildung abspielen, oder indem Sie diesen Link mit der SN More Media App
scannen.

© Springer-Verlag GmbH Deutschland, ein Teil von Springer Nature 2022,
korrigierte Publikation 2022
B. Sieve et al., *Experimente im Chemieunterricht Band 1,*
https://doi.org/10.1007/978-3-662-63905-4_9

Verbrennungen gehören zum Alltag, sie haben beim Grillen, in Verbrennungsmotoren oder auch beim Abbrennen einer Kerze Bedeutung. Diese Reaktionen mit Sauerstoff weisen gegenüber den Reaktionen von Metallen mit Schwefel oder auch mit Halogenen wie Iod ein deutlich höheres Maß an Alltagsnähe auf, wenn es um die Vermittlung chemischer Reaktionen geht (vgl. Kap. 8). Es ergibt sich aber das Problem der Fassbarkeit und Beschreibbarkeit des Sauerstoffs als gasförmiges Edukt (Heimann und Harsch 2007). Daher sollten Verbrennungsreaktionen erst dann thematisiert werden, wenn das Konzept der chemischen Reaktion bereits erarbeitet wurde und Verbrennungsreaktionen damit eine Anwendung von chemischen Reaktionen darstellen.

Verbrennungen als Phänomen

Zugang über die Verbrennung von Metallen

Besonders eindrucksvoll und neu für die Lernenden ist die Brennbarkeit von Metallen (Abschn. 9.1). Über den Balkenwaagenversuch (Abschn. 9.1.1) ergibt sich die zentrale Fragestellung nach dem Reaktionspartner der Eisenwolle. Erweitert werden kann dieses Experiment, indem man neben der Eisenwolle einen Eisennagel versucht zu entzünden. Hieran lässt sich der *Zerteilungsgrad* als Einflussfaktor auf den Verlauf chemischer Reaktionen thematisieren. Die Analyse der Luft (Abschn. 9.4.1 und 9.4.2), verbunden mit der Verbrennung von Eisenwolle in den verschiedenen Bestandteilen von Luft (Abschn. 9.1.2), führt zu Sauerstoff als Reaktionspartner und damit zur Benennung des Reaktionsprodukts als Oxid. Bestätigt werden kann die Rolle des Sauerstoffs auch durch das Erhitzen von Kupfer im Vakuum (Abschn. 9.1.6) sowie den Kupferbrief-Versuch

(Abschn. 9.1.7). Eine häufig bei Verbrennungsreaktionen festzustellende Lernervorstellung ist, dass sich beim Erhitzen eines Stoffes mit dem Gasbrenner Ruß aus der Gasbrenner-flamme am erhitzten Stoff absetzt. Diese nicht fachlich angemessene Vorstellung lässt sich durch den Versuch „Schwarzwerden" von Kupfer (Abschn. 9.1.5) revidieren.

Die Frage, ob auch andere Stoffe mit Sauerstoff zu Oxiden reagieren, schließt sich an die bisher durchgeführten Experimente an und führt zur Verbrennung weiterer Metalle und ggf. von Nichtmetallen (Abschn. 9.2.1, 9.2.3 und 9.2.4). Aus diesen Experimenten ergibt sich zusätzlich, dass die Reaktionen von Metallen mit Sauerstoff unterschiedlich stark exotherm verlaufen. Damit können Metalle hinsichtlich ihrer Bindungstendenz zu Sauerstoff in einer *Affinitätsreihe* geordnet und die Begriffe *edel* und *unedel* ein-geführt werden. Der besonders unedle Charakter von Magnesium lässt sich hierbei auch durch die Verbrennung von Magnesium unter Luftabschluss aufzeigen (Abschn. 9.1.8): Magnesium ist so unedel, dass es sogar mit dem sehr reaktionsträgen Stickstoff reagiert.

Alltagsnahe Zugänge
Deutlich näher am Alltag der Lernenden sind die Versuche mit Kerzen (Abschn. 9.3) oder das Verbrennen von Nichtmetallen wie Kohlenstoff (Abschn. 9.2.1 und 9.2.2). Diese Experimente schließen sehr gut an das Thema Brennbarkeit von Stoffen aus dem Themenbereich Stoffe und ihre Eigenschaften an (vgl. Kap. 3). Besonders eindrucks-voll ist das Verbrennen von Diamanten (Abschn. 9.2.4), da dies der Erfahrung der Lernenden widerspricht („Ein Diamant ist unvergänglich."). Vorteil dieser Zugänge ist neben der Alltagsnähe auch die Möglichkeit der Einführung der Kalkwasserprobe als Kohlenstoffdioxidnachweis (Abschn. 9.2.4). Die Versuche mit Kerzen sind dabei ins-besondere für jüngere Lerner geeignet. Die Erarbeitung kann nach der folgenden sach-logischen Struktur geschehen: Die Untersuchung der Kerzenflamme (Abschn. 9.3.1) stellt das Einstiegsphänomen dar. Die verschiedenen Flammenzonen werden erarbeitet und deren Temperatur durch Vergleich abgeschätzt. Hieran lassen sich auch bereits die Bedingungen der Verbrennung (Entzündungstemperatur, Brennstoff, Sauerstoff) und mögliche Verbrennungsprodukte (Ruß, Wasserdampf, Kohlenstoffdioxid) ableiten. Dass gasförmiges Wachs der eigentliche Brennstoff bei Kerzen ist, zeigen die Untersuchung des Kerzendochtes (Abschn. 9.3.2) und die „springende" Kerzenflamme (Abschn. 9.3.3). Versuche zur Brenndauer von Kerzen (Abschn. 9.3.5) und auch zur Bedeutung von Ruß für die Verbrennung (Abschn. 9.2.1) können sich anschließen und runden das Thema Verbrennung am Beispiel der Kerze ab. Eine Überleitung zum Zerteilungsgrad und zum Thema Brände und Brandschutz (Abschn. 9.7) kann über den sehr eindrucks-vollen „chemischen Flammenwerfer" erfolgen (Abschn. 9.3.6). Hier gilt es, die genauen Abläufe des Experiments mit den Lernenden zu rekonstruieren, um diese ggf. auf Phänomene wie einen Fettbrand zu übertragen (vgl. Abschn. 9.7.2).

Herstellung und Eigenschaften von Sauerstoff
Nachdem die Lernenden die Bedingungen für Verbrennungsreaktionen erarbeitet haben, bietet sich eine nähere Betrachtung des Elements Sauerstoff an. Die Verbrennung

verschiedener Elemente in Sauerstoff (Abschn. 9.2.3) kann den Anschluss an die vorigen Experimente darstellen. Zudem lässt sich diskutieren, warum die Verbrennungsreaktionen in reinem Sauerstoff deutlich heftiger verlaufen als an Luft. Für die Herstellung von Sauerstoff kann man im Unterricht verschiedene Methoden nutzen. Sehr einfach zu handhaben ist die katalytische Zersetzung von Wasserstoffperoxid durch Braunstein (Abschn. 9.4.3). Mit diesem Experiment lassen sich auch gleichzeitig die Glimmspanprobe als Nachweis für Sauerstoff und die Kalkwasserprobe als Nachweis für Kohlenstoffdioxid einführen. Die Thermolysen von Kaliumnitrat (Abschn. 9.4.4), Kaliumpermanganat (Abschn. 9.4.5) und auch Kaliumchlorat (Abschn. 9.4.6) sind weitere Beispiele für Reaktionen, mit denen sich im Labor leicht Sauerstoff herstellen lässt. Diese Reaktionen eignen sich für die Einführung der Begriffe *Oxidzerlegung* und *Sauerstoffspender* (vgl. Infobox: Fachbegriffe). Einen alternativen und alltagsnahen Zugang für die Untersuchung der brandfördernden Eigenschaften von Sauerstoff stellen die Experimente mit Oxi-Reinigern dar (Abschn. 9.5).

Anwendung und Dekontextualisierung
Die Experimente mit Wunderkerzen (Abschn. 9.6) stellen einen möglichen Anwendungskontext zum Thema Verbrennung und Oxidbildung dar. Die Verbrennung einer Wunderkerze in Stickstoff (Abschn. 9.6.1) zeigt, dass im Material der Wunderkerze ein Sauerstoffspender enthalten sein muss und der freigesetzte Sauerstoff mit den unedlen Metallen Eisen und Aluminium reagiert. Den unedlen Charakter der Metalle in der Wunderkerze erklärt der spektakuläre Versuch der „Unterwasserfackel" (Abschn. 9.6.3). Die dortige heftige Reaktion unter Wasser und die mit der Reaktion verbundene Wasserstofffreisetzung sind zudem eine Überleitung zum Thema Sauerstoffübertragungsreaktionen (vgl. Kap. 10). Die Staubemission, die sich beim Verbrennen von Wunderkerzen ergibt (Abschn. 9.6.2), ermöglicht eine Diskussion über umweltschädliche Stoffe, die bei Verbrennungsreaktionen entstehen können. Dies kann zusammen mit den Massengesetzen (Abschn. 11.1) die vielfach anzutreffende nicht adäquate Lernervorstellung aufgreifen, dass bei Verbrennungen Stoffe verschwinden und sich gleichsam „in Luft auflösen" (vgl. Boyle-Versuch).

Brandbekämpfung
Sobald beim Thema Oxidbildungsreaktionen Beispiele wie das Abbrennen einer Kerze, das Verbrennen von Kohle beim Grillen oder aber das Entstehen und die Wirkungen eines Fettbrandes angesprochen werden, eröffnet sich damit das Problem der Gefährlichkeit von Bränden und die Frage, wie man Brände im Alltag löschen kann. Die Bedingungen einer Verbrennung können dabei noch einmal im ‚Branddreieck' gebündelt und gleichzeitig als Ansatzpunkte für die Entwicklung von Löschmöglichkeiten für Brände genutzt werden (Abb. 9.1). Ein alternativer Zugang ist der Versuch des Erhitzens von Wasser in einem Papierbecher. Die unerwartete Beobachtung, dass sich das Papier des Bechers nicht entzündet, kann zu den Bedingungen einer Verbrennung sowie möglichen Möglichkeiten, einen Brand zu verhindern, überleiten.

Abb. 9.1 Verbrennungsdreieck (König 2006)

Im Anschluss empfiehlt sich, verschiedene Löscher von den Lernenden bauen und diese dann auf ihre Eignung hin prüfen zu lassen. Dadurch wird deutlich, dass nicht jedes Löschmittel für jeden Brand geeignet ist (z. B. einen Fettbrand oder brennendes Magnesium mit Wasser löschen zu wollen). Besonders empfehlenswert ist hier ein Unterrichtsgang zur Feuerwehr, wobei die Lernenden gleichzeitig in der Handhabung von Feuerlöschern eingeführt werden können.

Infobox: Fachbegriffe rund um Verbrennungsreaktionen
In vielen Lehrplänen und auch in den meisten Schulbüchern werden Reaktionen mit Sauerstoff als Verbrennungsreaktionen klassifiziert und der Begriff Oxidation synonym gesetzt. Im späteren Unterrichtsverlauf erfährt der Begriff Oxidation, wie auch die beigestellten Begriffe Reduktion und Redoxreaktion einen Konzept- und Ebenenwechsel, der nach empirischen Befunden als schwierigkeitsgenerierend und lernhinderlich gilt (Sumfleth und Todtenhaupt 1994): Oxidation ist auf der Teilchenebene die Abgabe von Elektronen. Um den empirisch belegten Lernschwierigkeiten durch einen späteren Konzept- und Ebenenwechsel vorzubeugen, ist es ratsam, nicht den Begriff Oxidation für die Reaktion mit Sauerstoff einzuführen (und später auch nicht den Begriff Reduktion bzw. Redoxreaktion), sondern stattdessen Begriffe wie *Oxidbildung* oder *Oxidbildungsreaktion* zu verwenden.

Verzichtet man an dieser Stelle auf den Begriff der Oxidation und klassifiziert die einfachen chemischen Synthesen nach den entstehenden Produkten, ergibt sich ein klareres Bild: Reagiert ein elementarer Stoff mit Sauerstoff, bildet sich ein Oxid. Für eine solche Reaktion wird der Begriff Oxidbildung oder

Oxidbildungsreaktion eingeführt. Analog lassen sich für entsprechende Reaktionen der Metalle mit Nichtmetallen die Termini Sulfidbildungsreaktion, Chloridbildungsreaktion etc. ableiten (Sieve 2015).

Ein wesentlicher Vorteil dieser Klassifizierung ist, dass Reaktionen mit Sauerstoff nur *ein* Beispiel für chemische Reaktionen darstellen – ein Gedanke, der Lernenden angesichts der Dominanz von Reaktionen mit Sauerstoff im Unterricht nicht immer möglich wird. Zudem lässt sich bereits im Anfangsunterricht das Verbrennungskonzept auf eine breitere Basis stellen, indem der exotherme Charakter der Verbindungsbildungen (Synthesen) herausgestellt wird. Verbrennungsreaktionen werden so zu exothermen chemischen Reaktionen, die mit einer gewissen Flammen- und Feuererscheinung einhergehen, gleich, ob eine Oxidbildung, eine Sulfidbildung, eine Halogenidbildung oder die Bildung einer anderen binären Verbindung dabei stattfindet. Diese Sichtweise bereitet die spätere Einführung des Redoxbegriffs als Reaktion mit Elektronenübergang vor. Gerade die Verbrennungsphänomene begründen als Gemeinsamkeit von Salzbildungsreaktionen aus elementaren Stoffen wesentlich den Aufbau des neuen Begriffsgebäudes (vgl. didaktische Hinweise zu Kap. 10).

9.1 Verbrennung von Metallen

9.1.1 Eisenwolle am Waagebalken

Materialien und Chemikalien

Balkenwaage	
2 Metallhaken	
Gasbrenner	
Glasrohr	
Eisenwolle	

Durchführung

- Zwei gleich große Knäuel Eisenwolle werden an den Enden des Waagebalkens befestigt und ins Gleichgewicht gebracht (Abb. 9.2).
- Eines der Knäuel wird mit der Gasbrennerflamme erhitzt und ggf. Luft gegen die Glut geblasen

Abb. 9.2 Eisenwolle an Waagebalken

Beobachtung

Eine helle Glut durchsetzt die Eisenwolle, dabei sinkt der entsprechende Waagebalken nach unten. Die Eisenwolle ist blauschwarz geworden.

Erklärung und didaktischer Kommentar

Das Eisen reagiert mit dem Sauerstoff der Luft unter Bildung von Eisenoxid. Der bei der Reaktion benötigte Sauerstoff bewirkt die Massenzunahme. Der Versuch ist ein klassischer Einstiegsversuch in das Thema Verbrennungen und Oxidbildungsreaktionen und wirft die Frage auf, womit die Eisenwolle reagiert hat. Diese Frage kann durch den Versuch in Abschn. 9.1.2 geklärt werden.

Entsorgung

Die Eisenwolle kann in den Hausmüll gegeben werden.

9.1.2   Nachweis von Sauerstoff als Edukt von Verbrennungsreaktionen

Materialien und Chemikalien

3 Standzylinder mit Glasdeckel	
Gasbrenner	
Tiegelzange	
Sand	
Eisenwolle	
Sauerstoff (⬦⬦)	
Stickstoff (⬦)	
Kohlenstoffdioxid (⬦)	

Durchführung

- Drei Standzylinder werden etwa 1 cm hoch mit Sand gefüllt.
- Ein Standzylinder wird mit Sauerstoff, einer mit Stickstoff und der dritte mit Kohlenstoffdioxid gefüllt. Alle drei Standzylinder werden sofort mit einem Glasdeckel verschlossen.
- Die so vorbereiteten Zylinder werden auf das Experimentierpult gestellt.
- Nun hält man nacheinander jeweils einen in der Gasbrennerflamme entzündeten Bausch Eisenwolle mit der Tiegelzange in den geöffneten Standzylinder.

Beobachtung

Nur im sauerstoffgefüllten Standzylinder verbrennt die Eisenwolle unter starkem Funkensprühen; in den anderen Gasen erlischt die Glut sofort.

Erklärung und didaktischer Kommentar

Mit diesem Versuch wird gezeigt, dass Sauerstoff der Reaktionspartner bei der Verbrennung der Eisenwolle ist. Die Hypothese, dass die Eisenwolle mit einem Bestandteil von Luft reagiert haben könne, lässt sich jedoch nur aufstellen, wenn die Lernenden die Zusammensetzung der Luft bereits kennen. Falls dies nicht der Fall ist, sollte der Versuch in Abschn. 9.4.1 vorgezogen werden.

Entsorgung

Der Sand kann durchgesiebt und wiederverwendet werden. Die Eisenwolle kann in den Hausmüll gegeben werden.

9.1.3 Metalle in der Gasbrennerflamme

Materialien und Chemikalien

Feuerfeste Unterlage	
Tiegelzange	
Gasbrenner	
Magnesiumband (◇)	
Eisenwolle	
Kupferblech	
Platindraht	

Durchführung

• Die Metalle werden nacheinander in die entleuchtete Flamme des Gasbrenners gehalten.

Beobachtung

Magnesium brennt mit grell-weiß leuchtender Flamme, ein weißes Pulver bleibt zurück. Eisenwolle glimmt langsam durch und wird blau-schwarz. Kupfer glüht rot auf und wird schwarz. Platin glüht weiß, liegt nach dem Abkühlen aber unverändert vor.

Erklärung und didaktischer Kommentar

Die ersten drei Metalle reagieren mit Sauerstoff unter Bildung der entsprechenden Oxide, Platin reagiert nicht. An diesem Versuch können die Begriffe „edel" und „unedel" abgeleitet werden. Eine Reaktivitätsreihe der Metalle gegenüber Sauerstoff lässt sich postulieren. Da jedoch der Zerteilungsgrad der Metalle unterschiedlich ist, ist eine Modifikation des Experiments nötig (Abschn. 9.4.1).

Entsorgung

Der Platindraht kann wiederverwendet werden. Die übrigen Produkte können in den Hausmüll gegeben werden.

9.1.4 Metalle reagieren unterschiedlich mit Sauerstoff

Materialien und Chemikalien

Feuerfeste Unterlage	
Gasbrenner	
Dickes Papier (Karton) oder Glasrohr, alternativ Salzstreuer	
Aluminiumpulver ( )	
Eisenpulver ( )	
Kupferpulver ( )	
Magnesiumpulver ( )	
Zinkpulver (stabilisiert,)	

Durchführung

- Die Metallpulver werden mit Hilfe einer gefalteten Papierrinne (ca. 10–15 cm lang), dem Glasrohr oder mittels Salzstreuer in die entleuchtete Gasbrennerflamme geblasen.

Beobachtung

Die Metallpulver verbrennen in der Flamme mit unterschiedlich hellen Flammenerscheinungen: Aluminiumpulver glüht am stärksten, Kupferpulver am schwächsten auf.

Erklärung und didaktischer Kommentar

Die Metallpulver weisen eine unterschiedliche Bindungstendenz gegenüber Sauerstoff auf. Magnesium, Zink und Aluminium reagieren als unedle Metalle stark exotherm mit Sauerstoff; Kupfer reagiert als eher edles Metall kaum unter Funkenbildung. Mit diesem Versuch kann eine Reaktivitätsreihe/Affinitätsreihe der Metalle gegenüber Sauerstoff aufgestellt und die Begriffe edle und unedle Metalle vermittelt werden.

Entsorgung

Die Produkte können in den Behälter für die anorganischen Feststoffe gegeben werden.

9.1.5 „Schwarzwerden" von Kupfer

Materialien und Chemikalien

Verbrennungsrohr	
Gasbrenner	
Glaswolle (⬧)	
Stativmaterial	
Kupferblech (1 cm × 4 cm)	

Durchführung

- Ein Streifen Kupferblech wird mit Glaswolle in einem schräg gestellten Glasrohr (Schornsteineffekt) gesichert (Abb. 9.3).
- Mit dem Gasbrenner wird der Bereich des Glasrohres erhitzt, in dem sich das Kupferblech befindet

Abb. 9.3 Versuchsaufbau zum Experiment

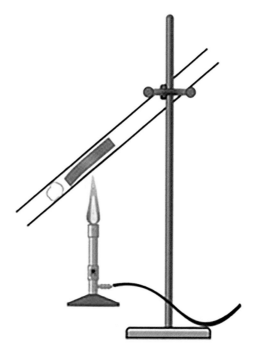

Beobachtung
Es entsteht ein schwarzer Feststoff.

Erklärung und didaktischer Kommentar
Mit diesem Versuch kann der nicht angemessenen Lernervorstellung entgegengewirkt werden, dass sich bei der Reaktion von Kupfer mit Sauerstoff Ruß absetzt. Die Bildung eines schwarzen Feststoffs ohne direkten Kontakt zur Flamme zeigt, dass es sich beim schwarzen Stoff nicht um eine Rußabscheidung handeln kann, sondern um ein Produkt der Reaktion mit Sauerstoff.

Fachsprachlich ist hier die alltagssprachliche Wendung „schwarz werden" strikt zu vermeiden, da diese Formulierung die Vorstellung der Rußbildung bzw. der Ablagerung noch unterstützt.

Entsorgung
Die Glaswolle kann wiederverwendet werden. Das Blech mit der Kupferoxidschicht sollte in einem Extrabehälter für weitere Versuche gesammelt werden. Die Bleche lassen sich aber auch sehr leicht durch eine heiße Ascorbinsäurelösung reduzieren.

9.1.6   Erhitzen von Kupfer im Vakuum

Materialien und Chemikalien

Reagenzglas (Duran®) mit Schliffstopfen, Seitenrohr und Hahn	
Wasserstrahlpumpe mit Vakuumschlauch	
Gasbrenner	
Kupferblech (1 cm × 4 cm)	

Durchführung

- Das Kupferblech wird in ein Reagenzglas gegeben. Das Reagenzglas wird mit dem durchbohrten Stopfen verschlossen und evakuiert.
- Anschließend wird das Reagenzglas über der Gasbrennerflamme erhitzt.
- Während das Kupfer noch heiß ist, wird der Hahn am Seitenrohr geöffnet.

Beobachtung
Zunächst wird das Kupfer durch die Hitze nicht verändert. Sobald Luft hinzutritt, bildet sich eine schwarzer Feststoff.

Erklärung und didaktischer Kommentar

Dieser Versuch bestätigt die Notwendigkeit von Sauerstoff für die Oxidbildung, denn nur beim Luftzutritt bildet sich das schwarze Kupferoxid (CuO) bzw. das rote Kupferoxid (Cu_2O), sofern die Sauerstoffmenge zu gering ist.

Entsorgung

Das Blech mit der Kupferoxidschicht sollte in einem Extrabehälter für weitere Versuche gesammelt werden. Die Bleche lassen sich aber auch sehr leicht durch eine heiße Ascorbinsäurelösung reduzieren und wiederverwenden.

9.1.7 Kupferbrief-Versuch

Materialien und Chemikalien

Tiegelzange	
Pinzette	
Gasbrenner	
Kupferblech (Dicke: 0,1 mm, Größe: 4 cm × 5 cm)	

Durchführung

- Ein rechteckiges Stück Kupferblech wird wie ein Brief zusammengefaltet (Abb. 9.4).
- Die Ränder werden mit der Tiegelzange gefalzt, damit die Kupferlagen eng anliegen.
- Anschließend wird der Kupferbrief in der Gasbrennerflamme erhitzt.
- Nach dem Abkühlen wird er wieder auseinandergefaltet.

Beobachtung

Der Kupferbrief glüht auf; von außen bildet sich ein schwarzer Feststoff. Nach dem Auffalten sind in der Innenseite direkt am Falz kupferfarbene Bereiche sichtbar. Ferner sind einige Bereiche schwarz gefärbt, andere matt rötlich.

Erklärung und didaktischer Kommentar

Die schwarzen Bereiche bestehen aus Kupferoxid (CuO), das durch Reaktion von Kupfer mit hinreichend Luftsauerstoff entstanden ist. Dort, wo kein Sauerstoff vordringen konnte, erfolgt keine Oxidbildung. Zwischen diesen beiden Bereichen bildet sich rotes Kupferoxid (Cu_2O), da der Sauerstoffgehalt für die Bildung von CuO nicht ausreichte. Mit diesem Versuch lassen sich die Bedingungen für die Oxidbildung – Metall, Sauerstoff, Aktivierungsenergie – thematisieren. Dieses Experiment eignet sich auch sehr gut in Klassenarbeiten zur Überprüfung der behandelten Inhalte.

Abb. 9.4 gefalteter Kupferbrief

Eine Erweiterung kann der Versuch erfahren, wenn man in einer Lehrer-demonstrationsversuch nach dem ersten Knicken einige Körnchen Kaliumnitrat in den Falz einstreut und den Kupferbrief dann weiter falzt. Beim Erhitzen wird das Kalium-nitrat unter Freisetzung von Sauerstoff zersetzt. Der entstehende Sauerstoff reagiert nun Innen mit dem Kupferblech zu Kupfer(II)-oxid, wodurch die Notwendigkeit des Sauer-stoffs für die Oxidbildung nochmals verdeutlicht werden kann.

Entsorgung

Das Blech mit der Kupferoxidschicht sollte in einem Extrabehälter für weitere Ver-suche gesammelt werden. Die Bleche lassen sich aber auch sehr leicht durch eine heiße Ascorbinsäurelösung reduzieren und wiederverwenden.

9.1.8 Magnesiumverbrennung unter Luftabschluss

Materialien und Chemikalien

Feuerfeste Unterlage	
Becherglas (600 mL)	
Gasbrenner	
Spatel	
Magnesiumspäne oder -band (⬦)	

Durchführung

- Einige Löffel Magnesiumspäne werden zu einem Kegel aufgehäuft, entzündet und mit dem Becherglas abgedeckt. Alternativ kann auch ein Knäuel Magnesiumband verwendet werden.
- Das Becherglas wird immer wieder so weit und so lange angehoben (Vorsicht: Becherglas wird heiß!), dass die Reaktion gerade am Laufen gehalten wird.
- Nachdem die Reaktion beendet ist, wird das Reaktionsprodukt untersucht, indem man den Haufen vorsichtig auseinandernimmt.

Beobachtung

Die Späne glühen langsam durch, weißer Rauch schlägt sich im Becherglas nieder. Der Kegel enthält ein Gemisch aus weißem (außen) und grünlichgelbem (innen) Pulver.

Erklärung und didaktischer Kommentar

Es ist ein Gemisch aus weißem Magnesiumoxid (außen) und grünlich-gelbem Magnesiumnitrid, Mg_3N_2, (im Inneren des Kegels) entstanden. Durch die große Reaktionswärme bei der Magnesiumverbrennung reagiert auch der Stickstoff der Luft. Hieran lässt sich die Stabilität von Stickstoff verdeutlichen. Die Anwendung von Stickstoff als Inertgas wird so angebahnt.

Entsorgung

Die Produkte werden gesammelt und von der Lehrkraft unter dem Abzug in ein großes Becherglas mit Wasser gegeben. Es bildet sich in einer heftigen Reaktion Ammoniakgas. Die alkalische Lösung sollte neutralisiert werden.

Auf keinen Fall dürfen die Feststoffreste unbehandelt in den Hausmüll gegeben werden, da Ammoniakgas freigesetzt wird, sofern Feuchtigkeit vorhanden ist.

9.2   Verbrennung von Nichtmetallen

9.2.1   Verbrennen von Ruß

Materialien und Chemikalien

Reagenzglas	
Gasbrenner	
Stativmaterial	
Kerze	

Durchführung

- Man hält das Reagenzglas so in die Kerze, dass es stark berußt und aus der Kerzen-flamme Rußschwaden aufsteigen (Abb. 9.5).
- Diese verbrennt man mit der entleuchteten Flamme des Gasbrenners.

Beobachtung

Die entleuchtete Flamme des Brenners beginnt an den Stellen gelblich zu leuchten, an denen Ruß in die Flamme gelangt. Je mehr Ruß in die Brennerflamme gelangt, desto intensiver ist der Effekt zu beobachten. Die so erhitzte Rußportion „verschwindet".

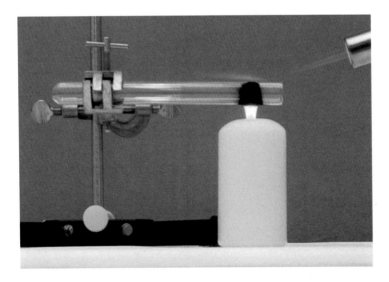

Abb. 9.5 Versuchsaufbau Verbrennen von Ruß

Erklärung und didaktischer Kommentar

Verbrennen Rußpartikel in einer Flamme, so leuchtet diese. Leuchtende Flammen, wie Kerzenflammen oder Holzfeuerflammen, enthalten demzufolge glühende Rußpartikel. Die entleuchtete Flamme des Gasbrenners leuchtet nur dann, wenn man Ruß in die Flamme einbringt. Auf die Kerzenflamme angewandt zeigt der Versuch, dass sich in der Kerzenflamme Rußpartikel befinden, welche für das Leuchten der entsprechenden Flammenzone sorgen. Hält man Gegenstände wie Glas oder Porzellan in die Flamme, setzen sich diese Kohlenstoffpartikel ab. Die Lernenden können aus diesen Beobachtungen auch schließen, dass die blasse Flamme des Gasbrenners keinen Ruß enthält und sich aus diesem Grund für das Erhitzen von Glasgeräten besser eignet als die Kerzenflamme.

Entsorgung

Entfällt.

9.2.2 Kohlestaub in der Gasbrennerflamme

Materialien und Chemikalien

Gasbrenner	
Glasrohr	
Feuerfeste Unterlage	
Kohlestaub	

Durchführung

- Mithilfe des Glasrohrs wird Kohlestaub in die entleuchtete Gasbrennerflamme geblasen.

Beobachtung

Die entleuchtete Flamme des Gasbrenners beginnt zu leuchten.

Erklärung und didaktischer Kommentar

Für das Entstehen einer leuchtenden Flamme müssen sich feine Kohlenstoffpartikel in der Flamme befinden. Dieser Versuch bestätigt die Erkenntnisse des Experiments in Abschn. 9.2.1).

Entsorgung

Kohlestaubreste können in den Hausmüll gegeben werden.

9.2.3   Reaktion verschiedener Elemente mit Sauerstoff

Materialien und Chemikalien

3 Standzylinder	
2 Petrischalen	
Glasdeckel	
Sand	
Gasbrenner	
2 Verbrennungslöffel	
Tiegelzange	
Schwefelstück (⬦)	
Kohlenstoff (Holzkohlestück)	
Eisenwolle	
Sauerstoff (⬦⬦)	

Durchführung

- Die Standzylinder werden mit Sauerstoff befüllt und abgedeckt. Ein Zylinder muss eine ca. 2 cm hohe Sandschicht enthalten zum Schutz gegen das schmelzflüssig abtropfende Oxid (Fe_3O_4) (Abb. 9.6).
- Das Schwefel- und das Holzkohlestück werden in je einen Verbrennungslöffel gegeben. Der Eisenwollebausch wird mit einer Tiegelzange gefasst.
- Holzkohle, Schwefel und Eisenwolle werden kurz durch die Gasbrennerflamme gezogen und anschließend zügig in je einen Zylinder eingeführt. Für Holzkohle und Schwefel dienen die Petrischalen als Abdeckung, für die Eisenwolle der Glasdeckel.

Beobachtung

Bei der Eisenwolle und dem Kohlestück sind ein heftiges Glühen mit Funkenbildung und Knistergeräusche wahrnehmbar. Die Eisenwolle färbt sich grau-schwarz, die Kohlestückchen zerspringen u. U. Beim Schwefel zeigt sich eine bläuliche Flamme.

Erklärung und didaktischer Kommentar

Die drei Stoffe verbrennen in reinem Sauerstoff mit heftiger Reaktion und es bilden sich die jeweiligen Oxide. Das entstandene Kohlenstoffdioxid kann durch Zugabe von Kalkwasser nachgewiesen werden. An diesem Versuch lässt sich diskutieren, warum die Verbrennung deutlich stärker verläuft als an Luft. Dies kann als Überleitung zur Analyse der Luft dienen.

Abb. 9.6 Versuchsaufbau Verbrennung verschiedener Elemente in Sauerstoff

Entsorgung

Der Sand wird gesiebt und wiederverwendet. Kohlereste und Eisenoxid können in den Hausmüll gegeben werden. Das entstehende Schwefeldioxid kann unter dem Abzug abdampfen.

9.2.4 Verbrennen von Diamanten

(Jansen et al. 1987).

Materialien und Chemikalien

Schwer schmelzbares Reaktionsrohr	
Durchbohrte Stopfen	
Glasrohr (gerade und gebogen)	
Schlauchstück	
Reagenzglas	
Stativmaterial	

Gasbrenner	
Reagenzglas (Duran®)	
Luftballon	
Stopfen	
Pasteurpipette	
Reagenzglasklammer	
Reagenzglasständer	
Glaswolle (⬦)	
Diamanten (synth. Diamantkorn, 1–2 mm)	
Sauerstoff (⬦⬦)	
Kalkwasser ($w = 0{,}02$ %, ⬦⬦)	

Durchführung – Demonstrationsexperiment

- Der Versuch wird entsprechend Abb. 9.7 aufgebaut.
- Dann wird die Luft in der Apparatur durch einen schwachen Sauerstoffstrom verdrängt.
- Verbrannt werden ca. 5 Steinchen. Erhitzt wird mit der rauschenden Gasbrennerflamme.
- Entstehendes Gas wird in ein mit Kalkwasser befülltes Reagenzglas geleitet.

Durchführung – Schülerexperiment

- 3 Diamanten werden in ein Reagenzglas (Duran®) gegeben (Abb. 9.8).
- Das Reagenzglas wird mit Sauerstoff gespült und dann mit einem Luftballon verschlossen.
- Das Reagenzglas wird mit rauschender Gasbrennerflamme erhitzt.
- Nach dem Abkühlen wird wenig Kalkwasser zugegeben, mit einem Stopfen verschlossen und geschüttelt.

Beobachtung

Die Diamanten glühen auf, werden nach und nach kleiner und verschwinden ggf. sogar ganz. Das Kalkwasser, in das das Produktgas eingeleitet wurde, trübt sich.

Erklärung und didaktischer Kommentar

Diamanten entzünden sich oberhalb von 620°C und verbrennen unter Bildung von Kohlenstoffdioxid (positive Kalkwasserprobe). Trotz exothermen Reaktionsverlaufs ist aber weiteres Erhitzen erforderlich. Dieses eindrucksvolle Experiment widerspricht den Erfahrungen der Lernenden, da diese aufgrund der großen Härte von Diamanten ihre

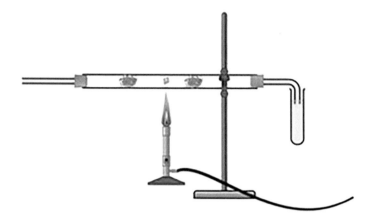

Abb. 9.7 Versuchsaufbau für das Verbrennen von Diamanten im Demonstrationsexperiment

Abb. 9.8 Versuchsaufbau für
das Verbrennen von Diamanten
im Schülerexperiment

Unzerstörbarkeit annehmen. Gestützt wird diese Ansicht durch Werbeaussagen wie „ein
Diamant ist unvergänglich". Das Experiment stellt daher einen motivierenden Zugang
zum Thema Verbrennung und zum Kohlenstoffkreislauf dar.

Entsorgung
Das Kalkwasser kann in den Ausguss gegeben werden. Noch größere Diamantenreste
lassen sich wiederverwerten.

9.3   Experimente mit Kerzen

(Berg 2005).

9.3.1   Kerzenflamme und Flammenzonen

Materialien und Chemikalien

Kerze	
Streichhölzer	
Holzspäne	
Tiegelzange	
Porzellanschale	
Glasrohr (10 cm lang, Durchmesser ca. 0,5 cm)	
Gitternetz aus Kupfer	
Erlenmeyerkolben (150 mL)	
Tropfpipette	
Kalkwasser ($w = 0{,}02$ %, ◈⟨!⟩)	

Durchführung Teil A

- Die Kerze wird entzündet, die Flamme wird ca. 3 min beobachtet und anschließend skizziert.
- Die Flamme wird ausgeblasen und wiederum ca. 1 min beobachtet.

Durchführung Teil B

- Dünne Holzstäbchen werden mit ihren Mitten einen Augenblick in verschiedene Höhen in die Flamme gehalten.
- Ein Streichholzkopf wird kurz in die dunkle Zone der Flamme gehalten. Dann wird er kurz in die Spitze der Flamme gehalten.

Durchführung Teil C

- Die Porzellanschale wird in die verschiedenen Flammenzonen gehalten. Die Rußbildung wird beobachtet.
- Anstelle der Porzellanschale hält man das Kupfernetz in die verschiedenen Flammenzonen.

Durchführung Teil D

- Der Erlenmeyerkolben wird für zwei bis drei Sekunden mit der Öffnung nach unten über die Kerzenflamme gehalten (etwa 1 cm Abstand zur Flamme).
- In den Erlenmeyerkolben werden 5 Tropfen Kalkwasser getropft und geschwenkt.

Durchführung Teil E

- Ein Glasröhrchen wird mit der Tiegelzange in den dunklen Kern der Kerzenflamme gehalten. Man versucht die durch das Röhrchen strömenden Dämpfe zu entzünden.

Beobachtung

Zu A: Beim Entzünden der Kerze wird zunächst das Wachs im Docht flüssig, der Docht färbt sich schwarz. Dann entsteht eine Kerzenflamme, in der mehrere Flammenzonen erkennbar sind. Direkt um den Docht ist die Flamme bläulich, weiter außen gelborange. Nach dem Ausblasen der Flamme erkennt man einen weißen Rauch und der Docht glüht eine Zeit lang nach. Das flüssige Wachs erstarrt.

Zu B: Es bildet sich je nach Flammenzone ein charakteristisches Muster. Wird der Holzstab an die Spitze der Flamme gehalten, färbt sich das Holzstäbchen an einem Punkt sehr schnell schwarz und es entzündet sich sogar. Der Streichholzkopf entzündet sich sehr schnell in dieser Flammenzone. Wird das Holzstäbchen in die Höhe des Dochtes gehalten, zeigen sich an den Rändern der Flamme schwarze Stellen auf dem Holz, die Mitte des Stäbchens verändert sich nicht. Ein in diese Flammenzone gehaltenes Streichholz entzündet sich nicht bzw. erst nach deutlich längerer Zeit, als wenn es in die Flammenspitze gehalten wird.

Zu C: Auf der Porzellanschale setzt sich ein schwarzer Belag ab, wenn die Schale in die gelborange Flammenzone gehalten wird.

Zu D: Der Erlenmeyerkolben beschlägt an den kälteren Stellen des Kolbens. Das zugegebene klare Kalkwasser trübt sich.

Zu E: Strömen weißliche Dämpfe durch das Glasrohr, lassen sich diese entzünden; schwarze Dämpfe lassen sich hingegen nicht entzünden.

Erklärung und didaktischer Kommentar

Zu A: Beim Entzünden der Kerze muss zunächst Wärmeenergie zugeführt werden, um das feste Wachs zu schmelzen und am Docht zu verdampfen. Der Brennstoff (gasförmiges Wachs) kann sich erst dann entzünden. Danach brennt die Kerze von alleine weiter, da durch die frei werdende Reaktionsenergie weiteres Wachs schmilzt und verdampft. Die Flammenzonen entstehen durch die unterschiedlichen Verbrennungsbedingungen. In der blauen Zone ist die Verbrennung unvollständig und es steigen Rußpartikel nach oben. Diese verbrennen unter Leuchterscheinung in der gelben und der gelborangen Zone, da hier mehr Sauerstoff für die Verbrennung bereitsteht. Diese Flammenzonen sind demzufolge heißer als die blaue Zone. Beim Auspusten der Kerze wird die Flamme abgekühlt und erlischt. Der noch vorhandene Wachsdampf kondensiert und es entsteht die bekannte Aerosolfahne.

Dieser erste Versuch ist gut geeignet, um weiterführende Fragestellungen zu entwickeln. Die Lernenden können z. B. danach fragen, ob die Flammenzonen unterschiedlich heiß sind oder was das Leuchten bewirkt.

Zu B: Mit diesem Versuchsteil lassen sich qualitativ die Temperaturunterschiede zwischen den Flammenzonen untersuchen. Dort, wo die Flamme heißer ist, brennt das Holzstäbchen schnell an bzw. der Streichholzkopf entzündet sich. Sofern ein Temperaturfühler vorhanden ist, lassen sich die Temperaturen der Flammenzonen messen.

Zu C: Der schwarze Belag ist Ruß. Hier kann gezeigt werden, dass der Ruß an der Spitze des Dochtes freigesetzt wird.

Zu D: Mit diesem Versuchsteil können die Verbrennungsprodukte Wasserdampf (Beschlag) und Kohlenstoffdioxid (Kalkwasserprobe) nachgewiesen werden. Ferner lässt sich ableiten, dass Kerzenwachs eine Kohlenwasserstoffverbindung ist.

Zu E: Dieser Versuch zeigt, dass die weißen Wachsdämpfe, die vom Docht aufsteigen, der Brennstoff sind. Die schwarzen Dämpfe bestehen vornehmlich aus Ruß. Hier reicht die durch das Feuerzeug zugeführte Wärme nicht aus, um den Rauch zu entzünden.

Entsorgung

Kalkwasser kann in den Ausguss gegeben werden. Der Rest darf in den Hausmüll entsorgt werden.

9.3.2 Der Kerzendocht

In diesem Versuch werden die Substanzen aus der Flamme einer brennenden Kerze abgeleitet und auf ihre Brennbarkeit geprüft.

Materialien und Chemikalien

Laborhebebühne	
2 Bechergläser (100 mL, hohe Form)	
Schräg gewinkeltes Glasrohr	
Gerader Glasrohrabschnitt	
Kerze	
Stativmaterial	
Dicker Baumwollfaden	
Tiegelzange	
Glimmspan	
Sonnenblumenöl	

Durchführung A

- Die Kerze wird auf den Laborboy gestellt.
- Über der Kerze wird das gewinkelte Glasrohr so befestigt, dass entstehende Gase in das Rohr strömen.
- Unter das andere Ende des Rohres wird ein Becherglas zum Auffangen der Gase gestellt (Abb. 9.9).
- In das Becherglas wird ein brennender Holzspan gehalten.

Beobachtung

Nach dem Entzünden der Kerze füllt sich das Becherglas mit weißem Nebel. Dieser lässt sich entzünden.

Durchführung B

- Mithilfe der Tiegelzange wird danach das eine Ende des Glasrohres direkt über das Dochtende der brennenden Kerze gehalten.
- Ein brennendes Streichholz wird an das andere Ende des Glasrohres gehalten.

Beobachtung

Durch das Glasrohr steigt ein weißes Aerosol auf; dieses lässt sich entzünden. An der der Flamme zugewandten Seite setzt sich ein schwarzer Feststoff ab.

Abb. 9.9 Versuchsaufbau Der Kerzendocht

Durchführung C

- Ein kleines Becherglas wird mit Speiseöl befüllt.
- Der Baumwollfaden wird am oberen Ende mit der Tiegelzange gehalten, das untere Ende taucht in das Öl.
- An das obere Ende des Fadens wird ein brennendes Streichholz geführt.

Beobachtung

Das Öl steigt im Baumwollfaden hoch. Sobald das Öl das obere Ende des Fadens erreicht hat, lässt sich das Öl an der Spitze des Fadens entzünden. Dabei wird der Baumwollfaden schwarz.

Erklärung und didaktischer Kommentar

Zu A, B: Das im Docht aufsteigende flüssige Wachs verdampft bei den an der Dochtspitze herrschenden Temperaturen von etwa 700°C und wird teilweise gecrackt. Hält man nun das Glasrohr an die Dochtspitze, werden Wachsdampf und Crackprodukte als weißes Aerosol abgeleitet. Am Ende des Rohres kommt das Aerosol wieder mit Sauerstoff in Berührung. Es entzündet sich jedoch nicht von alleine, da das Aerosol auf eine Temperatur unterhalb der Entzündungstemperatur abgekühlt ist. Erst durch einen Holzspan wird die nötige Aktivierungsenergie aufgebracht. Dieser Versuch verdeutlicht, dass gasförmiges Wachs den eigentlichen Brennstoff in einer Kerzenflamme darstellt.

Zu C: Mit diesem Versuch lässt sich die Funktion des Dochtes zeigen: Das Öl durchtränkt den Baumwollfaden und steigt in ihm hoch. Dies erfolgt in einer Kerze auch mit dem flüssigen Wachs.

Entsorgung

Die Reste können in den Hausmüll gegeben werden. Das Öl lässt sich für andere Experimente verwerten. Glasrohrabschnitte können ebenfalls wiederverwertet werden; eine Reinigung erübrigt sich.

9.3.3 Die springende Kerzenflamme

Materialien und Chemikalien

Kerze	
Becherglas (Größe abhängig von der Größe der Kerze)	
Streichhölzer	

Durchführung

- Die Kerze wird entzündet. Nach dem Entzünden der Kerze wird ca. 2 min gewartet, damit eine stabile Flamme entsteht.
- Das Becherglas wird über die Kerzenflamme gestülpt, sodass sie erlischt. Dann wird das Becherglas nach oben bewegt, damit eine Aerosolfahne entstehen kann. Alternativ kann die Kerze auch einfach ausgeblasen werden. Dies führt jedoch zu Konvektionen und damit zu einer nicht so schönen Aerosolfahne.
- Sofort wird ein brennendes Streichholz an die Aerosolfahne gehalten.

Beobachtung

Nach dem Erlöschen der Flamme bildet sich ein weißes Aerosol, das nach oben steigt. Das Aerosol lässt sich entzünden und die Kerzenflamme „springt" über, sodass der Docht wieder Feuer fängt.

Erklärung und didaktischer Kommentar

Vgl. Abschn. 9.3.2. Die Aerosolfahne enthält Wachsdampf und Crackprodukte als Brennstoffe. An diesem für die Lernenden sehr eindrucksvollen Versuch können die Bedingungen der Verbrennung sehr gut verdeutlicht werden (Brennstoff, Entzündungstemperatur, Luftsauerstoff). Das „Springen" der Kerzenflamme auf den Docht hin kann zudem problematisiert werden. Es empfiehlt sich in der Auswertung des Versuchs, eine Zeitlupenaufnahme heranzuziehen. Diese kann mithilfe von Smartphones durch die Lernenden selbst angefertigt werden. Die Betrachtung der Einzelbilder zeigt, dass die Flamme nicht „springt", sondern entlang der Aerosolfahne „wandert" (Sieve et al. 2015) (Abb. 9.10).

Eine Variante des Experiments ist das Doppelkerzenexperiment: Zwei lange Kerzen (z. B. für den Weihnachtsbaumschmuck) werden so nebeneinander gestellt, dass sie sich auf ganzer Länge berühren. Diese Doppelkerze wird nun auf einer feuerfesten Unterlage befestigt. Beide Kerzen werden entzündet und man lässt die Kerzen für etwa eine Minute brennen. Dann bläst man mit einem Trinkhalm eine der beiden Flammen aus. Nach kurzer Zeit entzündet die Flamme der noch brennenden Kerze die Aerosolfahne der gerade erloschenen Kerze und es entsteht wieder eine Doppelflamme.

Entsorgung

Die Reste können in den Hausmüll gegeben werden.

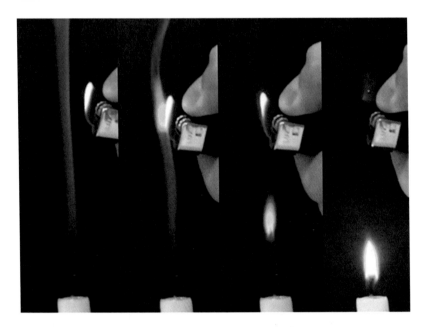

Abb. 9.10   „Wandern" der Flamme unter Verzehren der Aerosolfahne

9.3.4   Warum leuchtet die Kerzenflamme?

Materialien und Chemikalien

Kerze	
Streichhölzer	
Porzellanschale	
Tiegelzange	
Glasrohr	
Kohlepulver	

Durchführung

- Die Kerze wird entzündet.
- In einem Abstand von etwa 1 cm über der Flamme wird mit der Tiegelzange eine Porzellanschale gehalten.
- Mithilfe des Glasrohrs wird eine Spatelspitze Kohlepulver in die Kerzenflamme geblasen.

Beobachtung

Es setzt sich ein schwarzer Belag an der Porzellanschale ab. Bläst man Kohlepulver in die Kerzenflamme, entsteht eine leuchtende Stichflamme.

Erklärung und didaktischer Kommentar

Der Belag auf der Porzellanschale ist Ruß aus der unvollständigen Verbrennung von Wachs. In der leuchtenden Flammenzone verbrennt ein Teil des gebildeten Rußes mit gelber Flamme. Dies bestätigt sich, wenn man weiteres Kohlepulver in die Flamme bläst. Damit kann verdeutlicht werden, dass es sich beim Ruß um nicht verbranntem Kohlenstoff handelt (vgl. Abschn. 9.2.1).

Entsorgung

Die Porzellanschale kann einfach gereinigt werden, indem der Ruß in der rauschenden Brennerflamme (Oxidationsflamme) verbrannt wird. Die Glasrohre können für das Experiment wiederverwendet werden. Eine Reinigung entfällt somit.

9.3.5 Brenndauer von Kerzen

Materialien und Chemikalien

2 Bechergläser (100 mL, 600 mL)	
2 Teelichte	
Streichhölzer	

Durchführung

- Beide Teelichte werden entzündet und anschließend die Bechergläser darübergestülpt (Abb. 9.11).

Beobachtung

Nach kurzer Zeit erlischt das Teelicht unter dem kleineren Becherglas. Etwas später erlischt dann auch das Teelicht unter dem größeren Becherglas.

Erklärung und didaktischer Kommentar

Beim Verbrennen von Kerzenwachs wird Sauerstoff verbraucht und es entsteht u. a. Kohlenstoffdioxid. Sinkt der Sauerstoffgehalt der Luft im Becherglas unter eine bestimmte Grenze, erlischt die Flamme. Diese Grenze liegt bei etwa 16 % Sauerstoffgehalt; die Aussage, dass der Sauerstoff komplett verbraucht sei, ist demnach sachlich falsch.

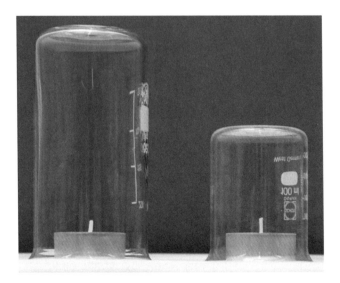

Abb. 9.11 Versuchsaufbau Brenndauer von Kerzen

Im großen Becherglas steht ein größeres Luftvolumen zur Verfügung und somit auch mehr Sauerstoff; die Verbrennung wird länger unterhalten. Erst nach Belüften der Bechergläser kann man die Reaktion erneut starten. Den Lernenden wird in diesem Versuch verdeutlicht, dass nicht nur die Masse an Brennstoff, sondern auch das Luftvolumen Einfluss auf die Brenndauer hat.

Entsorgung
Entfällt.

9.3.6   Der chemische Flammenwerfer

(Wiechoczek 2015).

Materialien und Chemikalien

Reagenzglas (dünn, mit Bördelrand)	
Reagenzglasklammer	
Gasbrenner	
Wachsstücke	
Becherglas (1 L, weite Form) mit Eiswasser	

Durchführung

- Ein Reagenzglas wird 2–3 cm hoch mit Wachsstücken gefüllt.
- Das Reagenzglas wird über einer Gasbrennerflamme erhitzt und das Wachs zum Schmelzen gebracht.
- Das Wachs sollte sieden und sich gelblich verfärben.
- Das Reagenzglas wird 2–3 cm tief schräg in Eiswasser getaucht (Abb. 9.12).

Beobachtung

Beim Eintauchen des Reagenzglases schießt ein weißes Aerosol aus dem Reagenzglas. Dieses entzündet sich von selbst und es entsteht ein beeindruckender Flammenball.

Erklärung und didaktischer Kommentar

Beim Erhitzen von Wachs auf etwa 400°C kommt es neben der Aggregatzustandsänderung zur Pyrolyse bzw. zum Cracken der langkettigen Kohlenwasserstoffe. Es bilden sich u. a. Wasserstoff- und Alkylradikale, die sich im heißen Wachs anreichern. Im Reagenzglas bilden sich beim Abschrecken im kalten Wasser Spannungen aus, die es zum Springen bringen. Durch die entstandenen Risse dringt Wasser ein, das bei den Temperaturen schlagartig verdampft und ein etwa 3000-faches Volumen einnimmt.

Abb. 9.12 Der chemische
Flammenwerfer

Der Wasserdampf treibt das geschmolzene Wachs aus dem Reagenzglas und zerstäubt es sehr fein. Dabei kommt es zur Selbstentzündung, da die Zündtemperatur überschritten ist und der Zerteilungsgrad zudem sehr hoch ist. An diesem Versuch kann man sehr gut das Prinzip der Oberflächenvergrößerung durch Erhöhung des Zerteilungsgrades verdeutlichen. Der Bezug zu Mehlstaubexplosionen lässt sich herstellen.

Entsorgung
Das Reagenzglas wird in den Glasmüll gegeben; Wachsreste kommen in den Hausmüll.

9.4 Luft und Sauerstoff bei der Verbrennung

9.4.1 Analyse der Luft im Kolbenprober

Materialien und Chemikalien

2 Kolbenprober (Alternative: 2 Kunststoffspritzen (60 mL, LuerLock)	
Verbrennungsrohr (Quarzglas, ca. 25 cm)	
Dreiwegehahn	
Kleiner Standzylinder und Deckglas	
Gebogenes Glasrohr/Schlauch	
Gasbrenner	
Becherglas (150 mL)	
Pinzette	
Uhrglas	
Glimmspan	
Eisenwolle	
Aceton (⬦⬦ ⚠)	

Durchführung

- Zur Vorbereitung wird ein Bausch Eisenwolle unter dem Abzug in Aceton entfettet und zum Trocknen auf ein Uhrglas gelegt. Dies ist nötig, um genauere Messergebnisse zu erhalten.
- Die Apparatur wird entsprechend der Abb. 9.13 zusammengesetzt. Sie muss auf alle Fälle gasdicht sein, das Rohr sollte fast vollständig mit Eisenwolle gefüllt sein.

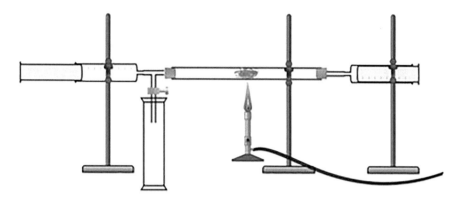

Abb. 9.13 Analyse der Luft im Kolbenprober

- Ein Kolbenprober wird mit 100 mL Luft gefüllt – bei der Verwendung von Kunst-stoffspritzen sollten 50 mL Luft eingefüllt werden –, das Eisen kräftig erhitzt und dabei die Luft eine Zeit lang langsam hin- und her bewegt.
- Nach dem Abkühlen wird das Volumen des übrig gebliebenen Gases abgelesen. Dieses Restgas wird pneumatisch in den Standzylinder überführt und die Glimmspanprobe durchgeführt.

Beobachtung

Die Eisenwolle wird schwarz, das Gasvolumen nimmt ab und beträgt nach dem Abkühlen etwa 80 mL (40 mL bei Nutzung von Kunststoffspritzen). Für eine genauere quantitative Betrachtung muss das Volumen des Verbrennungsrohrs mit berücksichtigt werden.

Das Eisen reagiert mit dem Sauerstoff der Luft unter Bildung von schwarzem Eisen-oxid (FeO). Da das Eisenoxid als Feststoff ein kaum messbares Volumen beansprucht, zeigt die Volumendifferenz direkt den Sauerstoffanteil der Luft an. Das Restgas ist vor-wiegend Stickstoff. Beim Versuch ist darauf zu achten, dass man einen hinreichend großen Eisenwollebausch verwendet (etwa ¼ der Länge des Verbrennungsrohres), damit der Sauerstoffanteil der Luft möglichst vollständig reagiert. Nimmt man zu wenig Eisen-wolle, erhält man nicht aussagekräftige Messwerte.

Im Unterricht lässt sich an dieser Stelle gut die Stoffbezeichnung „Stickstoff" als erstickendes Gas einführen, wenn man mit dem Restgas z. B. eine Kerze löscht.

Entsorgung

Die Eisenwolle kann in den Hausmüll gegeben werden; Reste von Aceton lassen sich unter dem Abzug abdampfen.

9.4.2   Untersuchung von Luft

(Wiederholt et al. 1989).

Materialien und Chemikalien

Reagenzglas	
Kristallisierschale	
Becherglas	
Folienstift	
Stoppuhr	
Eisenwolle	
Essigsäure ($c = 0{,}25$ mol/L)	
Wasser	

Durchführung

- 1 g Eisenwolle wird abgewogen und zu einem ca. 5 cm langen Pfropfen geformt.
- Die Eisenwolle wird für ca. 1 min in ein Becherglas mit Essigsäure getaucht, anschließend grob ausgedrückt und mithilfe eines Glasstabes in das an einem Stativ befestigte Reagenzglas geschoben.
- Das Reagenzglas wird kopfüber in die mit Wasser gefüllte Kristallisierschale gestellt. (Der Vorgang vom Befeuchten der Eisenwolle bis zum Starten der Uhr muss so schnell wie möglich erfolgen! Die Eisenwolle darf nicht vom aufsteigenden Wasser erreicht werden.)
- Die Höhe der Wassersäule wird mit einem Folienschreiber markiert, die Stoppuhr wird gestartet.
- Im Abstand von 1 min wird die Höhe der Wassersäule gekennzeichnet, bis keine Veränderung mehr festzustellen ist.
- Anschließend werden Vergleichsversuche mit trockener Eisenwolle und mit wasserfeuchter Eisenwolle durchgeführt.

Beobachtung

Der Wasserstand im Reagenzglas erhöht sich innerhalb von etwa 15 min auf gut $^1/_5$ der Reagenzglaslänge. Bei angefeuchteter Eisenwolle ist die Zeitspanne bis zum Erreichen desselben Wasserstandes deutlich höher (30 bis 45 min). Im Ansatz mit der trockenen Eisenwolle ist keine vergleichbare Beobachtung zu machen.

Erklärung und didaktischer Kommentar

Die durch Essigsäure vorbehandelte Eisenwolle (Entfernung etwaiger Oxidschichten) reagiert vergleichsweise schnell mit dem Sauerstoff der Luft zu braunem Eisenoxidhydroxid (FeOOH). Ebenso die angefeuchtete Eisenwolle. Die Bildung brauner Stellen ist jedoch erst nach etwa ein bis zwei Stunden zu erkennen, weshalb es sich empfiehlt, die Ansätze bis zur nächsten Chemiestunde aufzubewahren. Die trockene Eisenwolle reagiert nicht in der vergleichbaren Geschwindigkeit. Hier zeigt sich jedoch nach ein bis zwei Tagen, dass sich auch hier der Wasserstand erhöht hat.

Der Versuch kann einmal eingesetzt werden, um die Bedingungen des Rostvorgangs zu thematisieren (Luftsauerstoff, Feuchtigkeit, gelöste Salze). Ferner stellt der Versuch auch eine schülerorientierte Alternative zur Bestimmung des Sauerstoffgehalts der Luft dar, wenn man die Höhen der Wasserstände mit der Länge des Reagenzglases in Relation setzt.

Entsorgung

Die Essigsäure kann in den Ausguss gegossen werden; Eisenwolle gibt man in den Hausmüll.

9.4.3 Darstellung und Untersuchung von Sauerstoff

Materialien und Chemikalien

Reagenzglas mit seitlichem Ansatz	
Schlauch, Gasableitungsrohr	
Pneumatische Wanne	
Stopfen mit Kanüle und Einwegspritze (5 mL)	
Pinzette	
Gasbrenner	
Glimmspan	
Mangandioxid (Braunstein, ⬦⚠)	
Wasserstoffperoxid ($w = 3\,\%$)	
Holzkohle	
Kalkwasser ($w = 0{,}02\,\%$, ⬦⚠)	
Wasser	

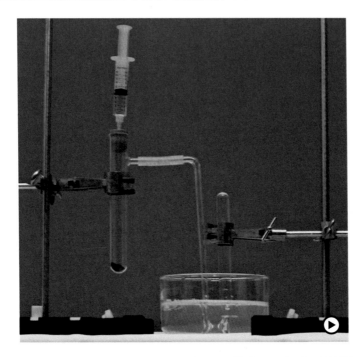

Abb. 9.14 Darstellung und Untersuchung von Sauerstoff. Das mit der Abbildung verlinkte Video zeigt den Aufbau einer einfachen Apparatur zum pneumatischen Auffangen von Gasen (▸ https://doi.org/10.1007/000-333)

Durchführung

- Die Apparatur wird nach Abb. 9.14 aufgebaut. Dieser Abbildung ist ein Video hinterlegt, welches eine einfache Apparatur zum pneumatischen Auffangen von Gasen zeigt.
- Mit der Einwegspritze wird nach und nach Wasserstoffperoxid zu einer Spatelspitze Braunstein gegeben.
- Das entstehende Gas wird mit zwei Reagenzgläsern aufgefangen. Die Reagenzgläser werden unter Wasser verschlossen. (Lässt die Gasentwicklung nach, muss weiteres Wasserstoffperoxid zugegeben werden.)
- In das erste Reagenzglas wird ein Glimmspan eingeführt.
- Ein Stück Holzkohle wird entzündet und in das zweite Reagenzglas gegeben. Nach Ende der Reaktion werden ca. 2 mL Kalkwasser zugefügt, das Reagenzglas mit einem Stopfen verschlossen und geschüttelt.

Beobachtung

Sobald man Wasserstoffperoxid auf Braunstein tropft, setzt eine lebhafte Gasentwicklung ein. Das Gas entzündet einen glimmenden Holzspan; das schwach glühende Kohlestück glüht in dem Gas stark auf. Zugesetztes Kalkwasser trübt sich weißlich.

Erklärung und didaktischer Kommentar

Mangandioxid katalysiert die Zersetzung von Wasserstoffperoxid in Wasser und Sauerstoff. Der Sauerstoff lässt sich mit der Glimmspanprobe nachweisen. Ein Aufflammen des Spans sowie das helle Glühen der Kohle zeigt die brandfördernde Wirkung von Sauerstoff an. Bei der Reaktion von Kohle mit Sauerstoff entsteht Kohlenstoffdioxid (positive Kalkwasserprobe). Mit diesem Versuch lässt sich eine einfache Methode zur Herstellung von Sauerstoff im Labor zeigen. Ebenfalls lässt sich diskutieren, warum der Holzspan an Luft nur so schwach glimmt bzw. das Kohlestück nur schwach glüht.

Entsorgung

Der Ansatz wird filtriert und das Filtrat getrocknet in den Behälter für anorganische Feststoffe gegeben.

9.4.4 Salpeter als Sauerstoffspender

Materialien und Chemikalien

Reagenzgläser	
Rundkolben (100 mL, langhalsig)	
Pinzette	
Stativmaterial	
Waage & Wägeschälchen	
Spatel	
Kaliumnitrat (⬦)	
Aktivkohle	

Durchführung – Lehrerversuch

- Ca. 20–30 g Kaliumnitrat werden in einem Rundkolben an einem Stativ bis zur lebhaften Gasentwicklung erhitzt.
- Nach und nach werden 2–3 Stücke Aktivkohle dazu gegeben.

Durchführung – Schülerversuch

- Ca. 1 g Kaliumnitrat wird in einem Reagenzglas so hoch erhitzt, dass eine lebhafte Gasentwicklung erfolgt.
- 1 Körnchen Aktivkohle wird auf die Schmelze gegeben.

Beobachtung

In der Kaliumnitratschmelze steigen Gasblasen auf. Die zugegebenen Aktivkohlestück-chen entzünden sich auf der Schmelze und „tanzen" auf ihr herum. Die Aktivkohlestück-chen werden dabei kleiner.

Erklärung und didaktischer Kommentar

Kaliumnitrat lässt sich thermisch in Kaliumnitrit und Sauerstoff zerlegen. Vereinfacht gilt: $2\,KNO_3\,(l) \rightarrow 2\,KNO_2\,(l) + O_2\,(g)$

Der frei werdende Sauerstoff reagiert mit der zugesetzten Aktivkohle und es entsteht in einer exothermen Reaktion Kohlenstoffdioxid. Dieser Versuch ist geeignet, um die Begriffe Sauerstoffdonator (Oxidationsmittel) und Sauerstoffabgabereaktion (Oxidzer-legung, Reduktion) zu verdeutlichen. Vergleichbar lässt sich auch aus Kaliumpermanganat oder Kaliumchlorat thermolytisch Sauerstoff freisetzen (Abschn. 9.4.5 und 9.4.6).

Entsorgung

Das entstandene Kaliumnitrit ist selbst noch brandfördernd, giftig für Wasserorganismen und für Menschen bei oraler Aufnahme. Geringe Mengen können in das Gefäß für anorganische saure und alkalische Lösungen gegeben werden. Größere Mengen (Demonstrationsversuch) sollten mit wässriger Kaliumpermanganatlösung zu Nitraten oxidiert werden. Die Lösung kann dann filtriert werden. Das Filtrat kann wie oben beschrieben entsorgt werden, der Rückstand wird im Gefäß für schwermetallhaltige Lösungen gesammelt.

9.4.5   Kaliumpermanganat als Sauerstoffspender

Materialien und Chemikalien

2 Reagenzgläser	
Reagenzglasständer	
Reagenzglaszange	
Glimmspan	
Pinzette	
Gasbrenner	
Kaliumpermanganat (⬦⬦⬦)	
Aktivkohle	
Natronlauge (verd., ⬦)	
Wasser	

Durchführung

- Drei Kristalle Kaliumpermanganat werden in einem trockenen Reagenzglas erhitzt.
- Anschließend wird mit einem glimmenden Span geprüft.
- Ein Teil des Rückstands wird in Wasser gegeben, das mit 1 mL Natronlauge alkalisch gemacht wurde.

Beobachtung

Beim Erhitzen zerspringen die Kaliumpermanganat-Kristalle. Die basische Lösung zeigt eine tiefgrüne Färbung.

Erklärung und didaktischer Kommentar

Kaliumpermanganat zerfällt oberhalb von 240°C unter Bildung von Sauerstoff zu Kaliumoxid und Braunstein. Vereinfacht gilt: $4\,KMnO_4(s) \rightarrow 2\,K_2O(s) + 4\,MnO_2(s) + 3\,O_2(g)$.

Zusätzlich entstehen Manganverbindungen anderer Oxidationsstufen (z. B. Manganate; MnO_4^{2-}-Ionen). Diese sind im alkalischen Medium stabil und anhand ihrer grünen Farbe erkennbar. Zur didaktischen Einbindung vgl. Abschn. 9.4.4.

Entsorgung

Der feste Rückstand kann in den Behälter für anorganische Feststoffe gegeben werden. Die schwermetallhaltigen Lösungen werden neutralisiert und in den Behälter für schwermetallhaltige Abfälle entsorgt.

9.4.6 Gummibärchenhölle

(Brandl 1995; Wich 2001–2018).

Materialien und Chemikalien

Schaureagenzglas (Duran®)	
Stativmaterial	
Blechbüchse mit Löschsand	
Gasbrenner	
Pinzette	
Kaliumchlorat (⬦⬦⬦)	
Gummibärchen	

Durchführung

- Das Reagenzglas wird über der Blechbüchse mit dem Löschsand eingespannt.
- 10 g Kaliumchlorat werden eingefüllt und mit dem Gasbrenner geschmolzen.
- In die Schmelze wird mit der Pinzette ein Gummibärchen gegeben.

Beobachtung

Die Reaktion beginnt sofort. Das Gummibärchen verbrennt unter intensivem Aufglühen, tanzt auf der Salzschmelze und erzeugt ein Geräusch (Brummen, Rauschen) (Abb. 9.15). Die Temperatur des Kaliumchlorat-Zucker-Gemisches steigert sich schließlich bis zur Weißglut mit violetten Flammenbereichen, wobei auch größere Mengen eines weißen Rauches freigesetzt werden.

Erklärung und didaktischer Kommentar

Unter den Temperaturen der Kaliumchlorat-Schmelze (über 356°C) wird Wasser aus der Gummibärchenmasse freigesetzt und reagiert mit Kaliumchlorat zu Chlorsäure. Außerdem disproportioniert Kaliumchlorat ab 400°C zu Kaliumchlorid (weißer

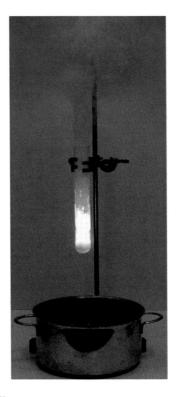

Abb. 9.15 Gummibärchenhölle

Rauch) und Kaliumperchlorat, welches dann zu Sauerstoff und Kaliumchlorid zerfällt. Bei der Verbrennung von Zucker und Gelatine im Gummibärchen werden unter Feuererscheinung Kohlenstoffdioxid und Wasserdampf frei. Das Brummen und Rauschen entsteht durch die bei der Verbrennung entstehenden Gase, die das Bärchen immer wieder mit sich reißen. Vereinfacht lässt sich die Reaktion wie folgt beschreiben: $4\,KClO_3(l) + C_6H_{12}O_6(l) \rightarrow 6\,H_2O(g) + 6\,CO_2(g) + 4\,KCl(s)$.

Zur didaktischen Einbindung dieses bei Lernenden sehr beliebten Versuchs vgl. Abschn. 9.4.4. Alternativ kann das Experiment auch mit Aktivkohlestückchen oder auch mit anderen Süßigkeiten (schokolierte Nüsse, Schokolade mit Zuckerüberzug) durchgeführt werden. Indirekt lässt sich dabei der große Brennwert von Süßwaren sehr eindrucksvoll verdeutlichen.

Wie schon bei anderen Verbrennungsversuchen empfiehlt sich das Aufzeichnen des Vorgangs in Zeitlupe (Sieve 2020; Sieve et al. 2015).

Entsorgung

Der Rückstand kann aus dem Reagenzglas gekratzt und in den Hausmüll gegeben werden. Das Reagenzglas lässt sich gut reinigen und muss nicht verworfen werden.

9.5 Experimente mit Oxi-Reinigern

(Zucht et al. 2004; Rossow und Flint 2007, 2016).

Vorbemerkungen

Experimente mit Oxi-Reinigern sind im Chemieunterricht sehr beliebt und wertig. Allerdings lassen sich gute Ergebnisse nicht mit allen handelsüblichen Produkten erzielen, da beispielsweise der Anteil des Natriumcarbonat-Peroxohydrats zu gering ist und die zugegebene Tensidmenge zu groß ist (Letzteres ist am Schwarzwerden des Pulvers und der starken Rauchentwicklung beim Erhitzen erkennbar). Zudem ändern die Hersteller gelegentlich die Rezeptur, sodass es sein kann, dass die Experimente mit der neuen Rezeptur keine brauchbaren Ergebnisse mehr liefern. Daher ist es unbedingt nötig, den zur Verfügung stehenden Reiniger vor dem Einsatz im Unterricht zu prüfen. Empfehlungen für geeignete Produkte finden sich unter (Zucht et al. 2004; Rossow und Flint 2007, 2016). Die nachfolgenden Versuche wurden mit *Heitmann Reine Sauerstoffbleiche* durchgeführt. Man kann jedoch auch versuchen, den vorhandenen Oxi-Reiniger mit einem Teesieb zu sieben, um das grobkörnige Natriumcarbonat-Peroxohydrat von den meist feinkörnigen übrigen Bestandteilen zu trennen.

9.5.1   Nachweis von freigesetztem Sauerstoff

Materialien und Chemikalien

Reagenzglas	
Reagenzglasklammer	
Gasbrenner	
Glaswolle (⬦)	
Glimmspan	
Oxi-Reiniger (⚠)	

Durchführung

- Ca. 1 g des Reinigers wird in ein Reagenzglas gegeben.
- Das Reagenzglas wird mit einem Bausch Glaswolle verschlossen und erhitzt.
- Nach kurzer Zeit wird ein glühender Glimmspan hineingehalten.

Beobachtung

Der Glimmspan flammt auf.

Erklärung und didaktischer Kommentar

Durch das Erhitzen wird durch die Thermolyse des Natriumcarbonat-Peroxohydrats, einem Addukt aus Natriumcarbonat und Wasserstoffperoxid ($2\,Na_2CO_3 \cdot 3\,H_2O_2$), aus dem Oxi-Reiniger Sauerstoff freigesetzt, der durch das Aufflammen des Glimmspans nachgewiesen wird. Oxi-Reiniger können in Reagenzglasversuchen als Sauerstoff-donator genutzt werden. Oxidzerlegungsreaktion (Reduktion) und Oxidbildungsreaktion können so in einem Reagenzglas durchgeführt werden. Es empfiehlt sich dabei, den Oxi-Reiniger durch Glaswolle von dem zu oxidierenden Stoff zu trennen.

Entsorgung

Glaswolle kann wiederverwendet werden. Die übrigen Reste dürfen in den Hausmüll gegeben werden.

9.5.2 Verbrennung von Holzkohle mit Oxi-Reiniger

Materialien und Chemikalien

Reagenzglas	
Stativmaterial	
Gasbrenner	
Glaswolle (⬥)	
Oxi-Reiniger (⬦)	
Holzkohle	

Durchführung

- In ein schräg eingespanntes Reagenzglas gibt man etwa 1 cm hoch Oxi-Reiniger, mit einem Abstand von etwa 6 cm darüber einen lockeren Bausch Glaswolle und darauf ein Stückchen Holzkohle.
- Zunächst wird nur die Holzkohle kräftig erhitzt, dann der Reiniger.

Beobachtung

Die Holzkohle beginnt schwach zu glühen, eine deutliche Reaktion ist aber nicht zu beobachten. Erhitzt man den Reiniger, leuchtet die Kohle hell auf und verbrennt mit leuchtender Flamme. Das Kohlestück wird immer kleiner und „verschwindet" schließlich ganz.

Erklärung und didaktischer Kommentar

Der Sauerstoff im Reagenzglas ist schnell verbraucht und reicht für eine Verbrennung der Kohle nicht aus. Wird aus dem Oxi-Reiniger Sauerstoff freigesetzt, erfolgt die Verbrennung fast rückstandsfrei.

Beim in der Literatur häufig vorgeschlagenen Versuch „Magnesium reagiert mit Sauerstoff" muss man wegen der Heftigkeit der Reaktion damit rechnen, dass das Reagenzglas rasch durchschmilzt. Dagegen ist der hier beschriebene Versuch auch für Schülerhände gefahrlos durchführbar.

Entsorgung

Glaswolle kann wiederverwendet werden. Die übrigen Reste dürfen in den Hausmüll gegeben werden.

9.5.3   Knalleffekt mit Wachs

Materialien und Chemikalien

Reagenzglas	
Stativmaterial	
Gasbrenner	
Glaswolle (⬦)	
Oxi-Reiniger (⚠)	
Kerzenwachs	

Durchführung

- In ein schräg eingespanntes Reagenzglas gibt man etwa 1 cm hoch Oxi-Reiniger, direkt darauf etwas Glaswolle und ein Stückchen Kerzenwachs.
- Wachs und Reiniger werden dann möglichst gleichzeitig und gleichmäßig erhitzt.

Beobachtung
Nach kurzer Zeit erfolgt mit einem Knall eine heftige Verbrennung der Wachsdämpfe.

Erklärung und didaktischer Kommentar
Bei starkem Erhitzen von Wachs bilden sich neben Wachsdampf kurzkettige Crack- und Pyrolyseprodukte. Diese Stoffe reagieren schlagartig mit dem aus dem Oxi-Reiniger freigesetzten Sauerstoff (Knall und Verpuffung). An diesem Versuch lässt sich vor allem die Bedeutung der Entzündungstemperatur und des Sauerstoffgehalts als notwendige Bedingungen für Verbrennungen verdeutlichen.

Da es sich sowohl bei den Oxi-Reinigern als auch bei Wachskerzen um Haushaltsprodukte handelt, können deren Zusammensetzungen leicht variieren. Daher können die Reaktionen auch bei gleichen Fabrikaten unterschiedlich in der Intensität ausfallen.

Entsorgung
Glaswolle kann wiederverwendet werden. Die übrigen Reste dürfen in den Hausmüll gegeben werden.

9.6 Experimente mit Wunderkerzen

(Martin und de Vries 2004).

9.6.1 Verbrennen einer Wunderkerze in Stickstoff

Materialien und Chemikalien

Standzylinder mit Glasdeckel	
Zange	
Bierdeckel	
Wunderkerze	
Stickstoff (⬦)	

Durchführung

- Der Standzylinder wird mit Stickstoff befüllt und mit dem Glasdeckel verschlossen.
- In den Bierdeckel wird in der Mitte ein kleines Loch gebohrt, durch das das Ende des Wunderkerzendrahtes geführt wird. Der Draht wird zur Sicherung der Wunderkerze mit der Zange zu einer Öse umgebogen.
- Die Wunderkerze wird entzündet.
- Der Bierdeckel mit der brennenden Wunderkerze wird gegen den Glasdeckel auf dem Standzylinder ausgetauscht.

Beobachtung

Die Wunderkerze brennt auch in Stickstoff ab, allerdings nicht so heftig wie an der Luft. Auch der Funkenflug ist deutlich abgeschwächt. Es bildet sich ein graubrauner Rauch.

Erklärung und didaktischer Kommentar

Das Abbrennen einer Wunderkerze in einer Inertgasatmosphäre wie Stickstoff oder Kohlenstoffdioxid resultiert aus den im Kerzenmaterial enthaltenen Sauerstoffdonatoren (Bariumnitrat) und dem dadurch bei der Reaktion frei werdenden Sauerstoff. Dieser reagiert mit den Partikeln aus Eisen und Aluminium. Vereinfacht laufen folgende Reaktionen ab: Sauerstofffreisetzung: $2\,Ba(NO_3)_2(s) \rightarrow 2\,BaO(g) + 2\,N_2(g) + 5\,O_2(g)$.

$$Oxidbildungen: \quad 4\,Al(s) + 3\,O_2(g) \rightarrow 2\,Al_2O_3(s, g).$$

$$4\,Fe(s) + 3\,O_2(g) \rightarrow 2\,Fe_2O_3(s, g).$$

Der Versuch kann als Anwendung und Vertiefung eingesetzt werden, wenn die Lernenden bereits die Sauerstofffreisetzung durch Thermolyse höherwertiger Oxide kennen. Gelegentlich kritisieren die Lernenden, dass beim Hineinhängen der brennenden Wunderkerze Sauerstoff aus der Luft mit in den Standzylinder gelangen und das Ergebnis verfälschen könnte. Diese „Fehlerquelle" kann eliminiert werden, indem der Standzylinder mit Stickstoff gespült und eine sich darin befindliche Wunderkerze von außen elektrisch gezündet wird.

Entsorgung

Die abgebrannte Wunderkerze kann in den Hausmüll gegeben werden.

9.6.2 Staubemission beim Abbrennen von Wunderkerzen

Materialien und Chemikalien

Feuerfeste Unterlage	
Becherglas (1 L, hohe Form)	
Durchbohrter Stopfen	
Knetgummi	
Papiertuch	
Wunderkerze	

Durchführung

- Eine Wunderkerze wird mit Knetgummi in einem durchbohrten Stopfen fixiert und auf ein ausgebreitetes Papiertuch gestellt.
- Die Wunderkerze wird angezündet und sofort das Becherglas darübergestülpt.
- Nach dem Abbrennen wartet man noch 1 min, damit sich schwebende Staubteilchen absetzen können und entfernt dann das Becherglas.

Beobachtung

Das Becherglas füllt sich während der Verbrennung mit graubraunem Rauch. Daneben sind dunkle Partikel an der Innenwand des Becherglases zu beobachten, die sich auch rund um den Stopfen auf dem Papier absetzen (Abb. 9.16).

Abb. 9.16 Staubemissionen beim Abbrennen von Wunderkerzen

Erklärung und didaktischer Kommentar

Bei den dunklen Partikeln handelt es sich überwiegend um Eisenoxide (FeO, Fe_3O_4). Zusätzlich setzen sich weitere Verbrennungsprodukte ab, die zuvor als Stäube in die Luft geraten sind (z. B. Aluminiumoxid, Bariumoxid). Die anfallende Menge an Reststoffen ist für die Lernenden meist sehr eindrucksvoll. Ihnen kann bewusst werden, dass Stoffe beim Verbrennen nicht einfach verschwinden, sondern Reaktionsprodukte in die Umwelt emittiert werden. Ferner kann das Abbrennen von Wunderkerzen in geschlossenen Räumen kritisch beleuchtet werden, indem herausgearbeitet wird, dass man einen Teil der beim Abbrennen entstehenden Produkte einatmet oder sogar isst (z. B. wenn Wunderkerzen als Dekoration auf einem Kuchen abgebrannt werden).

Entsorgung

Die abgebrannte Wunderkerze und die verschmutzte Knete können in den Hausmüll gegeben werden.

9.6.3   Eine Unterwasserfackel aus Wunderkerzen

Materialien und Chemikalien

Becherglas (1 L, hohe Form)	
Klebefilm	
Wunderkerzen	
Wasser	

Durchführung

- Das Becherglas wird zu $^2/_3$ mit kaltem Wasser gefüllt.
- Zehn Wunderkerzen werden als Bündel straff mit Klebefilm umwickelt, sodass sich die Lagen des Klebefilms überlappen und eine geschlossene Hülle entsteht. Dabei lässt man lediglich an der Spitze ½ cm frei.
- Die Wunderkerzen werden an der aus der Klebefilmhülle herausschauenden Spitze entzündet. Da sich einige Wunderkerzen in dem Bündel schneller entzünden als andere, lässt man sie einige Sekunden durchbrennen.
- Sobald alle Wunderkerzen entzündet sind, lässt man die Fackel kopfüber in das wassergefüllte Becherglas tauchen.

Beobachtung

Die an der Luft brennende Wunderkerzen-Fackel brennt unter Wasser goldgelb leuchtend weiter. Das Wasser brodelt heftig. Es steigen deutlich sichtbar Gasblasen auf und es kommt zu erheblicher Rauchentwicklung. Bisweilen entzünden sich die aufsteigenden Gase an der Wasseroberfläche. Mit zunehmender Versuchsdauer trübt sich das Wasser grau bis weiß (Abb. 9.17).

Erklärung und didaktischer Kommentar

Die im Wasser aufsteigenden Blasen bestehen aus Wasserdampf und gasförmigen Pyrolyseprodukten des Klebefilms. Außerdem reagieren die in der Wunderkerze enthaltenen unedlen Metalle mit Wasserdampf zu Metalloxiden und Wasserstoff. Letzterer kann sich entzünden. Dieser Versuch kann unter verschiedenen Zielsetzungen eingesetzt werden. Einerseits kann die Verbrennung unter Wasser mithilfe des freigesetzten Sauerstoffs aus dem Zerfall des Bariumnitrats thematisiert werden. Andererseits lassen

Abb. 9.17 Unterwasserfackel
aus Wunderkerzen

sich durch Variation des Versuchs (eine Wunderkerze erlischt, Bedeutung des Klebe-
bands) die Bedingungen für eine Verbrennung diskutieren. Sofern das Sauerstoffüber-
tragungskonzept (Abschn. 10.2) bei den Lernenden vorhanden ist, kann die Bildung von
Wasserstoff durch Sauerstoffübertragung vom Wasser auf unedle Metalle (Aluminium,
Eisen) erläutert werden. Letzteres kann auch als Erweiterung des Abbrennens einer
Magnesiumfackel unter Wasser geschehen.

Auch bei diesem Experiment empfiehlt es sich, den Vorgang mit einer Zeitlupen-
kamera bzw. in der Einstellung SlowMotion mit dem Smartphone zu filmen. Auf diese
Weise zeigen sich Phänomene, die den Versuch für Lernende besser erklärbar machen.
Näheres in (Sieve 2016).

Entsorgung
Die abgebrannten Wunderkerzen können in den Hausmüll gegeben werden; das verschmutzte Wasser darf über den Ausguss entsorgt werden.

9.7   Brand und Brandbekämpfung

9.7.1   Wasser kochen in einer Papiertüte?

Materialien und Chemikalien

Papier (A4, 80 g/m^2)	
Digital-Thermometer	
Pinzette	
Streichhölzer	
Teelicht	
Wasser	

Durchführung

- Ein quadratisches Blatt Papier wird nach der Anleitung im Video zu Abb. 9.18 zu einem Becher gefaltet und zu einem Drittel mit Wasser gefüllt.
- Danach wird der Temperaturfühler des Thermometers in das Wasser gehalten und der Papierbecher mit einer Pinzette über das brennende Teelicht gehalten.
- Die Wassertemperatur wird für ca. 10 min beobachtet und notiert.

Beobachtung
Das Wasser im Papierbecher wird wärmer. Das Papier beginnt aber nicht zu brennen.

Erklärung und didaktischer Kommentar
Das im Becher enthaltene Wasser kühlt das Papier, sodass die Entzündungstemperatur des Papiers nicht erreicht wird. Dieser Versuch veranschaulicht eindrucksvoll, dass feuchte Gegenstände sich nur schlecht entzünden und Feuer fangen. Dies ist auch der Grund, weshalb man sich eine nasse Decke überwirft, um aus einem brennenden Haus zu entkommen.

Das Experiment eignet sich besonders als motivierender Einstieg in das Thema Brandbekämpfung, denn das Phänomen, dass der Papierbecher sich nicht entzündet, wirft zahlreiche Fragen auf, die genutzt werden können, um weitere Methoden des Löschens von Bränden zu entwickeln.

Eine alternative Apparatur lässt sich aus einer leeren Konservendose, Backpapier und Gummiringen herstellen. Der Boden der Dose wird mit einem Dosenöffner herausgetrennt. Über den Boden spannt man ein Stück Backpapier und befestigt dieses mit Gummiringen (nach Lüttgens 2012).

Entsorgung
Entfällt.

Abb. 9.18 Wasser kochen in einer Papiertüte. Das verlinkte Video zeigt die Falttechnik für einen Papierbecher (▶ https://doi.org/10.1007/000-334)

9.7.2 Löschen eines Paraffinbrandes

Materialien und Chemikalien

Becherglas (800 mL, weite Form)	
Dreifuß und Tondreieck	
Gasbrenner	
Metalltiegel mit Deckel	
Tiegelzange	
Spatel	
Paraffinwachs	
Sand	
Eis	
Wasser	

Durchführung

- Das Becherglas wird zu $^2/_3$ mit Eiswasser gefüllt.
- Eine erbsengroße Menge Paraffin wird im Metalltiegel ohne Deckel erhitzt, bis das Paraffin zu brennen beginnt. Der Gasbrenner wird beiseitegestellt.
- Der Tiegel wird vorsichtig mit dem Deckel verschlossen und nach wenigen Sekunden wieder geöffnet.
- Dieser Vorgang wird mehrfach wiederholt.
- Das Paraffin wird erneut im offenen Tiegel zum Brennen gebracht und der Tiegel vorsichtig so in das Becherglas gehalten, dass kein Wasser in den Tiegel gelangt.
- Das Paraffin wird erneut im offenen Tiegel zum Brennen gebracht und anschließend vorsichtig etwas Sand in den Tiegel gegeben.

Beobachtung

Sobald sich eine hinreichende Menge an Paraffindämpfen gebildet hat, entzünden sich diese. Legt man den Tiegeldeckel erstmalig auf, erlischt der Brand, es steigen aber weiterhin Paraffindämpfe auf, die sich dann wieder entzünden. Erst nach zwei oder drei weiteren Löschversuchen nimmt die Dampfmenge ab und es ist keine Entzündung mehr zu beobachten.

Beim Abkühlen des brennenden Paraffins im Wasserbad werden die Flammen nach und nach kleiner. Schließlich erlischt der Brand. Streut man Sand in das brennende Paraffin, erlischt der Brand ebenfalls.

Erklärung und didaktischer Kommentar

Über das Abdecken mit dem Tiegeldeckel sowie durch das Bestreuen mit Sand wird die Sauerstoffzufuhr unterbunden, sodass die Verbrennung erlischt. Die Ursache für das wiederholte Wiederentzünden der Dämpfe beim Abdecken des Brandes mit dem Tiegeldeckel ist die noch hohe Temperatur der Dämpfe bzw. der Schmelze. Der Flammpunkt wird noch überschritten. Erst durch die Abkühlung wird die Entzündungstemperatur unterschritten.

Dieser Versuch vermittelt in Anknüpfung an die Bedingungen der Verbrennung zwei Möglichkeiten, wie man Brände allgemein Löschen kann: Sauerstoffentzug und das Abkühlen unter die Entzündungstemperatur. Bevor man diese Möglichkeiten im Experiment vorstellt, sollten die Lernenden die Gelegenheit haben, Ideen zu entwickeln, wie man den Paraffinbrand löschen könnte. Einbinden lässt sich das Experiment beispielsweise in die Geschichte eines Hausbrandes, der durch das falsche Löschen von Kerzen oder Teelichtern mit Wasser verursacht wurde, verbunden mit der Präsentation des vergeblichen Löschversuchs im Experiment.

Entsorgung

Die Paraffinschmelze kann im Tiegel erkalten und für einen weiteren Versuch verwendet werden.

9.7.3 Verschiedene Feuerlöscher

Materialien und Chemikalien

Reagenzglas mit Stopfen und Gasableitungsrohr	
Reagenzglasklammer	
Gasbrenner	
Holzspan	
Kerze	
Spatel	
4 Porzellanschalen	
Mörser und Pistill	
Becherglas (200 mL)	
Tropfpipette	
Teelöffel	
Erlenmeyerkolben (weit, 250 oder 300 mL)	
Durchbohrter Stopfen mit abgewinkeltem Glasrohr	
Kunststoffspritze (20 mL) mit Kanüle (blunt fill oder blunt)	
Messzylinder (5 mL)	
Streichhölzer	
Natriumhydrogencarbonat	
Heptan (◈ ⬦! ◈ ◈)	
Natriumhydrogensulfat (◈)	
Spülmittel	
Salzsäure ($c = 1$ mol/L, ⬦!)	
Gesättigte Natriumhydrogencarbonat-Lösung	
Wasser	

Durchführung 1: Trockenlöscher

- Etwas Natriumhydrogencarbonat wird in das Reagenzglas gegeben und das Reagenzglas mit Stopfen und Gasableitungsrohr verschlossen.
- Das Natriumhydrogencarbonat wird im Reagenzglas erhitzt und das entstehende Gas wird auf die brennende Kerze geleitet.
- Ein brennender Holzspan wird in die Porzellanschale gelegt und mit fein pulverisiertem Natriumhydrogencarbonat überstreut.

Durchführung 2: Schaumlöscher Variante 1

- Ein brennender Holzspan wird in eine Porzellanschale gelegt.
- Direkt daneben wird im Becherglas Wasser mit je einem Teelöffel Natriumhydrogencarbonat, Natriumhydrogensulfat und Spülmittel vermischt.
- Fünf Tropfen Heptan werden in einer Porzellanschale entzündet und der Löschversuch wiederholt.

Durchführung 3: Schaumlöscher Variante 2

- Der Erlenmeyerkolben wird mit ca. 150 mL Natriumhydrogencarbonat-Lösung
  gefüllt. Etwa 2 mL Spülmittel werden hinzugegeben. Der Kolben wird mit dem
  Stopfen inkl. des gebogenen Glasrohrs verschlossen. Das Glasrohr muss direkt über
  dem Flüssigkeitsspiegel enden.
- In einer Spritze werden 10 mL Salzsäure aufgezogen. Die Kanüle wird durch den
  Stopfen gestochen und die gefüllte Spritze aufgesetzt (Abb. 9.19).
- Fünf Tropfen Heptan werden in einer Porzellanschale entzündet.
- Aus der Spritze lässt man die Salzsäure langsam zur Natriumhydrogencarbonat-Lösung
  im Erlenmeyerkolben fließen. Zwischendurch wird der Kolben leicht geschüttelt.
- Das Winkelrohr des Feuerlöschers wird auf den Benzinbrand gerichtet.

Abb. 9.19 Schaumlöscher –
Variante 2

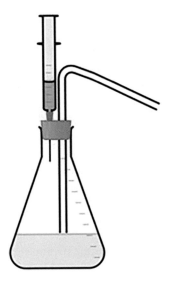

Beobachtung

Trockenlöscher: Nach dem Erhitzen des Natriumhydrogencarbonats erlischt die Kerzenflamme. Auch beim Aufstreuen des Hydrogencarbonats auf den brennenden Span erlischt dieser.

Schaumlöscher: Nach dem Vermischen der Natriumhydrogencarbonat-Lösung mit der sauren Lösung erfolgt eine Schaumbildung. Der Schaum legt sich über die Flammen, die daraufhin erlöschen. Bei der Variante 2 spritzt der Schaum aus der Apparatur.

Erklärung und didaktischer Kommentar

Trockenlöscher: Beim Erhitzen wird aus dem Natriumhydrogencarbonat neben Wasser Kohlenstoffdioxid freigesetzt. Dieses unterbindet die Sauerstoffzufuhr des Brandes.

Dieser Versuchsteil modelliert die erstickende Wirkung von Kohlenstoffdioxid, nicht aber die Funktion eines Kohlenstoffdioxid-Löschers nach EN3 SP 18/13. Letzterer ist eine mit Kohlenstoffdioxid gefüllte Druckgasflasche mit Löschvorrichtung.

Schaumlöscher: Das Natriumhydrogencarbonat reagiert mit einer sauren Lösung unter Bildung von Kohlenstoffdioxid. Mit den zugesetzten Tensiden bildet sich ein voluminöser Schaum, der aus dem Becherglas quillt oder aus dem Schaumlöscher spritzt. Dabei werden die erstickende Wirkung von Kohlenstoffdioxid und die Kühlwirkung des Wassers kombiniert. Dieser Versuchsteil modelliert sowohl die Wirkung des Löschmittels als auch die Funktion des Löschers.

Entsorgung

Der Schaum kann über den Ausguss entsorgt werden. Der beim Trockenlöscher entstandene Feststoff (Gemisch aus Natriumcarbonat mit geringen Mengen an Natriumhydroxid) kann über den Hausmüll entsorgt werden.

9.7.4 Kohlenstoffdioxid-Geysir

(Peper-Bienzeisler und Jansen 2005).

Materialien und Chemikalien

500-mL-Spülmittelflasche mit wiederverschließbarem Kunststoffverschluss
Messzylinder (50 mL)
Pulvertrichter
Teelöffel
Wägeschälchen
Natriumhydrogencarbonat (Natron)
Citronensäure-Monohydrat (◈)
Spülmittel
Wasser

Durchführung

- Ungefähr 200 mL Wasser werden in die leere Spülmittelflasche gegeben und mit zwei großen Teelöffeln Natron gut vermischt.
- Dann werden ca. 30 mL Spülmittel hinzugegeben und wiederum gut vermischt.
- Abschließend werden drei Teelöffel Citronensäure zügig über den Pulvertrichter in die Spülmittelflasche gegeben.
- Die Flasche wird schnell verschlossen und gut geschüttelt.
- Die Flasche wird geöffnet.

Beobachtung

Nach dem Öffnen zischt eine bis zu 5 m hohe Schaumfontäne nach oben. Nach kurzer Zeit baut sich der Druck ab. Man schließt die Flasche durch Herunterdrücken des Verschlusses. Der Druck in der Flasche ist nach etwa $1/2$ min wieder so groß, dass man den Verschluss erneut öffnen kann und das Schauspiel beginnt von neuem. So kann man den Ausbruch des Geysirs mehrere Male wiederholen.

Erklärung und didaktischer Kommentar

Die hier ablaufenden Vorgänge entsprechen von der Reaktion her denen beim Schaumlöscher. Dieses Experiment kann also als Beispiel für einen besonders leistungsfähigen Schaumlöscher verwendet werden, aber auch die Vorgänge bei der spontanen Freisetzung von Kohlenstoffdioxid unter dem Einfluss saurer Lösungen veranschaulichen (z. B. Kivu-See, Nyos-See).

Entsorgung

Entfällt.

Inhaltsverzeichnis

Das Thema Sauerstoffübertragungsreaktionen ist im Sinne eines ersten Donator-Akzeptor-Konzepts in den meisten Lehrplänen fester Bestandteil des Chemie-unterrichts. Das Konzept greift die zuvor behandelten Oxidbildungsreaktionen und Verbrennungsphänomenen auf (Kap. 9) und kombiniert diese mit der *Oxidzerlegung*

Ergänzende Information Die elektronische Version dieses Kapitels enthält Zusatzmaterial, auf das über folgenden Link zugegriffen werden kann https://doi.org/10.1007/978-3-662-63905-4_10. Die Videos lassen sich durch Anklicken des DOI Links in der Legende einer entsprechenden Abbildung abspielen, oder indem Sie diesen Link mit der SN More Media App scannen.

zur Sauerstoffübertragungsreaktion. Daher stehen Experimente zur Oxidzerlegung sinn-
vollerweise am Anfang einer Einheit, die zum Thema Sauerstoffübertragungsreaktionen
hinführt. Bereits in Kap. 9 sind hierzu Experimente unter Freisetzung von Sauerstoff
beschrieben worden (Abschn. 9.4.3 bis 9.4.6). Ein sehr klassisches, wenn auch wenig
spektakuläres Experiment ist die Thermolyse von Silber(I)-oxid (Abschn. 10.1.1). Eingebunden wird dieses Experiment häufig in den Kontext Metallgewinnung (Leitfrage:
Metalle sind wichtige Werkstoffe, kommen aber nur selten elementar vor. Wie lassen
sich Metalle aus Verbindungen gewinnen?), oder aber in die Fragestellung, ob sich
Oxide als Verbindungen auch in die Elemente zurückführen lassen (vgl. Abschn. 8.4).
Einen eher kontextorientierten Zugang zum Thema Sauerstoffübertragungsreaktion
bietet der Fund eines Kupferbeils bei einer Mumie aus den Ötztaler Alpen (Ötzi-
Kontext) (Schreiber 2005; Schütte 2010) (Abschn. 10.4.1 bis 10.4.5). Die sich aus der
Geschichte zum Fund des Beils ergebende Frage nach der Gewinnung von Kupfer aus
verschiedenen Kupfererzen leitet zur Planung von Gewinnungsmöglichkeiten über. Hier
empfiehlt sich eine explorative Herangehensweise, indem die Lernenden die Gegenstände, die man bei Ötzi gefunden hat, auf ihre Eignung für die Kupferherstellung
prüfen. Variablenkontrollstrategien lassen sich an diesem Beispiel sehr bewusst machen.
Die Lernenden erkennen aus diesen Versuchen, dass das bloße Erhitzen von Kupfer(II)-
oxid („schwarzer Stein") nicht zum Produkt Kupfer führt, dass aber durch Erhitzen von
Malachit der „schwarze Stein" hergestellt werden kann. Ferner ergibt sich, dass man
andere Stoffe mit dem Kupfer(II)-oxid kombiniert erhitzen muss. Nicht nur Kohlenstoff
selbst, sondern auch Kohlenstoffverbindungen eignen sich dabei (Stroh, Holz, Papier,
Haare) und liefern das gewünschte kupferfarbene Produkt. Angemerkt sei hier jedoch,
dass man nicht in jedem Fall elementares Kupfer erhält, sondern das dem Kupfer von
der Farbe ähnelnde Kupfer(I)-oxid. Für die Lernenden ist diese Beobachtung aber schon
ein hinreichendes Indiz für die Eignung dieser Stoffe zur Gewinnung von Kupfer aus
Kupfererzen. Über den Nachweis von Kohlenstoffdioxid als Reaktionsprodukt können
die Lernenden dann ableiten, dass Kupfer(II)-oxid als Sauerstoffdonator und Kohlenstoff als Sauerstoffakzeptor fungiert und die Kombination aus Oxidzerlegung und
Oxidbildung den Kern einer Sauerstoffübertragung bildet (zur Terminologie vgl.
Informationskasten). Ferner können die Lernenden ableiten, dass die Kohlenstoff-Atome
eine höhere Bindungstendenz zu Sauerstoff-Atomen aufweisen, als es bei den Kupfer-
Atomen der Fall ist (*Modellebene* Dalton-Atommodell). Diese beispielhaften Erkenntnisse sollten an verschiedenen weiteren Beispielen auf Plausibilität geprüft werden.
Dazu kann die sog. *Affinitätsreihe* entwickelt (Abschn. 10.3) und das Gegensatzpaar
edel (geringe Bindungstendenz der Atome zu Sauerstoff-Atomen) und *unedel* (hohe
Bindungstendenz der Atome zu Sauerstoff-Atomen) abgeleitet werden. Auf dieser Basis
lassen sich dann weitere Oxidbildungsreaktionen wie die von Magnesium mit Kohlenstoffdioxid (Abschn. 10.2.1), das Aluminothermische Schweißen (Abschn. 10.4.6) oder
auch die Metallgewinnung im Hochofen (Abschn. 10.4.7) erklären.

Tab. 10.1 Begrifflichkeiten für eine konsistente Begriffsentwicklung des Redoxkonzepts als Sauerstoff-Atom-Übertragung

Zu vermeiden	Begriff auf Stoffebene	Begriff auf Teilchenebene (Atommodell nach Dalton)
Oxidation	Oxidbildung/Oxidbildungsreaktion	
Reduktion	Oxidzerlegung/Zerlegung eines Oxids	
Redoxreaktion	Sauerstoffübertragungsreaktion	Sauerstoff-Atom-Übertragung
Reduktionsmittel	Sauerstoffempfänger/-akzeptor	O-Atom-Akzeptor
Oxidationsmittel	Sauerstoffspender/-donator	O-Atom-Donator
Redoxreihe	Affinitätsreihe zu Sauerstoff	Affinitätsreihe zu O-Atomen
Bindungsbestreben	Bindungstendenz zu Sauerstoff	Bindungstendenz zu O-Atomen

---

Infobox: Begrifflichkeiten auf dem Prüfstand

Wie bereits in der Einführung zu Kap. 9 erwähnt, sollte man auf die Begriffe Reduktion, Oxidation, Redoxreaktion und auch die davon abgeleiteten Fachwörter wie Redoxreihe und Reduktions- bzw. Oxidationsmittel verzichten, solange man sich auf das Konzept von Lavoisier bezieht und als Modellebene das einfache Atommodell in Anlehnung an das von John Dalton nutzt. Die in Tab. 10.1 aufgeführten Begriffe sollten stattdessen präferiert werden.

Sofern bereits ein Atommodell in Anlehnung an das von John Dalton eingeführt wurde, ist es ratsam, die Begriffe für die Teilchenebene zu nutzen, denn dadurch wird das Donator-Akzeptor-Konzept als Konzept der Teilchenübertragung bzw. des Teilchenübergangs für die Lernenden deutlicher und damit anschlussfähig an die folgenden Beispiele für das Donator-Akzeptor-Konzept.

10.1   Hinführung zur Oxidzerlegung

10.1.1 Zerlegung von Silberoxid

Materialien und Chemikalien

Reagenzglas	
Reagenzglasklammer	
Gasbrenner	

Glimmspan	
Spatel	
Silber(I)-oxid (⬦⬦)	

Durchführung

- Eine Spatelspitze Silber(I)-oxid wird in ein Reagenzglas gegeben und mit der nicht leuchtenden Gasbrennerflamme kräftig erhitzt.
- Ein glimmender Span wird in den Gasraum gehalten.

Beobachtung

Aus dem schwarzgrauen Silber(I)-oxid entsteht ein hellgrauer Stoff. Der Glimmspan beginnt wieder zu brennen.

Erklärung und didaktischer Kommentar

Silber(I)-oxid zerfällt beim Erhitzen in elementares Silber und Sauerstoff. Dies wird häufig als Thermolyse bezeichnet.

Dieses Beispiel ist geeignet, um die Frage zu klären, inwiefern man ein Oxid wieder in die Elemente zerlegen kann. Im Vorfeld des Versuchs sollten die Lernenden aus ihren Erfahrungen über Oxidbildungsreaktionen ableiten können, dass die Umkehrung einer exothermen Oxidbildung endotherm verläuft und daher das Oxid durch starkes Erhitzen wieder in die Elemente zerlegt werden könnte. Fachlich ist diese Erklärung bei diesem Beispiel aber nicht gültig: Silber(I)-oxid ist eine metastabile Verbindung. Die Thermolyse verläuft exotherm, die Reaktion ist jedoch stark kinetisch gehemmt.

Der Versuch sollte als Demonstrationsversuch durchgeführt werden, da Silber(I)-oxid teurer als elementares Silber ist. Ferner sollte man das Experiment per Dokumentenkamera projizieren, damit die Lernenden die wenig spektakulären Beobachtungen genauer verfolgen können.

Entsorgung

Die Silberreste sollten gesammelt und für andere Experimente genutzt werden.

10.2   Sauerstoffübertragungsreaktionen

10.2.1 Kohlenstoffdioxid und Magnesium

Materialien und Chemikalien

Standzylinder	
Große Pinzette oder Tiegelzange	
Marmeladenglas	
Gasbrenner	
Magnesiumband (⬦)	
Kohlenstoffdioxid (⬦)	

Durchführung

- Ein Standzylinder oder das Marmeladenglas wird mit Kohlenstoffdioxid gefüllt.
- Ein Magnesiumband wird angezündet und in den Standzylinder bzw. das Marmeladenglas abgesenkt.

Beobachtung

Das Magnesiumband glüht hellweiß auf und es bildet sich ein weißer Rauch. Das brennende Magnesiumband brennt im Glasgefäß mit Kohlenstoffdioxid weiter. Im weißen Feststoff sind schwarze Sprenkel zu erkennen.

Erklärung und didaktischer Kommentar

Aufgrund der hohen Bindungstendenz von Magnesium gegenüber Sauerstoff reagiert Magnesium mit Kohlenstoffdioxid unter Bildung von Magnesiumoxid und Kohlenstoff. Dieser Versuch kann alternativ zum Thema Metallgewinnung zur Sauerstoffübertragungsreaktion hinführen. Die Lernenden erkennen an diesem einfachen Beispiel die Kopplung von Oxidzerlegung und Oxidbildung.

Entsorgung

Die Marmeladengläser können nach dem Versuch entsorgt werden.

10.2.2 Kohlenstoffdioxid und Magnesium – Demonstrationsversuch

Materialien und Chemikalien

Dreifuß und Keramiknetz	
Gasbrenner	
Teelöffel	
Fahrradspeiche	
Handschuhe	

Cobaltglas	
Magnesiumband (◈)	
Magnesiumspäne (◈)	
Trockeneisschnee oder 2 Platten aus Trockeneis	

Durchführung

- 3–6 Löffel Trockeneisschnee werden mit derselben Menge Magnesiumspäne vermischt.
- Das Gemisch wird dann auf ein Keramiknetz gegeben und mit einem langen Magnesiumband (als Zündschnur) oder einer Fahrradspeiche entzündet.
- Alternativ kratzt man mit einem Löffel eine kleine Vertiefung in eine Trockeneisplatte und häuft darauf 4 Löffel Magnesiumspäne auf. Diese werden mit dem Gasbrenner entzündet und man legt nach dem Entzünden sofort die zweite Trockeneisplatte auf. Dazu sollte der Raum abgedunkelt werden.

Beobachtung

Nach der Zündung explodiert das Gemisch aus Magnesium und Trockeneisschnee mit einer gleißend hellen Flamme. Die Lernenden sollten daher durch ein Cobaltglas schauen bzw. nicht direkt in die Flamme schauen. Im Reaktionsprodukt sind weiße und schwarze Partikel zu erkennen.

Bei der Alternative mit den Trockeneisplatten lässt sich ein immer wieder aufflackerndes Glühen erkennen. Es scheint, dass die Trockeneisblöcke leuchten würden. Im Produkt sind weiße und schwarze Partikel zu erkennen.

Erklärung und didaktischer Kommentar

Siehe Abschn. 10.2.1.

Entsorgung

Die Trockeneisreste können im Abzug sublimieren. Die übrigen Feststoffe sollten aufgrund der noch vorliegenden Magnesiumreste in etwas verdünnter Salzsäure aufgelöst werden. Die Lösung kann dann in den Ausguss entsorgt werden.

10.3 Affinitätsreihe der Metalle

10.3.1 Sauerstoffübertragungen auf einer Steinplatte

Materialien und Chemikalien

Steinplatte	
Gasbrenner	
Spatel	
Magnesiumpulver (⬦)	
Kupfer(II)-oxid (⬦⬦)	
Aluminiumpulver (⬦)	
Zinkoxid (⬦)	

Durchführung

- Es werden Mischungen im Massenverhältnis 1 : 1 von Magnesium und Kupferoxid, Aluminium und Zinkoxid, Magnesium und Zinkoxid hergestellt.
- Von jedem Gemenge werden zwei Spatel auf eine Steinplatte gehäuft. Die Gemenge werden anschließend mit dem Gasbrenner entzündet (nicht-leuchtende Flamme).

Beobachtung

Bei allen Ansätzen ist ein Aufglühen zu beobachten. Beim Ansatz aus Kupfer(II)-oxid und Magnesium verläuft der Vorgang besonders stark exotherm. Es entsteht dabei eine grünliche Flamme.

Erklärung und didaktischer Kommentar

Siehe Abschn. 10.3.2.

Entsorgung

Die Gemenge werden in den Behälter für anorganische Feststoffe gegeben.

10.3.2 Sauerstoffübertragungen im Reagenzglas

Materialien und Chemikalien

Reagenzgläser (Duran®)	
Gasbrenner	
Stativmaterial	
Spatel	
Aluminiumpulver (⬦)	

Kupferpulver (⬦⬦)	
Eisenpulver (⬦)	
Magnesiumpulver (⬦)	
Zinkpulver (⬦⬦)	
Aluminiumoxid	
Kupfer(II)-oxid (⬦⬦)	
Eisen(II, III)-oxid	
Magnesiumoxid	
Zinkoxid (⬦)	

Durchführung

- In einem Reagenzglas werden jeweils ein Spatel eines Metallpulvers und ein Spatel des Oxids eines anderen Metalls vermischt. Die Pulver werden durch Schütteln intensiv durchmischt. *Achtung:* Kupferoxid darf im Reagenzglas nicht mit Magnesium- und mit Aluminiumpulver umgesetzt werden!
- Das Reagenzglas wird schräg in ein Stativ eingespannt und das Gemisch kräftig mit dem Gasbrenner erhitzt.
- Der Versuch wird mit weiteren Kombinationen aus Metall und Metalloxid wiederholt.

Beobachtung

Bei folgenden Kombinationen ist ein Aufglühen und eine bleibende Veränderung zu erkennen: Kupferoxid/Eisen, Eisenoxid/Aluminium, Eisenoxid/Zink, Eisenoxid/Magnesium, Zinkoxid/Aluminium, Zinkoxid/Magnesium, Aluminiumoxid/Magnesium. Bei den übrigen Kombinationen erfolgt keine Veränderung des Gemischs.

Erklärung und didaktischer Kommentar

Bei den o. g. Ansätzen erfolgt eine Sauerstoffübertragungsreaktion vom Oxid des edleren Metalls zum unedleren Metall. Es lässt sich folgende Reihe mit zunehmender Bindungstendenz zu Sauerstoff-Atomen (genauer: Oxid-Ionen) aufstellen: Kupfer – Eisen – Zink – Aluminium – Magnesium. Daran wird deutlich, dass die Metalle mit einer höheren Bindungstendenz zu Sauerstoff-Atomen den Oxiden von Metallen mit niedrigerer Bindungstendenz die Sauerstoff-Atome (Oxid-Ionen) entziehen können. Hier können die Bezeichnungen *edel* und *unedel* eingebunden werden, die die Lernenden vielfach aus dem Alltag kennen, jedoch nur selten in einen chemischen Zusammenhang bringen können.

Mitunter findet man in Schulbüchern noch Bezeichnungen wie Sauerstoffaffinität, Bindungsbestreben oder sogar „Gier" nach Sauerstoff. Solche antropozentrischen Formulierungen können der Veranschaulichung dienen, sollten aber durch weniger vermenschlichende Wendungen ersetzt werden (Sieve und Hilker 2019).

Entsorgung

Die Gemenge werden in den Behälter für anorganische Feststoffe gegeben.

10.4 Metallgewinnung

10.4.1 Reaktion von Kupfer(II)-oxid mit Holzkohle

Materialien und Chemikalien

3 Reagenzgläser	
Durchbohrter Stopfen mit Heidelberger Verlängerung (30 cm) oder Gasableitungsrohr	
Reagenzglasständer	
Gasbrenner	
Stativmaterial	
Kupfer(II)-oxid ( )	
Holzkohlepulver	
Kalkwasser ($w = 0{,}02$ %,)	

Durchführung

- In zwei Reagenzgläsern werden je 2 g schwarzes Kupferoxid und 0,2 g Holzkohle vermischt.
- Das eine Reagenzglas wird senkrecht in das Stativ eingespannt und das darin enthaltene Gemisch mit starker Flamme erhitzt.
- Das zweite Reagenzglas wird mit dem durchbohrten Stopfen und der Heidelberger Verlängerung bzw. dem Gasableitungsrohr verschlossen und schräg in das Stativ eingespannt.
- Das freie Ende der Ableitung wird in ein Reagenzglas mit Kalkwasser eingetaucht und darüber das bei der Reaktion entstehende Gas in das Kalkwasser eingeleitet.
- **Achtung:** Beim Abkühlen des Ansatzes muss das Gasableitungsrohr bzw. das Schlauchstück aus dem Kalkwasser gezogen werden, damit kein Kalkwasser in das noch heiße Reaktionsgemisch zurückfließen kann.

Beobachtung

Das Reaktionsgemisch glüht auf. Nach dem Abkühlen sind kupferfarbene Stellen im Reagenzglas zu erkennen. Auch auf der Innenseite des Reagenzglases hat sich ein kupferfarbener Belag gebildet. Die beim Vorgang entstehenden Gase trüben die frisch zubereitete Kalkwasserlösung.

Erklärung und didaktischer Kommentar

Kupferoxid reagiert mit Kohlenstoff zu Kupfer und Kohlenstoffdioxid. Im Sinne der Atomvorstellung von Dalton findet eine Übertragung von Sauerstoff-Atomen statt. Kupfer(II)-oxid ist dabei der Sauerstoff(atom)-Donator, die Holzkohle der Sauerstoff(atom)-Akzeptor. Das Experiment stellt das zentrale Experiment des Ötzi-Kontexts dar. Es empfiehlt sich, beide Versuchsteile getrennt voneinander durchzuführen. Die Umsetzung von Kupfer(II)-oxid mit Holzkohle und das dabei entstehende Produkt Kupfer führen zur Frage nach dem Verbleib der O-Atome. Aus dem Vorunterricht sollten die Lernenden die gute Bindungstendenz von Kohlenstoff-Atomen zu Sauerstoff-Atomen sowie die Kalkwasserprobe kennen. Dann können sie den Nachweis von Kohlenstoffdioxid einfordern. Die Durchführung des zweiten Versuchsteils bestätigt dann Kohlenstoff als Sauerstoff(atom)-Akzeptor, wodurch die Sauerstoffübertragungsreaktion abgeleitet werden kann.

Entsorgung

Das feste Reaktionsgemisch kann in den Behälter für anorganische Feststoffe gegeben werden. Kalkwasser wird über den Ausguss entsorgt.

10.4.2 Kupfergewinnung aus Malachit (Cu$_2$[(OH)$_2$CO$_3$])

Materialien und Chemikalien

Reagenzgläser	
Durchbohrter Stopfen	
Gasableitungsrohr oder Heidelberger Verlängerung (30 cm)	
Porzellantiegel	
Gasbrenner	
Tondreieck	
Stativmaterial	
Spatel	
Waage	
Malachit (z. B. über Kremer Pigmente 2020)	
Holzstückchen	
Wolle	
Haare	
Holzkohlepulver	

Papier	
Baumwollreste	
Stroh	
Kalkwasser ($w = 0{,}02$ %, ⬦⬦)	

Durchführung

- Ein Reagenzglas wird schräg eingespannt und mit etwa 3 g Malachit befüllt. Dann setzt man den Stopfen mit dem Gaseinleitungsrohr bzw. der Heidelberger Verlängerung auf und taucht das Ende des Ableitungsrohres in ein Reagenzglas mit Kalkwasser ein.
- Das Malachitpulver wird mit der rauschenden Brennerflamme kräftig erhitzt, bis sich das Malachit verändert hat und keine Veränderung mehr beobachtbar ist.
- **Achtung:** Beim Abkühlen des Ansatzes muss das Gasableitungsrohr bzw. das Schlauchstück aus dem Kalkwasser gezogen werden, damit kein Kalkwasser in das noch heiße Reaktionsgemisch zurückfließen kann.
- Das Reaktionsprodukt im Reagenzglas wird nach dem Abkühlen in einen Porzellantiegel gegeben und mit jeweils einem der angegebenen Stoffe vermischt.
- Auf einem Tondreieck wird der Tiegel mit der rauschenden Brennerflamme kräftig erhitzt.

Beobachtung

Beim Erhitzen wird aus dem blaugrünen Pulver ein schwarzes Pulver. Das Kalkwasser trübt sich. Nach dem Erhitzen des schwarzen Pulvers mit den verschiedenen organischen Stoffen bildet sich stellenweise ein rotbraunes Pulver.

Erklärung und didaktischer Kommentar

Das Kupferhydroxid-Carbonat Malachit spaltet beim Erhitzen Kohlenstoffdioxid und Wasser ab und es bildet sich schwarzes Kupfer(II)-oxid („Schwarzer Stein"). Dieses reagiert mit verschiedensten organischen Stoffen und auch mit Kohle zu rötlich-braunem Kupfer.

Mit diesem Versuch lässt sich die Kupfergewinnung aus Malachit nach dem Ötzi-Kontext nachstellen. Ziel ist es dabei herauszubekommen, wie Ötzi mit den ihm vorliegenden Materialien aus Malachit Kupfer gewinnen konnte. Es empfiehlt sich dabei, die Prüfung der unter den Materialien aufgeführten Sauerstoffakzeptoren arbeitsteilig erfolgen zu lassen. Die Lernenden erkennen dabei, dass sich der „schwarze Stein" (Kupfer(II)-oxid) durch viele organische Stoffe in Kupfer überführen lässt.

Entsorgung

Das feste Reaktionsgemisch kann in den Behälter für anorganische Feststoffe gegeben werden. Kalkwasser wird über den Ausguss entsorgt.

10.4.3 Kupfergewinnung im Kupferbrief

Materialien und Chemikalien

Tiegelzange	
Gasbrenner	
Kupferblech (4 cm × 5 cm)	
Gekörnte Aktivkohle	
Holzstückchen	

Durchführung

- Aus einem kleinen Kupferblech wird ein offenes Briefchen gefaltet.
- Das Briefchen wird mit der Tiegelzange in die rauschenden Gasbrennerflamme gehalten.
- Nach kurzem Abkühlen werden drei Körnchen Aktivkohle bzw. Holzstückchen in das Briefchen gegeben und ohne Schütteln erneut erhitzt.
- Danach lässt man wieder kurz abkühlen.

Beobachtung
Beim Erhitzen bildet sich auf dem rötlich-braunen Kupfer ein schwarzer Belag. Der Belag verschwindet lokal beim Erhitzen mit Aktivkohle bzw. den Holzstückchen.

Erklärung und didaktischer Kommentar
Beim Erhitzen bildet sich mit der Kohle bzw. dem Holz aus dem schwarzen Kupfer(II)-oxid wieder Kupfer. Die Bildung von Kupfer ist lokal begrenzt und erfolgt nur an der Kontaktstelle mit dem Reaktionspartner. Dieser Versuch kann eine Alternative zum Erhitzen von Kupfer(II)-oxid mit verschiedenen organischen Stoffen darstellen.

Entsorgung
Das Kupferblech kann wiederverwendet werden.

10.4.4 Erhitzen von Kupfer(II)-oxid im Erdgasstrom

Materialien und Chemikalien

Reagenzglas mit seitlichem Loch	
Durchbohrter Stopfen mit Glasrohr und Schlauch	
Gasbrenner	
Stativmaterial	
Spatel	
Streichhölzer	
Kupfer(II)-oxid (◇◇)	
Erdgas (◇◇)	

Durchführung

- Das Reagenzglas wird mit der seitlichen Öffnung nach oben in ein Stativ eingespannt und mit zwei Spateln Kupferoxid befüllt.
- Das Reagenzglas wird mit dem Stopfen verschlossen und langsam Erdgas über das Kupfer(II)-oxid geleitet.
- Nach einer Weile wird das durch die seitliche Öffnung ausströmende Gas entzündet
- Das Kupferoxid wird mit der nicht leuchtenden Gasbrennerflamme erhitzt (Abb. 10.1).

Beobachtung

Im Erdgasstrom entsteht aus dem heißen schwarzen Kupfer(II)-oxid ein rötlich-brauner Stoff. An den kälteren Stellen des Reagenzglases ist ein Beschlag erkennbar.

Abb. 10.1 Erhitzen von Kupfer(II)-oxid im Erdgasstrom. Das verlinkte Video zeigt, wie man ein zweites Loch in ein Reagenzglas schmilzt (▶ https:// doi.org/10.1007/000-335)

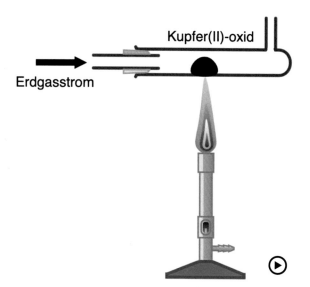

Erklärung und didaktischer Kommentar

Erdgas enthält Methan (CH_4). Diese Verbindung wirkt als Sauerstoff(atom)-Empfänger. Bei der Reaktion entsteht neben Kohlenstoffdioxid (CO_2, g) auch Wasserdampf (H_2O, g), der an den kälteren Stellen kondensiert.

Dieser Versuch zeigt, dass sich Kupferoxid auch durch Erdgas in Kupfer umwandeln lässt. Eine weitere Einsatzmöglichkeit ist die qualitative Analyse von Kohlenwasserstoffen wie Methan (Einstieg in die organische Chemie). Die dabei entstehenden Stoffe Kohlenstoffdioxid und Wasser offenbaren, dass Methan eine Verbindung ist, deren Moleküle mindestens aus Kohlenstoff- und Wasserstoff-Atomen aufgebaut sein müssen.

Aus einem herkömmlichen Fiolax-Reagenzglas lässt sich einfach ein Reagenzglas mit einem Loch herstellen. Dazu weicht man das Glas etwas oberhalb des Reagenzglasbodens durch punktuelles Erhitzen mit einem Flambierbrenner auf. Wölbt sich das Glas an der Heizstelle leicht nach innen, bläst man mit dem Mund von der Reagenzglasöffnung Luft in das Reagenzglas. Aus dem weichen Glas bildet sich eine Glasblase, die reißt. Dieser Vorgang ist im Video gezeigt, das mit Abb. 10.1 verlinkt ist.

Entsorgung

Das Kupferoxid kann wiederverwendet werden.

10.4.5 Reaktion von Kupferoxid mit Eisen oder Zink

Materialien und Chemikalien

Reagenzglas	
Gasbrenner	
Stativmaterial	
Spatel	
Kupfer(II)-oxid (⬦⬦)	
Eisenpulver *(Ferrum reductum* ⬦)	
Zinkpulver (⬦⬦)	

Durchführung

- Gleiche Teile Kupferoxid und Eisenpulver werden in einem Reagenzglas gemischt.
- Das Reagenzglas wird in ein Stativ eingespannt und das Gemisch kräftig mit dem Gasbrenner erhitzt.
- Der Versuch wird mit einer Mischung aus gleichen Teilen Kupferoxid und Zinkpulver wiederholt.

Beobachtung

In beiden Fällen glüht das Reaktionsgemisch stark auf und es sind nach dem Abkühlen rötlich-braune Stellen im Gemisch zu erkennen. Beim Ansatz mit Eisen ist die hellgraue Farbe des Eisens verschwunden. Stattdessen ist das zuvor graue Pulver nun dunkelgrau. Beim Ansatz mit dem Zink bildet sich zunächst ein gelblicher Feststoff, der beim Abkühlen aber weißlich wird.

Erklärung und didaktischer Kommentar

Eisen und Zink sind unedlere Metalle als Kupfer. Daher weisen deren Atome eine größere Bindungstendenz zu Sauerstoff-Atomen als Kupfer-Atome auf. Es kommt zur Sauerstoff(atom)-Übertragung unter Bildung von Kupfer und Eisen- bzw. Zinkoxid.

Die zunächst vorliegende leichte Gelbfärbung beim Ansatz mit Zink ist eine typische thermochrome Eigenschaft von Zinkoxid: Im heißen Zustand ist Zinkoxid gelb; beim Abkühlen wird Zinkoxid weiß.

Es ist darauf zu achten, dass *Ferrum reductum* beim Versuch eingesetzt wird. Herkömmliches Eisenpulver zeigt aufgrund eines schon recht hohen Gehalts an Eisenoxid nicht immer eindeutige Ergebnisse.

Entsorgung

Die Reaktionsansätze werden in den Behälter für anorganische Feststoffe gegeben.

10.4.6 Thermit (Eisen(III)-oxid/Aluminium)

(Corvis o. J.)

Materialien und Chemikalien

Kleiner Tonblumentopf	
Größere Schale mit Sand	
Filterpapier	
Stativ mit Stativring (passend für Tontopf)	
Streichhölzer	
Magnet	
Thermitgemisch (◈)	
Anzündstäbchen oder Magnesiumband (◈)	
Magnesiumpulver (◈)	
evtl. Bariumnitrat (◈◇)	

Durchführung

- Mit Filterpapier wird eine Hülse von 1–1,5 cm Durchmesser gedreht und auf einer Seite mit einem Knick verschlossen. In die Papierhülse wird Thermitgemisch gefüllt und ein Anzündstäbchen eingesteckt.
- Die Hülse wird auf den Boden des Blumentopfes gestellt und rundherum wird Sand eingefüllt.
- Der Blumentopf wird in den Stativring eingehängt. Unter den Blumentopf wird eine Schale mit Sand gestellt.
- Das Anzündstäbchen wird entzündet (Abb. 10.2).

Beobachtung

Die Zündmischung brennt zunächst blitzlichtartig. Nach kurzer Zeit fließt eine glühende Flüssigkeit durch das Loch im Blumentopf in den Sand. Nach dem Erstarren kann die Masse in Wasser abgekühlt werden und die Schlacke abgeschlagen werden. Im Inneren der Schlacke befindet sich ein magnetischer Kern.

Erklärung und didaktischer Kommentar

Das im Thermitgemisch enthaltene Eisen(III)-oxid reagiert in einer stark exothermen Reaktion mit Aluminium zu Eisen und Aluminiumoxid. Dieses Experiment kann alternativ zum Hochofenprozess als weiteres Beispiel einer Sauerstoff(atom)-Übertragungsreaktion bearbeitet werden und der Dekontextualisierung dienen.

Die hier vorgestellte Variante eignet sich besonders als Demonstrationsversuch und kann in diesem Maßstab drinnen durchgeführt werden. Größere Ansätze sollten nur im Freien gezündet werden. Älteres Thermitgemisch kann zur Förderung der Reaktion mit etwas Bariumnitrat versetzt werden.

Entsorgung

Die Eisen- und Schlackereste können in den Hausmüll gegeben werden.

Abb. 10.2 Versuchsaufbau
Thermit

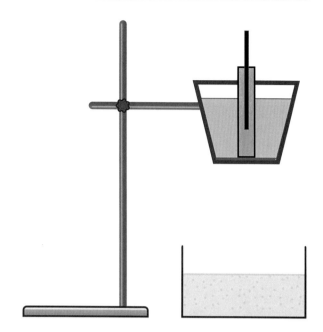

10.4.7 Hochofen im Reagenzglas

(Rossow und Flint 2006)

Materialien und Chemikalien

Reagenzglas (Duran®)	
Reagenzglasklammer	
Kleine Tonscherben	
Glaswolle (◈)	
Holzspan	
Porzellanschale	
Magnet	
Frisch ausgeglühte, gekörnte Aktivkohle (2,5 mm)	
Gesiebter Oxi-Reiniger (◇)	
Gekörntes Eisen(III)-oxid (◇) oder Rost	

Durchführung

- Das Reagenzglas wird ca. 5–6 cm hoch mit Oxi-Reiniger gefüllt und dann ca. 1 cm hoch mit kleinen Tonscherben überschichtet.
- Darauf wird ein Gemisch aus Aktivkohle und gekörntem Eisenoxid (Volumenverhältnis 3 : 1) bis ca. 2 cm unter den oberen Rand des Reagenzglases gefüllt und das Gemisch mit Glaswolle fixiert.
- Das Gemisch wird mit einem Brenner zunächst bis zur schwachen Rotglut erhitzt, dann wird der Brenner auf den Oxi-Reiniger gerichtet.
- Oben am Reagenzglas austretende gasförmige Stoffe werden entzündet.
- Lässt die Sauerstoffentwicklung nach (das Glühen wird schwächer und die Flamme am Reagenzglasrand erlischt), wird das Erhitzen des Reinigers beendet und man lässt das Reagenzglas abkühlen.
- Die Reste des Eisenoxid-Kohle-Gemisches werden in eine Porzellanschale gegeben und mit einem Magneten geprüft.

Beobachtung

Kurz nachdem man den Brenner auf den Oxi-Reiniger gerichtet hat, glüht das Eisenoxid-Kohle-Gemisch hell auf, die oben aus dem Reagenzglas austretenden gasförmigen Stoffe lassen sich entzünden (Abb. 10.3). Beim Prüfen der erkalteten Reaktionsprodukte bleiben kleine Eisenreguli am Magneten hängen.

Erklärung und didaktischer Kommentar

Das Erhitzen des Oxi-Reinigers setzt Sauerstoff frei. Der Sauerstoff fördert die Verbrennung der Kohle und die Temperatur steigt an. Dabei entsteht hauptsächlich Kohlenstoffmonooxid. Kohlenstoffmonooxid reduziert das Eisenoxid zu Eisen und wird dabei wieder zu Kohlenstoffdioxid oxidiert. Das Kohlenstoffdioxid setzt sich bei der hohen Temperatur mit Kohlenstoff nach dem Boudouard-Geichgewicht zu Kohlenstoffmonooxid um. Letzteres thematisiert man jedoch nur in der Sek. II.

$$2\,C\,(s) + O_2\,(g) \rightarrow CO\,(g)$$

$$Fe_2O_3\,(s) + 3\,CO\,(g) \rightarrow 2\,Fe\,(l) + 3\,CO_2\,(g)$$

$$CO_2\,(g) + C\,(s) \rightarrow 2\,CO\,(g)$$

Das entstandene Eisen haftet am Magneten. Nicht umgesetztes Kohlenstoffmonooxid verbrennt nach dem Entzünden am oberen Rand des Reagenzglases bei Luftzutritt zu Kohlenstoffdioxid.

Die Tonscherben dienen dazu, dass bei der Zersetzung des Reinigers entstehende Wasser etwas von dem Aktivkohle-Eisenoxid-Gemisch fernzuhalten. Bei Bedarf klopft

Abb. 10.3 Hochofen im
Reagenzglas

man während der Reaktion gelegentlich vorsichtig gegen den oberen Teil des Reagenzglases, damit das Gemisch nach unten in die Verbrennungszone nachrutscht. Pulver-
förmiges Eisenoxid eignet sich nicht, da dadurch das Reagenzglas zu stark abgedichtet
würde. Die entstehenden gasförmigen Stoffe drücken dann das Gemisch nach oben
heraus. Als Eisenoxid wird bewusst Fe_2O_3 verwandt, da es nicht magnetisch ist und die
zu beobachtende Farbveränderung bei der Untersuchung der Produkte neben dem festzu-
stellenden Magnetismus auf eine Reaktion hinweist.

Dieser Hochofen lässt sich auch mit Kupfer(II)-oxid anstelle von Eisen(III)-oxid
befüllen, um beispielsweise die pyrometallurgische Gewinnung von Rohkupfer aus verbranntem Elektroschrott nachzustellen.

Besonders gut eignet sich *Heitmanns reine Sauerstoffbleiche* als Sauerstoffspender.
Dieses Produkt enthält keine Tensidbeimischungen, die beim Erhitzen zerfallen und die
Reaktion stören können.

Entsorgung
Das Gemisch kann in den Hausmüll gegeben werden.

Inhaltsverzeichnis

Die Originalversion dieses Kapitels wurde korrigiert. Ein Erratum ist verfügbar unter
https://doi.org/10.1007/978-3-662-63905-4_13

Ergänzende Information Die elektronische Version dieses Kapitels enthält Zusatzmaterial,
auf das über folgenden Link zugegriffen werden kann https://doi.org/10.1007/978-3-662-
63905-4_11. Die Videos lassen sich durch Anklicken des DOI Links in der Legende einer
entsprechenden Abbildung abspielen, oder indem Sie diesen Link mit der SN More Media App
scannen.

© Springer-Verlag GmbH Deutschland, ein Teil von Springer Nature 2022,
korrigierte Publikation 2022
B. Sieve et al., *Experimente im Chemieunterricht Band 1,*
https://doi.org/10.1007/978-3-662-63905-4_11

Die erste Atomvorstellung im Chemieunterricht ist in Anlehnung an John Dalton. Nach dieser Vorstellung sind Atome mit winzigen starren Massekugeln mit definierter Masse und Größe vergleichbar. Eng verknüpft mit dem Atombegriff ist der Terminus Element. Ein Element kann auf der Stoffebene als chemisch nicht zerlegbarer Grundstoff und auf der Teilchenebene als Atomart oder Atomsorte definiert werden. Folglich gibt es genauso viele Atomarten, wie es chemische Elemente gibt. Das Atommodell in Anlehnung an Dalton ist die erste Grundlage der chemischen Symbolsprache. Das Einführen chemischer Formeldarstellungen auf der Ebene des zuvor behandelten Teilchenmodells ist nicht anzuraten, da die Lernenden ohne die Vorstellung von Atomen als Grundbausteine der Materie eine chemische Formel inhaltlich nicht verstehen können.

Der Teilchenbegriff erfährt mit der Ausdifferenzierung des Teilchenmodells zum Atommodell eine Aufweitung. Das Wort Teilchen wird dann zum Oberbegriff für Atome und Moleküle. Später kommt als dritte Teilchensorte das Ion noch hinzu. Dies vielfach jedoch erst nach der Einführung eines differenzierten Atommodells wie dem Schalenmodell oder dem Energiestufenmodell.

Es lassen sich nun verschiedene Wege finden, wie man die erste Atomvorstellung und die damit verbundene Symbolsprache im Chemieunterricht plausibel machen kann (s. Infokasten) (Sieve und Bernholt 2021).

Wege zum Atommodell und zur chemischen Formelsprache
Weg 1 – Massengesetze: Am Beginn dieses Weges stehen Reaktionen wie die Bildung und die Thermolyse von Silber(I)-sulfid oder Silber(I)-oxid im Fokus (Abschn. 8.4.1). Aus der Zerlegbarkeit der Stoffe erschließen sich die Begriffe Element und Verbindung (Stoffebene); eine Erklärung für die nicht weiter mögliche Zerlegung von Elementen in andere Stoffe liefert dann das hier eingeführte Atommodell nach Dalton. Die Plausibilität dieses Modells lässt sich an Reaktionen prüfen, die im geschlossenen System durchgeführt werden (Abschn. 11.1.1). Durch Wägung vor und nach der Reaktion lässt sich dann auf der Stoffebene das *Gesetz der Erhaltung der Masse* ableiten; auf der Teilchenebene wird dies dann als *Atomerhalt* gedeutet. Am Beispiel der Bildung von Kupfer(II)-sulfid oder von Eisen(II)-oxid können durch Wägung zusätzlich die Massenverhältnisse der Edukte bestimmt werden (Abschn. 11.1.3). Aus dem jeweils ermittelten Massenverhältnis berechnet man dann unter Einbezug der Atommassen, wie viele Atome des jeweiligen Elements sich in der reagierenden Edukt-Stoffportion befinden. Setzt man diese Atomanzahlen ins Verhältnis, erhält man die *Verhältnisformel* der Verbindung. Dabei erkennen die Lernenden, dass sich die Atome bei chemischen

Reaktionen in einem bestimmten Verhältnis miteinander verbinden. Sofern hier bereits die Größe der Stoffmenge eingeführt ist, lässt sich die Verhältnisformel aus dem Stoffmengenverhältnis ermitteln.

Dieser sehr sachlogische und analytische Denkweg erfordert von den Lernenden Routine im Rechnen mit positiven und negativen Exponenten. Dies kann gerade in jüngeren Jahrgängen (z. B. Klasse 7) nicht vorausgesetzt werden und erschwerend wirken.

Weg 2 – Formel des Wassers: Der Einstieg erfolgt über die den Lernenden meist bekannte Formel des Wassers („Wasser ist H_2O"), verbunden mit der Angabe, dass Wasser im Altertum zu den Elementen zählte und auch heute noch als *kostbares Element* bezeichnet wird. Die sich daraus ergebende Frage, ob Wasser nun wirklich ein Element ist, kann über das Löschen eines Magnesiumbrandes oder die Reaktion von Magnesium mit Wasserdampf beantwortet werden. Die Lernenden erkennen, dass Wasser bei der Reaktion zerlegt werden kann und somit aus zwei „Komponenten" bestehen muss. Es schließen sich die Analyse von verdünnter Schwefelsäure („leitfähig gemachtes Wasser") oder von Natriumsulfat-Lösung im Hofmann-Apparat und die Synthese von Wasser aus Wasserstoff und Sauerstoff im Eudiometer an. Aus der Beobachtung, dass sich Wasser nur aus den Stoffen Wasserstoff und Sauerstoff herstellen lässt, können die Begriffe Element und Verbindung definiert sowie auf der Teilchenebene das Atommodell nach Dalton eingeführt werden. Als Erkenntnis erhalten die Lernenden, dass Wasser eine Verbindung ist, die entsteht, wenn man Wasserstoff und Sauerstoff im Volumenverhältnis von 2 : 1 reagieren lässt. Für die Lernenden ist mit diesem Volumenverhältnis meist die chemische Formel H_2O bestätigt. Um bei Gasreaktionen aus dem Volumenverhältnis auf die Molekülformel schließen zu können, muss jedoch die Avogadro-Hypothese eingeführt werden. Über eine Gasdichtebestimmung (Litermasse) und die Bildung von Wasser in einem beheizbaren Eudiometer lässt sich dann der Molekülbegriff experimentell ableiten.

Dieser Weg erscheint aufgrund der Anknüpfung an das Alltagswissen für die Lernenden angemessener zu sein, doch enthält dieser Weg über die Avogadro-Hypothese eine komplexe Hürde, derer man sich bewusst sein muss. Da an einem Beispiel eine Molekülformel abgeleitet wurde, bedarf es Beispielen für Verhältnisformeln, beispielsweise unter Einbindung von Weg 1.

Weg 3 – Teilchenlupe: Ein gänzlich anderer Weg ist im Lehrplan Chemie des Bundeslandes Rheinland-Pfalz beschrieben. Dort geht man die Formelsprache mit dem Werkzeug der „Teilchenlupe" („chemische Lupe") an. Die Lernenden erhalten Bilder von verschiedenen Elementen und Verbindungen, in denen zur makroskopischen Ebene die Vorstellungen zum Aufbau der Stoffe aus Atomen vorgestellt werden. Die Lernenden vergleichen diese Darstellungen und unterscheiden Stoffe, die nur aus einer Sorte von Bausteinen (Atomen) bestehen, die Elemente, und solchen, die aus mehreren Atomsorten zusammengesetzt sind, die Verbindungen.

Zusätzlich lassen sich Moleküle und Molekülformeln als abzählbare Baueinheiten aus Nichtmetall-Atomen sowie Verhältnisformeln als ins Verhältnis setzbare Einheiten aus unzählbar vielen Atomen mindestens eines Metalls und eines Nichtmetalls ableiten.

Die chemische Formelsprache wird bei diesem Weg gar nicht aus empirischen Daten abgeleitet, sondern deduktiv vorgegeben und im Anschluss angewendet. Aufgrund der für diesen Weg nicht nötigen Berechnungen eignet sich dieser Weg gerade für jüngere Lernende und könnte auch unter Aussparung des klassischen Teilchenmodells erfolgen.

Weg 4 – Formelsprache nach dem Atombau: Während die drei bisher beschriebenen Wege ein ggf. um Ionen modifiziertes Dalton-Modell als theoretische Basis für die Formelsprache nutzen, sieht der seit 2020 gültige Kernlehrplan Chemie SI für das Bundesland Nordrhein-Westfalen vor, die chemische Formelsprache auf der Grundlage eines differenzierten Atommodells aufzubauen – beispielsweise in einem Kapitel zu den Eigenschaften von Salzen und salzartigen Verbindungen. Das Ion als Teilchensorte wird über den Bezug zum Atombau für die Lernenden erklärbar. Über die Ionenladung haben die Lernenden dann ein echtes Werkzeug parat, mit denen die Verhältnisformeln für Ionenverbindungen abgeleitet werden können. Die empirische Ermittlung der Verhältnisformel wird im Anschluss über Experimente zu den Gesetzen zum Erhalt der Masse und zu den konstanten Proportionen erarbeitet – beispielsweise an der quantitativen Synthese von Magnesiumoxid oder der Bildung von Kupfer(I)-sulfid, wie sie im Weg 1 auch eingesetzt werden kann. Der Unterschied zum Weg 1: Die Experimente dienen der Stützung der aus dem Modell abgeleiteten Erkenntnisse und damit der Vorhersageprüfung.

Wie man erkennt, führen viele Wege zur chemischen Formelsprache, aber keiner führt daran vorbei. Sie als Lehrkraft, vielmehr aber noch die Gestalter*innen von Lehrplänen und Curricula, sollten sich bewusst sein, dass bei der Einführung der Formelsprache auf der Basis des Dalton-Modells die zentrale Frage, warum sich Atome in einem bestimmten Anzahlverhältnis verbinden, gar nicht beantwortet wird, und damit für die Lernenden jede chemische Formel auf dieser Modellebene eine Blackbox bleiben muss. Da hilft es auch nicht, chemische Formeln aus empirischen Daten wie einem Massenverhältnis oder einem Volumenverhältnis abzuleiten und auch die anschauliche Visualisierung über die „Teilchenlupe" kommt hier an ihre Grenzen. Führt man die chemische Formelsprache auf der Dalton-Ebene und damit ohne Kenntnisse über den Bau eines Atoms ein, fehlt den Lernenden der Schlüssel für die Konstruktion von chemischen Formeln – eben die Tiefenstruktur. All dies spricht dafür, die chemische Formelsprache nach bzw. bei der Einführung des Ionenbegriffs auf der Basis eines differenzierten Atommodells einzuführen. Die nachfolgend beschriebenen Experimente bilden jedoch die zuvor beschriebenen Wege 1 und 2 ab, da hieran die empirische Seite der Formelermittlung betont werden kann.

11.1 Von der Massenerhaltung zur chemischen Formel

11.1.1 Massenerhaltung

Materialien und Chemikalien

2 Reagenzgläser	
Reagenzglasklammer	
2 Luftballons	
Waage	
Gasbrenner	
Erlenmeyerkolben (breit, 100 mL)	
Schnappdeckelgläschen	
Stopfen	
Streichhölzer	
Kupferpulver ( )	
Schwefelpulver ( )	
Natronlauge ($c = 2$ mol/L,)	
Eisen(III)-chlorid-Lösung ($w = 1$ %,)	

Durchführung Variante 1

- Ein Spatel Kupferpulver und zwei Spatel Schwefelpulver werden vermischt und in das Reagenzglas gegeben.
- Das Reagenzglas wird mit dem Luftballon verschlossen und gewogen.
- Das Reagenzglas wird erhitzt, bis die Reaktion zwischen Kupfer und Schwefel einsetzt.
- Nach dem Abkühlen des Reagenzglases wird es erneut gewogen.

Durchführung Variante 2

- Fünf Streichhölzer werden mit der Spitze nach unten in ein Reagenzglas gegeben, das Reagenzglas mit einem Luftballon verschlossen und der Ansatz gewogen.
- Die Streichholzköpfchen werden im Reagenzglas mit dem Gasbrenner erhitzt. Nach dem Entzünden und dem Abkühlen wird der Ansatz erneut gewogen.

Durchführung Variante 3

- 20–30 mL Natronlauge werden in den Erlenmeyerkolben gegeben.
- Ein Schnappdeckelgläschen wird zur Hälfte mit Eisen(III)-chlorid-Lösung gefüllt und in den Erlenmeyerkolben gestellt.
- Der Erlenmeyerkolben wird verschlossen und gewogen.
- Anschließend kippt man das Schnappdeckelgläschen um und schüttelt vorsichtig, um die Flüssigkeiten zu vermischen.
- Der Kolben wird nochmals gewogen.

Beobachtung

Variante 1: Es entsteht eine orangebraune Schmelze und ein orangebrauner Dampf. Das Gemisch glüht rötlich auf und der Ballon bläht sich auf. Nach dem Abkühlen ist ein blauschwarzer Feststoff entstanden. Die Masse des Ansatzes hat sich nicht verändert.

Variante 2: Die Streichhölzer entzünden sich, es entsteht ein weißlich-grauer Rauch und der Ballon bläht sich leicht auf. Aus dem Holz bildet sich ein schwarzer Stoff. Die Masse verändert sich bei dem Vorgang nicht.

Variante 3: Es bildet sich ein dunkelbrauner Niederschlag, die Masse hat sich nicht verändert.

Erklärung und didaktischer Kommentar

Bei Variante 1 bildet sich Kupfer(II)-sulfid, bei Variante 3 entsteht schwer lösliches Eisen(III)-hydroxid, welches vergleichsweise schnell zu Eisen(III)-oxidhydroxid reagiert. Bei allen Versuchen verändert sich die Masse vor und nach der Reaktion nicht. An diesen Beispielen können das Gesetz der Erhaltung der Masse (nach Lomonossow und Lavoisier) sowie der Systembegriff abgeleitet werden. Wird die Variante 2 beispielsweise in einem offenen Reagenzglas durchgeführt, nimmt die Masse während des Versuchs infolge der entweichenden Dämpfe ab.

Im Unterricht empfiehlt es sich, arbeitsteilig alle drei Varianten durchzuführen, um dann aus den drei vergleichbaren Ergebnissen die Plausibilität des Gesetzes herauszustellen.

Das für die Stoffebene formulierte Gesetz der Erhaltung der Masse muss im Unterricht auf die Teilchenebene übertragen werden. Der Massenerhalt im geschlossenen System kann so als Atomerhalt interpretiert werden.

Entsorgung

Variante 1: Das Gemisch aus Kupferpulver und Schwefelpulver sollte nicht aufbewahrt werden. Es neigt zur Selbstzündung und kann explosionsartig reagieren. Die Reagenzgläser mit dem abreagierten Gemisch werden unter einem ziehenden Abzug geöffnet. Die Luftballons werden über den Hausmüll entsorgt. Die Reagenzgläser werden nach dem Herauskratzen des Kupfer(II)-sulfids in den Glasabfall gegeben. Das Kupfer(II)-sulfid kann in den Behälter für anorganische Feststoffe gegeben werden.

Variante 2: Die Reagenzgläser werden unter dem ziehenden Abzug vom Luftballon befreit. Entweichender Rauch wird abgesogen. Die abgebrannten Streichhölzer gibt man in den Hausmüll.

Variante 3: Das entstandene Eisen(III)-hydroxid wird abfiltriert und in den Behälter für Schwermetalle gegeben.

11.1.2 Massenerhaltung mit Haushaltschemikalien

Materialien und Chemikalien

Reagenzgläser	
Reagenzglasständer	
Waage	
Luftballon	
Becherglas (250 mL)	
Backpulver	
Haushaltsessig (Essigsäure, $w = 5\,\%$)	

Durchführung im offenen Gefäß

- Ein Reagenzglas wird mit ca. 1 cm Backpulver befüllt, ein weiteres Reagenzglas mit einem Finger breit Essig.
- Beide Reagenzgläser werden in einem Becherglas auf die Waage gestellt und die Masse bestimmt.
- Dann gibt man das Backpulver zu dem Essig und wiegt nach Abschluss der Reaktion erneut.

Durchführung im geschlossenen System

- In einen Luftballon wird ca. 1 cm hoch Backpulver gefüllt, in ein Reagenzglas ca. ein Finger breit Essig. Von beidem wird die Masse bestimmt.
- Anschließend wird der Luftballon über die Reagenzglasöffnung gestülpt, sodass das Backpulver langsam in das Glas rieselt. Nach Abschluss der Reaktion wiegt man erneut.

Beobachtung

In beiden Reagenzgläsern setzt beim Mischen der Stoffe eine heftige Gasentwicklung ein und man hört ein Zischen. Im Ansatz mit dem Luftballon bläht sich dieser auf. Während im offenen Gefäß die Masse leicht abnimmt, bleibt sie im Reagenzglas mit Luftballon konstant.

Erklärung und didaktischer Kommentar

Natron (Natriumhydrogencarbonat) bzw. Soda (Natriumcarbonat) aus dem Backpulver reagieren mit der essigsauren Lösung in einer Neutralisationsreaktion unter Freisetzung von Kohlenstoffdioxid.

Didaktischer Kommentar siehe Abschn. 11.1.1.

Entsorgung

Entfällt.

11.1.3 Konstantes Massenverhältnis

Materialien und Chemikalien

Reagenzglas (Duran®)	
Reagenzglasklammer	
Gasbrenner	
Pinzette	
Waage	
Dünner Kupferblechstreifen (1 cm × 10 cm, m ~ 1 g)	
Schwefelpulver (⟨!⟩)	
Glaswolle (◈)	

Durchführung

- Das Kupferblech wird ziehharmonikaartig auf etwa 2 cm Länge gefaltet und gewogen.
- In ein Reagenzglas werden etwa 0,5 g Schwefelpulver eingewogen.
- Das Reagenzglas wird waagerecht gehalten und der Kupferblechstreifen in die Mitte des Reagenzglases geschoben. Das Reagenzglas wird mit etwas Glaswolle verschlossen (Alternative: Luftballon).

- Das Reagenzglas wird so erhitzt, dass der Schwefel verdampft und der Dampf über das Kupferblech strömt, wobei die chemische Reaktion einsetzt.
- Nach dem Abkühlen wird das Reaktionsprodukt vorsichtig entnommen. Dabei wird überschüssiger Schwefel, der am Reaktionsprodukt haftet, im Abzug mit dem Gasbrenner verdampft.
- Das Reaktionsprodukt wird gewogen und die Masse an Schwefel, die reagiert hat, berechnet.

Beobachtung

Vgl. Abschn. 8.1.1: Reaktion von Kupfer mit Schwefel. Beispielhafte Messwerte: $m(\text{Kupferblech}) = 0{,}98$ g; $m(\text{Kupfersulfid}) = 1{,}23$ g. Daraus ergibt sich $m(\text{Schwefel}) = 0{,}25$ g.

Erklärung und didaktischer Kommentar

Es bildet sich Kupfer(II)-sulfid. Aus den Messwerten lässt sich ein Massenverhältnis $m(\text{Kupfer}) : m(\text{Schwefel}) = 4 : 1$ berechnen. Im Unterricht empfiehlt es sich, von allen Gruppen die Messwerte aufzunehmen und die Mittelwerte bilden zu lassen. Ausreißer sowie die Güte der Durchführung nebst möglicher Fehlerquellen können dann im Sinne einer Fehlerdiskussion angesprochen werden. Ferner sollte man im Unterricht durch Übungsaufgaben thematisieren, dass bei einem Überschuss eines Edukts ein Teil des Edukts unverbraucht übrig bleibt. Diese Überlegungen sind zentral für die Vorstellung, dass nur so viel von einem Edukt umgesetzt werden kann, bis eines der Edukte ganz umgesetzt wurde – eine Grundannahme der Stöchiometrie.

Wie auch beim Gesetz der Erhaltung der Masse muss auch hier das Gesetz der konstanten Proportionen auf die Teilchenebene übertragen werden. Die Lernenden können unter Anwendung der Atomhypothese erläutern, dass sich Atome in einem bestimmten Zahlenverhältnis verbinden. Über die Zusatzinformation, dass ein Kupfer-Atom etwa doppelt so schwer ist wie ein Schwefel-Atom, können die Lernenden aus dem Massenverhältnis von $4 : 1$ auf ein Atomanzahlverhältnis von $N(\text{Cu}) : N(\text{S}) = 2 : 1$ schließen. Daraus leitet sich dann die Verhältnisformel Cu_2S ab. Die Grundüberlegung: In 4 g Kupfer müssen doppelt so viele Cu-Atome enthalten sein wie in 1 g Schwefel S-Atome sind.

Entsorgung

Die Kupfer(II)-sulfid-Stücke sollten in den Behälter für anorganische Feststoffe gegeben werden. Auf keinen Fall dürfen Stücke davon in den Ausguss gegeben werden, da sich dort u. U. Schwefelwasserstoff bilden kann. Gleiches gilt für Reste von Eisen(II)-sulfid.

11.1.4 Mit wie viel Eisen reagieren 0,4 g Schwefel?

Materialien und Chemikalien

3 Reagenzgläser	
Reagenzglasklammer	
Gasbrenner	
Pinzette	
Waage	
Wägepapier	
Spatel	
Eisenwolle (entfettet)	
Schwefelpulver (⚠)	
Glaswolle (◆)	

Durchführung

- Es werden drei Bäusche Eisenwolle genau abgewogen: 0,4 g; 0,7 g; 1,0 g.
- In die drei Reagenzgläser werden genau 0,4 g Schwefelpulver eingewogen.
- In jedes Reagenzglas steckt man einen Eisenwollebausch. Der Abstand zwischen dem Schwefel und der Eisenwolle sollte etwa daumenbreit sein.
- Der Schwefel in den Reagenzgläsern wird mit der rauschenden Brennerflamme erhitzt.

Es ist darauf zu achten, dass die Eisenwolle locker in das Reagenzglas gesteckt wird. Wird der Eisenwollebausch zu stark komprimiert, kann die Reaktion nicht vollständig ablaufen und die Ergebenisse werden verfälscht.

Beobachtung

Es entsteht eine rötlich-braune Flüssigkeit und ein rötlich-brauner Dampf. Bei Kontakt mit der Eisenwolle beginnt diese zu Glühen. Das Produkt ist dunkelgrau. Im Reagenzglas mit den 0,4 g Eisenwolle ist noch ein weißlich-gelber Rest zu erkennen, während im

Reagenzglas mit den 1,0 g Eisenwolle ein Teil der Eisenwolle hellgrau bleibt und kein gelblicher Belag zu erkennen ist. Im Ansatz mit der Kombination aus 0,4 g Schwefel und 0,7 g Eisenwolle ist die vormalige Eisenwolle durchgängig dunkelgrau; ein gelber Belag ist nicht zu erkennen.

Erklärung und didaktischer Kommentar

In allen Reagenzgläsern bildet sich dunkelgraues Eisen(II)-sulfid. Ein vollständiger Umsatz läuft bei der Kombination aus 0,4 g Schwefel und 0,7 g Eisenwolle ab. Hier zeigen sich keine Eduktreste. In den übrigen Ansätzen bleiben Schwefel bzw. Eisenwolle unreagiert übrig.

Aus dem Versuch lässt sich das Massenverhältnis $m(\text{Eisen}) : m(\text{Schwefel}) = 7 : 4$ ableiten. Ferner wird ersichtlich, dass nur genau dieses Massenverhältnis zu einem vollständigen Umsatz führt und bei nicht stöchiometrischen Gemischen entsprechend Edukte unverbraucht übrig bleiben.

Entsorgung

Das Eisen(II)-sulfid kann abgekühlt in den Hausmüll gegeben werden.

Es ist darauf zu achten, dass das Eisen(II)-sulfid nicht mit sauren Lösungen in Kontakt kommen darf, da es sonst zur Bildung von giftigem Schwefelwasserstoffgas kommt.

11.2 Formelermittlung am Beispiel des Wassers

Wie im Einführungstext zu diesem Kapitel beschrieben, erfolgt die Ermittlung einer chemischen Formel am Alltagsbeispiel Wasser. Den Lernenden ist die Bezeichnung H_2O meist bekannt, doch wissen sie meist nicht, was diese Formel konkret bedeutet. Nachfolgend wird der im Einleitungstext beschriebene *Weg 2* aufgenommen und über die Experimente konkretisiert (vgl. Jansen et al. 1994). Darüber hinaus werden verschiedene Eigenschaften von Wasser und von Wasserstoff vorgestellt, die der Erweiterung des Denkweges dienen. Die experimentelle Ableitung der Gasgesetze (Abschn. 11.4) kann sich anschließen.

11.2.1 Löschen eines Magnesiumbrandes

Materialien und Chemikalien

Feuerfeste Unterlage	
Spatel	
Gasbrenner	
Cobaltglas	
Sand	
Magnesiumspäne (⬦)	
Wasser in Spritzflasche	

Durchführung

- Etwa 5 Spatel Magnesiumspäne werden auf einer feuerfesten Unterlage zu einem Kegel aufgehäuft und mit der rauschenden Brennerflamme entzündet. Dann wird mit einigen Spritzern Wasser aus der Spritzflasche versucht, den Brand zu löschen.

Beobachtung

Es zeigt sich eine weiße Flamme, von der weißer Rauch aufsteigt. Der Löschversuch mit Wasser ist vergeblich. Es bildet sich eine Stichflamme und Funken sprühen.

Erklärung und didaktischer Kommentar

Das brennende Magnesium reagiert mit Wasser. Der dabei entstehende Wasserstoff entzündet sich und entfacht die Verbrennung des Magnesiums zusätzlich.

Eingebunden in die Geschichte vom Brand einer Feuerwerksfabrik in Enschede (13. Mai 2000) kann dieser Versuch einerseits die Vorgänge des damaligen Unglücks modellieren. Andererseits ergibt sich für die Lernenden, dass Wasser kein Element ist, sondern eine chemische Verbindung, deren Teilchen mindestens H-Atome (entstehendes Wasserstoffgas) und O-Atome (Bildung von Magnesiumoxid) gebunden haben müssen. Zudem wird für die Lernenden deutlich, dass Magnesium-Atome in der Lage sind, Sauerstoff-Atome aus dem Wasser-Molekül zu binden (unedles Metall, Stoff mit hoher Bindungstendenz zu Sauerstoff). Ein Vergleich zu einer brennenden Magnesiumfackel unter Wasser kann diese These stützen.

Entsorgung

Der Brand sollte mit Sand erstickt werden. Das abgekühlte Magnesiumoxid kann in den Hausmüll gegeben werden.

11.2.2 Zerlegung von Wasser durch die Reaktion mit unedlen Metallen

Materialien und Chemikalien

2 Reagenzgläser (Duran®)	
Durchbohrter Stopfen mit Gasableitungsrohr	
Durchbohrter Stopfen mit ausgezogenem Glasrohr und kleinem Eisenwollebausch als Rückschlagsicherung	
Glaswanne	
Standzylinder	
Stativmaterial	
Pipette	
Spatel	
Magnesiumband oder -späne (⬦)	
Magnesiarinne	
Sand, alternativ Katzenstreu	
Eisenwolle	
Wasser	

Durchführung 1

- Abb. 11.1 ist mit einem Video verlinkt, welches das Experiment vom Aufbau bis zur Durchführung zeigt.
- Ein Reagenzglas wird schräg in ein Stativ eingespannt, dabei sollte sich die Klammer nahe an der Öffnung befinden! Das Reagenzglas wird dann zu einem Drittel mit Sand gefüllt und so lange mit Wasser versetzt, bis der Sand komplett durchfeuchtet ist.
- In der Mitte des Reagenzglases wird ein Stück Magnesiumband (4–6 cm) eingeklemmt. Dazu kann man das Band mithilfe eines Stiftes zu einer Spirale drehen und in das Reagenzglas schieben. Wichtig ist, dass sich das Magnesiumband nicht bewegt.
- Das Reagenzglas wird mit dem durchbohrten Stopfen mit dem ausgezogenen Glasrohr verschlossen.
- Das Magnesiumband wird erst langsam, dann kräftig erhitzt.
- Wenn eine Reaktion einsetzt, erhitzt man das Wasser in der Wasser-Sand-Suspension durch geschickte Gasbrennerbewegung zum Sieden und versucht, das austretende Gas an der Spitze des ausgezogenen Glasrohrs zu entzünden.

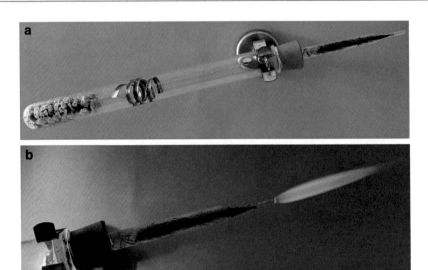

Abb. 11.1 a Aufbau zur Durchführungsvariante 1 und **b** brennende Wasserstoffflamme. Das verlinkte Video zeigt den Versuch vom Aufbau bis zur Reaktion (▸ https://doi.org/10.1007/000-336)

Durchführung 2

- Das Reagenzglas wird zu einem Fünftel mit nassem Sand gefüllt und waagerecht eingespannt.
- Ein mit Wasser gefüllter Standzylinder wird so in ein Stativ eingespannt, dass er umgedreht in eine mit Wasser gefüllte Glaswanne reicht (pneumatische Wanne).
- In das Reagenzglas wird eine mit Magnesiumspänen gefüllte Magnesiarinne geschoben.
- Das Reagenzglas wird mit dem durchbohrten Stopfen mit Gasableitungsrohr verschlossen. Das Gasableitungsrohr wird unter den Standzylinder geführt.
- Zunächst wird der Sand kurz, dann das Magnesium kräftig bis zum Aufglühen erhitzt.
- Schließlich wird der Sand erneut erhitzt, um das restliche Wasser zu verdampfen und mit dem Magnesium zur Reaktion zu bringen.
- Am Ende der Reaktion entfernt man das Gasableitungsrohr, um ein Zurücksteigen des Wassers aus der Wanne zu verhindern.

Beobachtung

Das Magnesiumband entzündet sich und leuchtet hell-weiß auf und es entsteht ein weißes Pulver. Am ausgezogenen Glasrohr lässt sich das austretende Gas entzünden. Bei der Durchführungsvariante 2 bildet sich ein Gas. Die Knallgasprobe ist dabei positiv.

Erklärung und didaktischer Kommentar

In allen Fällen reagiert das erhitzte Magnesium mit dem Wasserdampf unter Bildung von weißem Magnesiumoxid und Wasserstoffgas. Dieser Versuch bildet den Anschluss an das Löschen eines Magnesiumbrandes, da mit ihm die Frage geklärt werden kann, ob Wasser ein Wasserstoffoxid ist. Damit unterstützt dieser Versuch das in Abschn. 11.2.1 erhaltene Ergebnis. Gerade das Auffangen des entstehenden Wasserstoffgases ist die sinnvollere Variante, da im Anschluss diskutiert werden kann, um welches Gas es sich handelt. Führt man dann die Knallgasprobe durch, bestätigt sich die Vermutung, dass Wasser eine Verbindung ist, deren Moleküle mindestens aus H-Atomen und O-Atomen bestehen muss.

Entsorgung

Das Magnesiumoxid kann im Hausmüll entsorgt werden; die Reagenzgläser können in den Glasmüll gegeben werden.

11.2.3 Wasserzersetzung im Hofmann-Apparat

Materialien und Chemikalien

Hofmann'scher Zersetzungsapparat	
2 Platin-Elektroden	
2 Reagenzgläser zum Auffangen der Gase	
Stelltrafo, Kabel	
Glimmspan	
Feuerzeug	
Verd. Schwefelsäure ($c = 0{,}5$–1 mol/L, ⬦)	
Wasser	

Durchführung

- Wasser wird mit Schwefelsäure angesäuert und in den Zersetzungsapparat gefüllt.
- Die Gleichspannung wird so reguliert, dass eine lebhafte Gasentwicklung an beiden Elektroden auftritt.
- Haben sich einige Milliliter Gas auf beiden Seiten gebildet, so wird es durch Luftverdrängung jeweils in ein Reagenzglas gefüllt und mit einem brennenden Holzspan geprüft.

Beobachtung

An beiden Polen entstehen Gasblasen; das am Minuspol entstehende Gasvolumen ist etwa doppelt so groß wie das des am Pluspol entstehenden Gases. Das am Pluspol aufgefangene Gas zeigt eine positive Glimmspanprobe, das am Minuspol aufgefangene Gas eine positive Knallgasprobe.

Erklärung und didaktischer Kommentar

Durch Elektrolyse wird die verdünnte Schwefelsäure zerlegt, wobei folgende Elektrodenreaktionen ablaufen:

Minuspol (Kathode): $4\,H_3O^+(aq) + 4\,e^- \rightarrow 2\,H_2\,(g) + 2\,H_2O\,(l)$

Pluspol (Anode): $6\,H_2O\,(l) \rightarrow 4\,H_3O^+\,(aq) + O_2\,(g) + 4\,e^-$

Aus dem Versuch können die Lernenden ableiten, dass Wasser eine Verbindung ist, deren Teilchen mindestens aus den Atomarten H-Atome und O-Atome aufgebaut sein müssen. Erst die Synthese von Wasser liefert das Ergebnis, dass Wasser eine Wasserstoff-Sauerstoff-Verbindung ist.

Ist kein Zersetzungsapparat vorhanden, so kann der Versuch auch in einem Becherglas durchgeführt werden. Die entstehenden Gase lassen sich pneumatisch in mit Wasser gefüllten Reagenzgläsern auffangen. Ebenso ist die Durchführung der Elektrolyse in Kunststoff-Einmalpipetten (Abb. 11.2) bzw. Kunststoffspritzen unter Verwendung

Abb. 11.2 Elektrolyse einer Natriumsulfat-Lösung mit Einmalpipetten und einfachen Bildernägeln

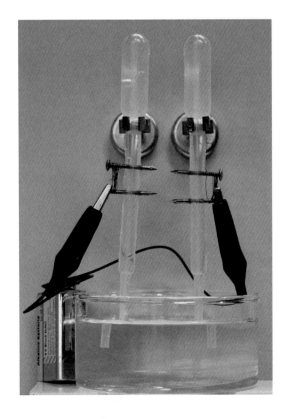

von 5 %iger Natriumsulfatlösung möglich. Die Kunststoffspritzen haben den Vorteil, dass man an der Skala die entstehenden Gasvolumina ablesen kann. Düst man die aufgefangenen Gase im Anschluss in mit Seifenlösung versetztes Wasser ein, lassen sich die Gasblasen mit einem Knall entzünden.

Entsorgung

Entfällt. Die verdünnte Schwefelsäure kann in der Apparatur belassen werden.

11.2.4 Wassersynthese im Eudiometerrohr

Materialien und Chemikalien

Eudiometerrohr	
Funkengeber und Kabel	
Pneumatische Wanne	
Stativ	
2 Kunststoffspritzen (20 mL) mit passendem Stopfen	
Wasserstoff (⬥⬦)	
Sauerstoff (⬥⬦)	

Durchführung

- Eine Kunststoffspritze wird mit 20 mL Wasserstoff, die andere mit 20 mL Sauerstoff gefüllt.
- Das Eudiometerrohr wird mit Wasser gefüllt, in die pneumatische Wanne gestellt und eingespannt.
- Gleiche Volumina beider Gase werden eingefüllt (z. B. 2 mL Wasserstoff und 2 mL Sauerstoff). Vorher ist dafür zu sorgen, dass der Zuleitungsschlauch luftfrei ist, da es sonst zu Messfehlern kommt.
- Die Zündung des Gemisches erfolgt durch einen elektrischen Funken. Die Apparatur muss sehr standfest aufgebaut werden, da sie bei der Zündung ruckt.
- Die Volumina an Sauerstoff und Wasserstoff werden variiert.

Beobachtung

Nach Betätigen des Funkengebers zündet das Gemisch mit einem Knall. Bei der angegebenen Volumenkombination bleibt ein Restgas von 1 mL Volumen übrig. Nur bei einem Volumenverhältnis von V(Wasserstoff) : V(Sauerstoff) = 2 : 1 erfolgt ein vollständiger Umsatz.

Erklärung und didaktischer Kommentar

Die Lernenden erkennen, dass nur bei einem Volumenverhältnis von V(Wasserstoff) : V(Sauerstoff) = 2 : 1 ein vollständiger Umsatz erfolgt. Dies verdeutlicht noch einmal das Gesetz der konstanten Proportionen, nach dem Stoffe in einem bestimmten Massen- bzw. Volumenverhältnis reagieren. Weicht man in den eingemessenen Eduktmengen ab, bleibt der im Überschuss vorliegende Stoff übrig.

Bezüglich der Formelermittlung für das Wasser-Molekül schließen die Lernenden häufig vom Volumenverhältnis direkt auf die Molekülformel H_2O. Dies gilt jedoch nur unter Anwendung des Satzes von Avogadro. Den Lernenden muss hier bewusst werden, dass in einem Raumteil Wasserstoffgas genauso viele H-Atome enthalten sein müssen, wie in einem Raumteil Sauerstoff O-Atome sind. Nur dann ist der Übergang vom Volumenverhältnis auf das Atomanzahlverhältnis, also die chemische Formel, statthaft. Diese Erkenntnis kann dann als Satz von Avogadro formuliert werden.

Es empfiehlt sich, die Volumenverhältnisse von Gasreaktionen in einem beheizbaren Eudiometer einzubeziehen. In diesem Gerät lässt man die Knallgasreaktion so ablaufen, dass das entstehende Wasser ebenfalls gasförmig vorliegt (z. B. bei einer Temperatur von 120°C). Aus der Beobachtung, dass aus 2 Raumteilen Wasserstoff und einem Raumteil Sauerstoff genau zwei Raumteile Wasserdampf werden, lässt sich der Molekülbegriff ableiten, denn dieser Befund ist nur deutbar, wenn man H_2-Moleküle und O_2-Moleküle als die Teilchen von Wasserstoff- und Sauerstoff annimmt (Abb. 11.3). Da nicht jede Schule ein solches Gerät hat, ist die materialgestützte Erarbeitung sinnvoll.

Entsorgung

Entfällt.

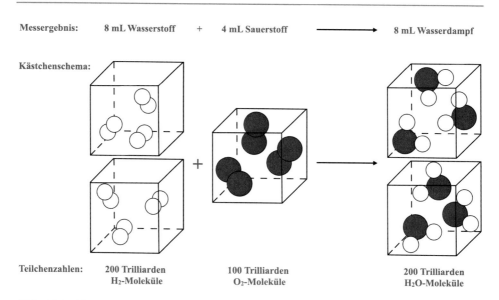

Messergebnis: 8 mL Wasserstoff + 4 mL Sauerstoff ⟶ 8 mL Wasserdampf

Kästchenschema:

Teilchenzahlen: 200 Trilliarden 100 Trilliarden 200 Trilliarden
H$_2$-Moleküle O$_2$-Moleküle H$_2$O-Moleküle

Abb. 11.3 Vorstellung zur Reaktion von Wasserstoff mit Sauerstoff zu Wasserdampf im Kästchenschema

11.2.5 Katalytische Zündung von Knallgas – Hüpfender Schnapsbecher

(Roesky und Möckel 1994; Brandl 2010)

Materialien und Chemikalien

Kunststoffspritze (60 mL) mit passendem Blindstopfen
2 Luftballons mit Gasfüllung als Gasreservoir; einmal Wasserstoff-, einmal Sauerstofffüllung
Kanüle (stumpf, blunt)
Drei-Wege-Hahn (Spritzentechnik)
Einweg-Kunststoffbecher (20 mL) „Schnapsglas"
Gummistopfen mit eingebohrter Vertiefung (3 bis 4 mm Durchmesser)
Schliffscheibe oder CD-Hülle
Pinzette
Gasbrenner

Wasserstoff (⬦⬦)	
Sauerstoff (⬦⬦)	
Pt/Pd-Katalysatorperle	
Siliconöl	

Durchführung

- *Vorbereitung durch die Lehrkraft:* Die Kolben der Spritzen müssen auf Leichtgängigkeit geprüft werden. Bei zu schwergängigen Kolben sollten diese mit Siliconöl eingerieben werden.
- Die Kunststoffspritze wird aus den Gasballonreservoir zuerst mit 20 mL Sauerstoff und dann mit 40 mL Wasserstoff gefüllt (siehe Abschn. 5.4.3). Die so vorbereiteten Spritzen werden mit den Blindstopfen verschlossen und können den Lernenden gegeben werden.
- Die Pt–Pd-Katalysatorperle sollte ggf. vor dem Versuch in der rauschenden Brennerflamme ausgeglüht werden.
- *Durchführung der Lernenden:* Der Einweg-Kunststoffbecher wird so auf die Schliffplatte bzw. die CD-Hülle gestellt, dass der Becher etwa 1/3 über dem Rand übersteht.
- Die abgestumpfte Kanüle wird auf die Spritze gesetzt und von unten in den Kunststoffbecher eingeführt. Der Becher wird so weit auf die Schliffplatte (die CD-Hülle) geschoben, dass nur noch ein kleiner Spalt offen bleibt. Nun wird das Knallgasgemisch aus der Spritze eingedüst. Die Kanüle wird entfernt und der Becher ohne Anheben vollständig auf die Unterlage geschoben.
- Der Gummistopfen wird mit der Mulde nach oben auf den Tisch gestellt. Falls der Tisch nicht glatt genug ist, kann man den Stopfen auch auf eine Glasscheibe oder eine Keramikfliese stellen. In die Mulde legt man eine möglichst große Pt–Pd-Katalysatorperle.
- Nun hält man die Platte mit dem gasgefüllten Kunststoffbecher möglichst nah über die Katalysatorperle, zieht dann die Unterlage zügig zur Seite und stülpt den Kunststoffbecher zügig über den Stopfen mit der Katalysatorperle.
- Aus einer Entfernung von etwa einem Meter beobachtet man den Versuch.

- Man sollte die Lernenden auffordern, den Mund während des Versuchs zu öffnen, um einen Druckausgleich im Ohr zu erreichen. Ggf. kann ein Gehörschutz getragen werden. Es dürfen keine größeren Volumina als die hier vorgegebenen verwendet werden. Gefäße aus Glas sind hier nicht statthaft.

Beobachtung

Die Pt–Pd-Katalysatorperle glüht auf und auf der Innenwand des Kunststoffbechers bilden sich farblose Tropfen. Nach wenigen Sekunden wird der Becher mit lautem Knall nach oben geschleudert.

Erklärung und didaktischer Kommentar

Das stöchiometrische Knallgasgemisch entzündet sich unter Einwirkung des Katalysators explosionshaft. Dabei läuft die Reaktion zunächst langsam an der Katalysatoroberfläche ab, da die Aktivierungsenergie an der Pt–Pd-Oberfläche abgesenkt wird. Die Katalysatorperle wird durch die frei werdende Reaktionsenergie erhitzt und beginnt zu glühen. Dadurch wird dem restlichen Gemisch so viel Aktivierungsenergie zugeführt, dass das Knallgasgemisch zündet und explosionsartig reagiert.

Sollte trotz Glühen der Pt–Pd-Katalysatorperle beim ersten Mal keine Explosion erfolgen, kann das Experiment mit der gleichen Perle wiederholt werden. Zudem empfiehlt sich, auch den Rand des Kunststoffbechers mit Siliconöl zu bestreichen, um die Diffusion des Wasserstoffgases zu verringern. Falls nach mehreren Versuchen mit der gleichen Katalysatorperle keine Explosion eintritt, sollte man die Perle austauschen.

Entsorgung

Entfällt; die Katalysatorperle kann wiederverwendet werden.

11.3 Eigenschaften von Wasserstoff

11.3.1 Membran-Diffusion von Wasserstoff

Materialien und Chemikalien

Becherglas	
Tonzelle	
Glasrohre	
Woulff'sche Flasche (oder Erlenmeyerkolben mit einem 2-fach durchbohrten Stopfen)	
Wasserstoff (⬦⬦)	
Wasser	

Abb. 11.4 Membran-
Diffusion von Wasserstoff

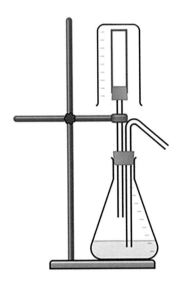

Durchführung

• Nach Zusammensetzen der Apparatur (Abb. 11.4) leitet man einen raschen Wasserstoffstrom unter das über die Tonzelle gestülpte Becherglas

Beobachtung

Nach wenigen Sekunden spritzt Wasser aus dem ausgezogenen Röhrchen (bis zu
100 mL). Das Spritzen hört erst auf, wenn die Luft aus der Tonzelle vollständig durch
Wasserstoff ersetzt ist. Nimmt man das Becherglas ab, wandern Luftblasen durch das
Ausströmungsrohr ins Innere der Apparatur. Der Unterdruck wird rasch ausgeglichen.

Erklärung und didaktischer Kommentar

Der Aufbau ist in Schulen mitunter komplett vorhanden. Erklären lässt sich die
Beobachtung durch die verschiedenen Diffusionsgeschwindigkeiten von Gasen. Die
Wasserstoff-Moleküle diffundieren schneller in den Tonzylinder hinein und verdrängen
die dort vorhandene Luft. Dadurch steigt der Druck im Tonzylinder sowie dem Erlenmeyerkolben, wodurch das Wasser aus der Düse spritzt. Entfernt man das Becherglas
diffundieren die Wasserstoff-Moleküle wieder schneller aus dem Tonzylinder nach außen
und es entsteht ein Unterdruck. Führt man den Versuch mit Kohlenstoffdioxid durch, entsteht aufgrund der geringen Diffusionsgeschwindigkeit von Kohlenstoffdioxid ein Unterdruck.

Lernende geben als für sie plausible Deutungsmöglichkeit häufig die Größenunterschiede zwischen Sauerstoff- bzw. Stickstoff-Molekülen und den Wasserstoff-Molekülen an. Diese fachlich falsche Sichtweise kann und sollte über den relativ großen Porendurchmesser ausgeschlossen werden. Aus diesem Grund sollte das Experiment auch nicht als Beleg für die unterschiedliche Teilchengröße bei der Anwendung des Teilchenmodells eingesetzt werden.

Entsorgung
Entfällt.

11.3.2 Brennbarkeit von Wasserstoff

Materialien und Chemikalien

Baumwollfaden	
Luftballon	
Stativmaterial inkl. Stativring ($d = 100$ mm)	
Gaswaschflasche	
Gummischlauch	
Kunststofftrichter	
Holzspan	
Feuerzeug	
Wasserstoff (⬦⬦)	
Spülmittel	
Wasser	

Durchführung A

- Ein leerer Luftballon wird mit etwa 1,5 L Wasserstoff gefüllt und verknotet. Ein ca. 50 cm langer Baumwollfaden wird an den Luftballon gebunden.
- Der Luftballon wird dann unter den Stativring eines langen Stativs gehängt und auf das Lehrerpult gestellt. Das Ende des Fadens wird dann angezündet.

Durchführung B

- Eine Gaswaschflasche wird etwa zu $^2/_3$ mit Wasser gefüllt, in das man zwei Spritzer Spülmittel gibt.
- Die Wasserstoffdruckgasflasche wird an die Gaszuleitung der Gaswaschflasche angeschlossen; an die Gasableitung schließt man den Gummischlauch an. In das freie Ende des Gummischlauches steckt man den Kunststofftrichter. Der Kunststofftrichter wird am Stativ befestigt.
- Es wird ein mäßiger Wasserstoffstrom durch die Waschflasche geleitet. Dabei dringen die Gasblasen durch den Gummischlauch und sammeln sich als Schaumsäule auf dem Trichter.
- Reißt der Wasserstoffschaum aufgrund der geringen Dichte ab, wird dieser mit einem brennenden Holzspan entzündet.

Beobachtung

Sobald die Flamme des Baumwollfadens den Ballon erreicht hat, zündet der Ballon mit einem dumpfen Knall. Bei der Durchführungsvariante B reißt der Wasserstoffschaum ab. Nach dem Entzünden verläuft die Flamme von oben nach unten.

Erklärung und didaktischer Kommentar

Wasserstoff verbrennt an Luft entsprechend der Knallgasreaktion unter Bildung von Wasser. Die Reaktion verläuft sehr schnell und stark exotherm. In beiden Fällen empfiehlt es sich, den Vorgang mit einer Zeitlupenkamera (z. B. über das Smartphone) zu filmen, denn dabei ergeben sich zahlreiche neue Beobachtungen, die den Vorgang anschlussfähig an das bei den Lernenden vorliegende Verbrennungskonzept werden lassen, wie die Bildreihe in Abb. 11.5 zeigt (Sieve 2020).

Als Alternative kann man auch Wasserstoffgas einfach in eine Seifenlösung eindüsen und den entstehenden Schaum entzünden.

Man sollte die Lernenden auffordern, den Mund während des Versuchs (Variante A) zu öffnen, um einen Druckausgleich im Ohr zu erreichen.

Keinesfalls dürfen Wasserstoff-Sauerstoff- oder Wasserstoff-Luft-Gemische in diesen Mengen gezündet werden.

Entsorgung

Die Ballonreste werden im Hausmüll entsorgt.

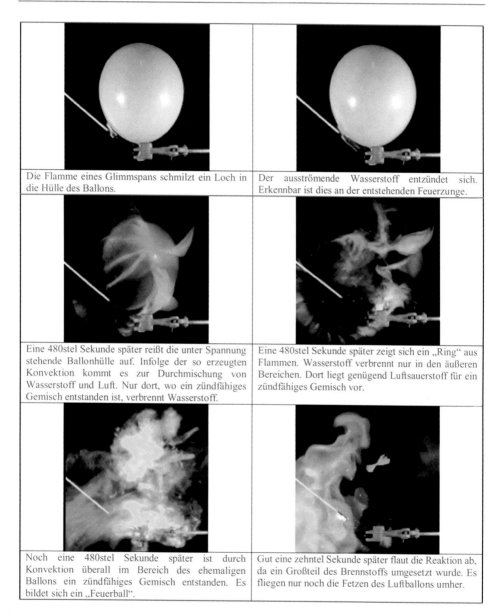

Die Flamme eines Glimmspans schmilzt ein Loch in die Hülle des Ballons.	Der ausströmende Wasserstoff entzündet sich. Erkennbar ist dies an der entstehenden Feuerzunge.
Eine 480stel Sekunde später reißt die unter Spannung stehende Ballonhülle auf. Infolge der so erzeugten Konvektion kommt es zur Durchmischung von Wasserstoff und Luft. Nur dort, wo ein zündfähiges Gemisch entstanden ist, verbrennt Wasserstoff.	Eine 480stel Sekunde später zeigt sich ein „Ring" aus Flammen. Wasserstoff verbrennt nur in den äußeren Bereichen. Dort liegt genügend Luftsauerstoff für ein zündfähiges Gemisch vor.
Noch eine 480stel Sekunde später ist durch Konvektion überall im Bereich des ehemaligen Ballons ein zündfähiges Gemisch entstanden. Es bildet sich ein „Feuerball".	Gut eine zehntel Sekunde später flaut die Reaktion ab, da ein Großteil des Brennstoffs umgesetzt wurde. Es fliegen nur noch die Fetzen des Luftballons umher.

Abb. 11.5 Zeitlupenaufnahmen zur Explosion eines mit Wasserstoff gefüllten Ballons

11.3.3 Die singende Dose

Materialien und Chemikalien

Blechdose (ca. 250 mL Inhalt)	
Glimmspan	
Streichhölzer	
Nagel oder Dosenlocher	
Holzspan	
Feuerzeug	
Wasserstoff (⬦⬦)	

Durchführung

- In den Boden einer Blechdose wird mit dem Nagel oder dem Dosenlocher ein Loch von 2–3 mm Durchmesser gestochen.
- Die Luft in der Dose wird sorgfältig durch Wasserstoff verdrängt. Dazu wird die Dose von der Unterseite her mit Wasserstoff befüllt und dabei das gestanzte Loch der Dose mit dem Finger verschlossen.
- Die Dose wird auf eine Tischkante gesetzt und der Wasserstoff rasch am Loch mit dem brennenden Holzspan entzündet.

Beobachtung
Beim Annähern des brennenden Holzspans ist ein Ploppen zu hören. Nach einiger Zeit hört man ein lauter werdendes Sirren, das an den Fall einer Fliegerbombe erinnert. Die Explosion erfolgt, sobald ein zündfähiges Wasserstoff/Luft-Gemisch infolge der nachströmenden Luft in der Dose vorliegt.

Erklärung und didaktischer Kommentar
Vgl. Abschn. 11.3.2. Die Flamme verursacht kurz vor der Explosion einen sirrenden Ton, da durch die Verbrennung des Wasserstoffs am Dosenloch eine Strömung erzeugt wird. Aufgrund des zunehmenden Anteils an Luft und der damit größeren Dichte des durchströmenden Gemischs verändern sich die Schwingungen des Metalldeckels und damit die Tonart. Die Lautstärke bei der Reaktion variiert in Abhängigkeit von der Größe der Dose und des Raumes.

Man sollte die Lernenden auffordern, den Mund während des Versuchs zu öffnen, um einen Druckausgleich im Ohr zu erreichen.

Entsorgung
Entfällt.

11.3.4 Kerzenflamme in Wasserstoff

Materialien und Chemikalien

Standzylinder	
Kerze	
Stange	
Stativmaterial	
Klebeband	
Wasserstoff (⬦⬦)	

Durchführung

- Der Standzylinder wird senkrecht mit der Öffnung nach unten eingespannt und durch Luftverdrängung mit Wasserstoff gefüllt.
- Eine brennende Kerze wird an einer Stange befestigt und in den Zylinder eingeführt, langsam wieder herausgezogen, erneut eingeführt und wieder herausgezogen. Dazu sollte der Raum leicht abgedunkelt werden.

Beobachtung
Beim Heranführen der Kerze an die Zylinderöffnung ist ein Ploppen zu hören; eine Flamme ist kurzzeitig erkennbar. Der Rand des Standzylinders trübt sich leicht durch einen kurzzeitigen Beschlag. Führt man die Kerze weiter in den Zylinder, erlischt diese und entzündet sich beim Herausziehen an der Zylinderöffnung wieder. Das Erlöschen und Entzünden der Kerzenflamme kann mehrfach wiederholt werden.

Erklärung und didaktischer Kommentar
Beim Eintauchen der brennenden Kerze in den Zylinder knallt es leicht, weil durch Diffusion an der Zylinderöffnung etwas Knallgas entsteht. An der Grenze Wasserstoff-

Luft verbrennt der Wasserstoff weiter, wobei Wasser entsteht (Beschlag). Das Erlöschen und Wiederentzünden der Kerzenflamme zeigt, dass Wasserstoff ein brennbares Gas ist, die Verbrennung aber nicht für sich allein erhalten kann, da kein Sauerstoff für die Verbrennung vorhanden ist. Als Vergleich kann hierzu Sauerstoffgas angeführt werden: Es ist nicht brennbar, aber für den Unterhalt einer Verbrennung nötig.

Entsorgung
Entfällt.

11.3.5 Wasserstoff als Sauerstoffakzeptor

Materialien und Chemikalien

Verbrennungsrohr (Quarzglas, d = 5 – 6 mm)	
Gebogenes Glasrohr mit ausgezogener Spitze und Rückschlagsicherung aus Eisenwolle	
Siliconschlauchstücke (2 cm)	
Gasbrenner	
Stativmaterial	
Gaswaschflasche als Blasenzähler	
Wasserstoff (⬥⬦)	
Kupfer(II)-oxid (Drahtform, ⬦⬦)	
Eisenwolle	

Durchführung

- Das Verbrennungsrohr wird auf der einen Seite mit einer kleinen Eisenwollerolle locker verschlossen. Dann wird schwarzes Kupferoxid eingefüllt und das Glas auf der anderen Seite ebenso mit Eisenwolle verschlossen.
- Das so hergestellte Verbrennungsrohr wird waagerecht eingespannt und auf der einen Seite mit der Gaswaschflasche als Blasenzähler verbunden. Die andere Seite verbindet man mit dem gebogenen Glasrohr.
- Durch das Verbrennungsrohr wird ein langsamer Wasserstoffstrom geleitet. Der Wasserstoff wird am gebogenen Glasrohr nach negativ verlaufener Knallgasprobe entzündet.
- Das Kupferoxid wird kurz erhitzt und der Gasbrenner nach Reaktionsbeginn entfernt.

Beobachtung

Das Kupferoxid glüht auf, die Glut setzt sich nach Entfernen des Gasbrenners selbständig durch das ganze Gemisch fort, ein rotbrauner Stoff entsteht. Für kurze Zeit beschlägt das Verbrennungsrohr an den kälteren Stellen.

Erklärung und didaktischer Kommentar

Wasserstoff reagiert als Sauerstoffempfänger unter Bildung von Wasserdampf (Beschlag) und elementarem Kupfer:

$$CuO \ (s) + H_2O \ (g) \rightarrow Cu \ (s) + H_2O \ (g) \ | \ \Delta < 0$$

Es empfiehlt sich, den Versuch mit Eisenoxid und ggf. auch Silberoxid zu wiederholen, um den unedleren Charakter von Wasserstoff und dessen hohe Bindungstendenz gegenüber Sauerstoff zu verdeutlichen. Das gebildete, heiße Metall muss jeweils im Wasserstoffstrom abgekühlt werden, da es anderenfalls an der Luft sofort wieder oxidieren würde.

Entsorgung

Entfällt, das reduzierte Metall im Verbrennungsrohr kann durch Erhitzen im Sauerstoffstrom wieder oxidiert werden, sodass das Verbrennungsrohr weiterhin verwendet werden kann, beispielsweis auch für die quantitative Analyse von Kohlenwasserstoffen (siehe Band 2).

11.4 Eigenschaften von Gasen quantifiziert – Gasgesetze

(Jansen et al. 1994; Sieve 2017)

Das Volumen einer Gasportion hängt weitgehend unabhängig von der Gasart von Druck und Temperatur ab. Die hier geltenden Abhängigkeiten lassen sich leicht unter Verwendung von leichtgängigen Kunststoffspritzen sowie einem Gasdrucksensor nebst dazu passendem Messwerterfassungssystem quantitativ untersuchen. Die Messergebnisse führen dann zu den bekannten Gasgesetzen (Tab. 11.1).

Tab. 11.1 Die Gasgesetze im Überblick

Volumen-Temperatur-Gesetz	Volumen-Druck-Gesetz	Druck-Temperatur-Gesetz
J. L. Gay-Lussac (1802)	R. Boyle & E. Mariotte (1664)	G. Amontons (1701)
$V \sim T$ ($p = $ konst. (isobar))	$V \sim \frac{1}{p}$ ($T = $ konst. (isotherm))	$p \sim T$ ($V = $ konst. (isochor))
$\frac{V}{T} = $ konst	$p \cdot V = $ konst	$\frac{p}{T} = $ konst
$\frac{V_1}{T_1} = \frac{V_2}{T_2}$	$p_1 \cdot V_1 = p_2 \cdot V_2$	$\frac{p_1}{T_1} = \frac{p_2}{T_2}$
Beispiel: Verkleinerung eines prall aufgefüllten Luftballons im Kühlschrank	Beispiel: Zusammenpressen eines Gases in einer Luftpumpe	Beispiele: Platzen eines prall gefüllten Fahrradreifens im Sommer, Funktionsweise eines Gasthermometers

11.4.1 Volumen-Temperatur-Gesetz

Materialien und Chemikalien

3 Luer-Lock-Kunststoffspritzen (20 mL) mit passendem Verschluss	
3 Thermometer	
Tropfpipette	
Kühlschrank mit Eisfach	
Wasserkocher	
Siliconöl	
Papiertuch	

Durchführung

- Ein paar Tropfen Siliconöl werden auf ein Papiertuch getropft. Mit dem Öl wird der Gummistempel jeder Spritze so eingerieben, dass sich der Stempel im Spritzenkolben leicht bewegen lässt.
- Die Spritzen werden mit je 10 mL Luft gefüllt und mit dem Verschluss verschlossen. Die Lufttemperatur wird ermittelt.
- Eine Spritze legt man zusammen mit einem Thermometer für 10 min in das Eisfach. Eine weitere Spritze bewahrt man bei Raumtemperatur für Vergleichszwecke auf; die dritte Spritze wird für 5 min in zuvor mit dem Wasserkocher erhitztes Wasser gelegt. Die Temperatur des Wassers wird dabei zu Beginn und am Ende des Versuchs gemessen.
- Es werden die Volumina und die Temperaturen sofort nach der Entnahme aus dem Eisfach oder dem Wasserbad bestimmt. Die Temperaturwerte werden in die Kelvin-Skala umgerechnet. Für jedes Wertepaar wird der Quotient V/T gebildet.

Beobachtung

Im Eisfach ($-18\,°C$) verringert sich das Gasvolumen um etwa 0,4 mL und im heißen Wasser erhöht sich das Volumen der Gasportion um etwas mehr als 2,4 mL. Der Quotient V/T ergibt annähernd konstante Werte.

Für die Berechnung empfiehlt es sich, die Messwerte verschiedener Gruppen aufzunehmen und Mittelwerte zu bilden. Man kann auch ein V/T-Diagramm erstellen lassen.

Erklärung und didaktischer Kommentar

Bei konstantem Druck (isobar) und konstanter Anzahl an Gasteilchen verändert sich das Volumen einer Gasportion proportional mit der Temperatur in Kelvin: $V \sim T$.

Entsorgung
Entfällt.

11.4.2 Volumen-Druck-Gesetz

Materialien und Chemikalien

Kunststoffspritze (60 mL)	
Messwerterfassungssystem mit Drucksensor	
Tropfpipette	
Stativmaterial	
Siliconöl	
Papiertuch	

Durchführung

- Ein paar Tropfen Siliconöl werden auf ein Papiertuch getropft. Mit dem Öl wird der Gummistempel der Spritze so eingerieben, dass sich der Stempel im Spritzenkolben leicht bewegen lässt.
- Die Spritze wird mit 30 mL Luft gefüllt und an den Drucksensor angeschlossen.
- Der Wert der Anzeige wird abgelesen und notiert.
- Das Luftvolumen wir auf 15 mL komprimiert und der Druckwert abgelesen. Anschließend zieht man die Spritze bis auf 60 mL auf und liest den Druckwert erneut ab.
- Für jedes Wertepaar werden die Mittelwerte gebildet. Aus den Mittelwerten wird für die drei Wertepaare das Produkt $p \cdot V$ berechnet.

Beobachtung
Verringert man das Volumen der Gasportion, erhöht sich der Druck. Bei Vergrößerung des Volumens nimmt der Druck ab.

Erklärung und didaktischer Kommentar
Bei konstanter Temperatur (isotherm) und konstanter Anzahl an Gasteilchen verändert sich das Volumen einer Gasportion antiproportional mit dem Druck: $V \sim 1/p$.

Entsorgung
Entfällt.

11.4.3 Druck-Temperatur-Gesetz

Materialien und Chemikalien

3 Kunststoffspritzen (20 mL) mit Nagelarretierung bei 10 mL	
Messwerterfassungssystem mit Drucksensor	
Tropfpipette	
2 Standzylinder (Spritzen eintauchbar)	
Gefäß mit Eiswasser	
Wasserkocher	
Thermometer	
Stativmaterial	
Siliconöl	
Papiertuch	
Wasser	

Durchführung

- Ein paar Tropfen Siliconöl werden auf ein Papiertuch getropft. Mit dem Öl wird der Gummistempel der Spritze so eingerieben, dass sich der Stempel im Spritzenkolben leicht bewegen lässt.
- Die Spritze wird mit 10 mL Luft gefüllt und das Volumen mit dem Nagel arretiert.
- Der Gasdrucksensor wird angeschlossen und der Druckwert abgelesen. Auch die Temperatur wird gemessen.
- Eiswasser wird in den Standzylinder gefüllt. In dieses taucht man die Spritze für 10 min so ein, dass die Spritze vollends eintaucht, der Drucksensor jedoch nicht. Druckwert und Temperatur werden abgelesen.
- Ebenso verfährt man mit einer Spritze, die in heißes Wasser taucht. Nach 5 min werden Druck und Temperatur gemessen.
- Für jedes Wertepaar werden die Mittelwerte und der Quotient p/T gebildet.

Beobachtung

Erhöht man die Temperatur der Gasportion, erhöht sich auch der Druck. Bei Verringerung der Temperatur nimmt der Druck ab.

Erklärung und didaktischer Kommentar

Bei konstantem Volumen (isochor) und konstanter Anzahl an Gasteilchen verändert sich der Druck in einer Gasportion proportional mit dem Volumen: $p \sim T$.

Entsorgung

Entfällt.

Elementfamilien

12

Inhaltsverzeichnis

Ergänzende Information Die elektronische Version dieses Kapitels enthält Zusatzmaterial, auf das über folgenden Link zugegriffen werden kann https://doi.org/10.1007/978-3-662-63905-4_12. Die Videos lassen sich durch Anklicken des DOI Links in der Legende einer entsprechenden Abbildung abspielen, oder indem Sie diesen Link mit der SN More Media App scannen.

© Springer-Verlag GmbH Deutschland, ein Teil von Springer Nature 2022
B. Sieve et al., *Experimente im Chemieunterricht Band 1*,
https://doi.org/10.1007/978-3-662-63905-4_12

Das Thema Elementfamilien ist in vielen Bundesländern dem Thema Atombau und chemische Bindungen vorgelagert und wird demzufolge eher auf einer phänomen-orientierten Ebene behandelt. Das Kennenlernen der Eigenschaften von Alkalimetallen, Erdalkalimetallen und Halogenen steht dabei im Fokus, wobei ein wesentliches Prinzip des Aufbaus des Periodensystems der Atomsorten herausgearbeitet wird – die abgestufte Ähnlichkeit der Eigenschaften innerhalb einer Hauptgruppe. Dass diese abgestufte Ähnlichkeit lediglich in den drei genannten Elementfamilien so deutlich ist und nicht für die übrigen Hauptgruppen gilt (mit Ausnahme der Edelgase), wird häufig nicht thematisiert. Die Elementfamilien ohne Kenntnis eines differenzierten Atommodells zu behandeln hat zur Folge, dass den Lernenden über eine längere Zeit die Ursache der abgestuften Ähnlichkeiten innerhalb einer Elementfamilie verborgen bleibt. Somit bleibt nach dem Thema Elementfamilien die Frage offen, warum beispielsweise gerade die Elemente Lithium bis Caesium untereinander stehen und warum das Nichtmetall Wasserstoff auch in der ersten Hauptgruppe positioniert ist. Natürlich kann man diese Fragestellung in einem problemorientierten Unterricht als Überleitung zum Thema Atombau nutzen, doch erscheint der über mehrere Wochen andauernde Spannungsbogen recht lang und Lernende müssen längere Zeit immer wieder vertröstet werden, bis sie dann endlich den Bezug zu den Valenzelektronen herstellen können.

Um dieser Problematik zu entgehen, kann man die Elementfamilien *nach* der Erarbeitung des differenzierten Atommodells als Anwendung und zur Plausibilitäts-prüfung des Modells anschließen oder aber ausgewählte Beispiele in die Behandlung des Atombaus integrieren. Neben der implizierten Festigung des Atombaus und dem engen Bezug zum Periodensystem der Elemente können bereits hier die Themenkreise Salze, Ionenbindung bzw. Ionenbildung und Edelgase und Edelgaskonfiguration eingebunden werden.

Alkali- und Erdalkalimetalle Der klassische Einstieg in das Thema Elementfamilien (chemische Verwandtschaften) erfolgt über die Demonstration der für Lernende sehr außergewöhnlichen und motivierenden Eigenschaften von Natrium, Lithium und ggf. Kalium. Wichtige Stoffeigenschaften dieser Metalle können in einem Steckbrief festgehalten werden. Die Einordnung der Elemente als sehr unedle Metalle erfordert dabei den Anschluss an das Thema Metalle und Metallgewinnung. Der bekannte Versuch der Reaktion von Natrium oder Lithium mit Wasser in einer Petrischale leitet zur experimentellen Analyse der Reaktionsprodukte über. Experimente zu den Eigenschaften und zur Anwendung von Natriumhydroxid und Natronlauge sollten sich anschließen, um so die Alltagsbedeutung des Themas zu unterstreichen. Durch Untersuchung weiterer Alkalimetalle wird dann das Prinzip der abgestuften Ähnlichkeit deutlich. Versuche mit Kalium sollten nur mit äußerster Vorsicht demonstriert werden, weil das Metall zur Bildung von sehr reaktiven Per- und Hyperoxiden neigt.

In gleicher Weise kann man auch die Erdalkalimetalle Calcium und Magnesium behandeln und den Alkalimetallen gegenüberstellen. Die charakteristischen Flammenfärbungen lassen sich zur Analyse eines unbekannten Salzes im Rahmen eines Forschungsauftrages nutzen. Ein Exkurs in das Thema Bauchemie kann über Kalkbrennen und Kalklöschen und das Abbinden des Löschkalks nochmals die Alltagsbedeutung dieser Elementfamilie herausstellen.

Halogene Wichtige Eigenschaften der Halogene lassen sich exemplarisch am Beispiel der Eigenschaften von Chlor darlegen. Die Bleichwirkung auf Farbstoffe (Jeans) sowie die desinfizierende Wirkung sind Beispiele (Abschn. 12.3.4 und 12.3.5). Dazu muss Chlorgas zunächst hergestellt werden, was in mehreren Varianten möglich ist. Aufgrund des Gefährdungspotenzials von Chlorgas sollten stets nur sehr kleine Mengen an Chlor hergestellt werden, was durch Spritzentechnik oder durch die Verwendung eines speziellen Gasentwicklers unter Verwendung von Hypochlorid-Tabletten möglich ist (Abschn. 12.3.2 und 12.3.3). Generell muss bei Versuchen mit Chlor und Brom eine Lösung von Natriumthiosulfat bereitstehen, um Überschüsse an Halogenen unschädlich zu machen.

Als zentrales Kennzeichen der Halogene muss die Fähigkeit zur Salzbildung mit Metallen abgeleitet werden (Abschn. 12.3.9, 12.3.10 und 12.3.11). Die Bildung von Halogenwasserstoffen kann ergänzt werden, jedoch auch auf das Thema Säuren und Basen (siehe Band 2) verschoben werden. Schwierigkeiten bereitet Lernenden häufig die Differenzierung zwischen Halogenen und Halogeniden. Eine Klassifizierung über Nachweisreaktionen (Halogene zeigen in hydrophoben Lösemitteln charakteristische Farben; Halogenide lassen sich mit Silbernitratlösung nachweisen) ist hier hilfreich (Abschn. 12.3.12 und 12.3.14). Weitere spezifische Nachweise können hier eingeführt werden (Abschn. 12.3.6 und 12.3.7). Ein tieferes Verständnis zu den Unterschieden zwischen Halogen-Atomen und Halogenid-Ionen ist wiederum erst möglich, wenn den Lernenden der Bezug zum Atombau und zur Ionenbildung bekannt ist. Auch dies spricht dafür, das Thema Elementfamilien in das Thema Atombau zu integrieren bzw. als Bestätigung des Modells zu nutzen.

12.1 Alkalimetalle

12.1.1 Härte und Schnittfläche der Alkalimetalle

Materialien und Chemikalien

Fliese (Porzellanschale)	
Pinzette	
Keramikmesser	
Filterpapier	
Lithium (◈◈)	
Natrium (◈◈)	
Kalium (◈◈)	

Durchführung

- Die Metalle werden mit der Pinzette aus dem Paraffinöl geholt, mit Filterpapier abgetupft und auf der Fliese zu erbsengroßen Stücken geschnitten.

Beobachtung

Die Metalle lassen sich mit einem Messer schneiden. Lithium ist hart, während Natrium und Kalium wachsweich sind. Die Schnittflächen der Metalle sind zuerst silbernglänzend, laufen aber schnell an und werden dunkel.

Erklärung und didaktischer Kommentar

Die Alkalimetalle reagieren mit dem Sauerstoff und dem Wasserdampf der Luft zu Alkalimetallhydroxiden und Wasserstoff. Aus diesem Grunde werden Alkalimetalle unter Paraffinöl aufbewahrt (Luftabschluss). Gerade die besondere Aufbewahrungsform der Alkalimetalle lässt sich im Unterricht nutzen, die Frage nach den Ursachen der Aufbewahrung zu formulieren (man sollte jedoch zu diesem Zeitpunkt noch nicht erwähnen, dass es sich bei den seltsamen Elementen um Metalle handelt). Als mögliche Hypothese ergibt sich dann meist das Verhindern einer Reaktion mit Sauerstoff bzw. Wasserdampf aufgrund des unedlen Charakters der Elemente.

Die Eigenschaft, dass Alkalimetalle silbrig glänzen, kann auch durch das Schmelzen der Metalle unter Paraffinöl gezeigt werden. Ferner lassen sich über einen Leitfähigkeitsprüfer die Leitfähigkeit der Rindenschicht sowie des Alkalimetalls prüfen und somit die Elemente als Metalle identifizieren.

• Lernende dürfen diesen Versuch nur mit Lithium durchführen, mit Natrium und Kalium sind ausschließlich Lehrerdemonstrationsexperimente erlaubt.

Entsorgung

Lithium- und Natriumreste portionsweise in ein Becherglas mit Brennspiritus geben. Kalium sicherheitshalber nur mit dem weniger reaktiven Propan-2-ol umsetzen. Diese Lösungen können dann in den Ausguss gegeben werden.

12.1.2 Brennbarkeit der Alkalimetalle

Materialien und Chemikalien

Fliese	
Gasbrenner	
Pinzette	
Keramikmesser	
Lithium (⬦⬦)	
Natrium (⬦⬦)	
Kalium (⬦⬦)	

Durchführung

• Erbsengroße Stücke der Metalle werden jeweils auf die Fliese gegeben und mit dem Gasbrenner von oben kräftig erhitzt (Abzug).

Beobachtung

Die Metalle schmelzen zu einer silbern-glänzenden Kugel und verbrennen dann unter Bildung eines weißen, beißend stechenden Rauchs. Es bleiben gelblich-weiße Verbrennungsprodukte zurück.

Erklärung und didaktischer Kommentar

Lithium verbrennt zu Lithiumoxid: $4\,Li\,(s) + O_2\,(g) \rightarrow 2\,Li_2O\,(s)\;|\;\Delta H < 0$

Bei der Verbrennung der beiden anderen Metalle entsteht ein Gemisch aus Oxiden (Na_2O, K_2O) und Per- sowie Hyperoxiden (Na_2O_2, K_2O_2, KO_2). Die Lernenden dürfen nur Lithium erhitzen, nicht aber Natrium und Kalium.

Dieser Versuch schließt sich direkt an die Hypothese aus dem Vorversuch an, dass die Metalle vor Luft geschützt werden müssen, weil sie ggf. an der Luft heftig reagieren und sich entzünden. Der Versuch belegt die stark exotherme Reaktion der Metalle mit Luftsauerstoff und zeigt den unedlen Charakter der Metalle an.

Entsorgung

Lithium- und Natriumreste portionsweise in ein Becherglas mit Brennspiritus geben. Kalium sicherheitshalber nur mit dem weniger reaktiven Propan-2-ol umsetzen. Die Lösungen können dann in den Ausguss gegeben werden.

12.1.3 Flammenfarben der Alkalimetalle

Materialien und Chemikalien

Magnesiastäbchen	
Uhrgläser	
Pinzette	
Gasbrenner	
Chloride oder Nitrate der Alkalimetalle	
Salzsäure ($c = 1$ mol/L, ⟨!⟩)	

Durchführung

- Je eine Spatelspitze der Salze wird auf ein Uhrglas gegeben.
- Die mit Salzsäure angefeuchteten Magnesiastäbchen werden jeweils in die Kristalle getaucht und in den unteren Saum der entleuchteten Gasbrennerflamme gebracht.
- Für eine weitere Probe wird vom benutzten Magnesiastäbchen etwa 1 cm des Stäbchens abgebrochen. Dann verfährt man wie im vorigen Schritt.

Beobachtung

Lithiumsalze und Rubidiumsalze färben die Flamme rot bzw. rotviolett, Natriumsalze gelb, Kaliumsalze violett und Caesiumsalze blauviolett.

Erklärung und didaktischer Kommentar

Durch das Erwärmen werden Elektronen der Alkalimetall-Atome auf höhere Energieniveaus gehoben (Anregung). Nach sehr kurzer Zeit fallen die Elektronen unter Emission charakteristischer Wellenlängen (Lichtquanten, Photonen) aus dem angeregten Zustand wieder in den Grundzustand zurück.

Dieser eindrucksvolle Versuch zeigt, wie auch die Flammenfärbung der Erdalkalimetalle (Abschn. 12.2.1), eine besondere Eigenschaft dieser Metalle an. Die Lernenden können aus dem Versuch ableiten, dass man durch Flammenfärbung herausfinden kann, welches Alkali- oder Erdalkalimetall in einer Probe vorliegt. Somit können die Lernenden ihre Kenntnisse über Nachweisreaktionen erweitern. Als Anwendung eignet sich beispielsweise das Verfahren der Atom-Absorptions-Spektroskopie (AAS), mit dem auch heute noch Salzlösungen qualitativ und quantitativ analysiert werden.

Alternative Durchführungen: Die Salze können auch in Wasser, Brennspiritus (⬦!) oder einen Wasser-Brennspiritus-Gemisch gelöst in die Gasbrennerflamme gesprüht werden. Die Salze lassen sich auch in etwas Brennspiritus (⬦!) in einer Porzellanschale verbrennen. Dauerhafte Flammenfärbungen lassen sich erzeugen, wenn man die jeweiligen Salz-Brennspiritus-Gemische in einem Spiritusbrenner verbrennt. Auch die Geschichte von Bunsens Hühnersuppe eignet sich als Anwendung der Flammenfärbungen (Roggendorf und Tausch 2014).

Entsorgung
Die abgebrochenen Stücke der Magnesiastäbchen werden im Hausmüll entsorgt.

12.1.4 Reaktion von Alkalimetallen mit Wasser

Materialien und Chemikalien

Glaswanne	
Pinzette	
Keramikmesser	
Papier	
Schutzscheibe	
Filterpapier	
Petrischale	
Universalindikatorpapier	
Spülmittel	
Lithium (⬦⬦)	
Natrium (⬦⬦)	
Kalium (⬦⬦)	
Phenolphthalein-Lösung (⬦)	
Wasser	

Durchführung – Variante 1

- Die Wände der Glaswanne werden zu deren Schutz mit einem neutralen Spülmittel benetzt. Dies verhindert das Anhaften der Alkalimetallstücke an die Glaswand.
- Die Wanne wird etwa zur Hälfte mit Wasser gefüllt und auf einen Tageslichtprojektor gestellt. Das Projektorbild wird projiziert.
- Ein sorgfältig entkrustetes, erbsengroßes Stück Alkalimetall wird in die Mitte der Wasserfläche gesetzt.
- Die Lösungen werden nach dem Abreagieren des Metallstücks mit Indikatorpapier geprüft.
- Der Versuch wird mit Wasser wiederholt, dem vorher Phenolphthalein-Lösung zugesetzt wurde.

Durchführung – Variante 2

- Die Glaswanne wird mit wie bei der Variante 1 mit Wasser gefüllt.
- Ein Filterpapier wird auf die Wasseroberfläche gelegt und auf dieses wird ein gut entkrustetes, erbsengroßes Stück des Alkalimetalls gelegt.

Beobachtung

Variante 1: Die Metalle schwimmen auf der Wasseroberfläche und reagieren unter Bildung eines farblosen Gases. Natrium und Kalium schmelzen dabei jeweils zu einer Kugel zusammen, die auf dem Wasser hin und her gleitet. Beim Lithium bleibt die Form bestehen. Über der Kaliumkugel bildet sich eine Flamme.

Variante 2: Nach dem Durchfeuchten des Papiers bildet sich bei Natrium und Kalium jeweils eine rauchende Flamme auf der Metallkugel. Beim Lithium ist keine Flammenerscheinung zu erkennen. Es bilden sich lediglich Gasblasen. Beim Natrium und Kalium entsteht ein durchscheinender Tropfen, der beim Erlöschen der Flamme zerspritzt. Bei beiden Varianten färben die zurückbleibenden Lösungen Indikatorpapier blau. Das Wasser mit der Phenolphthalein-Lösung färbt sich in allen Fällen tief rotviolett.

Erklärung und didaktischer Kommentar

Die Alkalimetalle reagieren mit Wasser nach folgender Reaktionsgleichung zu gelöstem Alkalimetallhydroxid (Alkalilauge) und Wasserstoffgas. Die dabei entstehenden Hydroxid-Ionen sind für die Indikatorfärbung verantwortlich.

$$2 \text{ Me (s)} + 2 \text{ H}_2\text{O (l)} \rightarrow 2 \text{ MeOH (aq)} + \text{H}_2 \text{ (g)} \ |\Delta H < 0$$

Dieser klassische Versuch schließt sich meist an die Untersuchung des ungewöhnlichen Stoffes Natrium an (Abschn. 12.1.1), um die Vermutung zu prüfen, dass Alkalimetalle mit Wasser (Luftfeuchtigkeit) reagieren. Es empfiehlt sich die Variante 1 zuerst durchführen zu lassen bzw. durchzuführen und zunächst auch auf die Zugabe eines Indikators zu verzichten. Aus dem Versuch erhebt sich die Fragestellung, welche Stoffe bei der Reaktion entstanden sind. Notiert man die Formeln der Edukte, lassen sich Hypothesen über mögliche Reaktionsprodukte ableiten und im Anschluss überprüfen (Abschn. 12.1.6 bis 12.1.8). So können die Lernenden vermuten, dass ein Natrium-Atom sich mit dem Sauerstoff-Atom des Wasser-Moleküls (A) oder mit einem oder beiden Wasserstoff-Atomen eines Wasser-Moleküls (B) verbinden könnte. Die daraus ableitbaren gasförmigen Reaktionsprodukte (A: Wasserstoff, B: Sauerstoff) lassen sich durch die Knallgas- sowie die Glimmspanprobe prüfen (Abschn. 12.1.6). Der positive Wasserstoffnachweis legt dann nahe, dass das entstandene gelöste Produkt eine Sauerstoffverbindung des jeweiligen Alkalimetalls sein muss. Sofern im Vorunterricht erarbeitet wurde, dass ein Metalloxid i. d. R. in wässriger Lösung eine alkalische Lösung bildet, kann durch den Indikatorzusatz diese Vermutung bestätigt werden. Für die Lernenden ist das Entstehen von Natriumoxid damit sehr plausibel. Die Identifikation des Hydroxids erfolgt dann über Abschn. 12.1.8 oder 12.1.9.

Die Variante 2 des Experiments eignet sich besonders für den Einsatz in einer Klassenarbeit mit experimentellem Anteil, da die Lernenden das Grundphänomen bereits kennen, es aber um die Flammenbildung erweitern müssen. Gerade die Frage, was beim Versuch brennt, zeigt, ob die Lernenden die Variante 1 hinreichend erfasst haben. Zudem kann durch den Vergleich zu Variante 1 die Rolle des Filterpapiers (Wärmestau) analysiert werden.

Neben diesen Aspekten ergibt sich aus dem Vergleich der Reaktion der drei Metalle und die zu beobachtende Zunahme der Reaktivität vom Lithium zum Kalium das Prinzip der abgestuften Ähnlichkeit.

Abschn. 12.1.1. Zusätzlich muss bei den Demonstrationsversuchen zwingend eine Schutzscheibe zwischen dem Experimentieraufbau und den Lernenden gestellt werden, um zu verhindern, dass Spritzer der heißen, konzentrieren Natronlauge auf die Lernenden treffen.

Entsorgung
Lithium- und Natriumreste portionsweise in ein Becherglas mit Brennspiritus geben.

Kalium sicherheitshalber nur mit dem weniger reaktiven Propan-2-ol umsetzen. Die Lösungen können dann in den Ausguss gegeben werden.

12.1.5 „Natriumtanz"

Materialien und Chemikalien

Kleiner Standzylinder oder Schaureagenzglas	
Keramikmesser	
Papier	
Pinzette	
Heptan (⬦⬦⬦⬦)	
Natrium (⬦⬦)	
Phenolphthalein-Lösung (⬦)	
Spülmittel	
Wasser	

Durchführung

- Der Standzylinder (das Schaureagenzglas) wird mit Spülmittel-Lösung ausgespült.
- Er wird zu etwa einem Drittel mit Wasser befüllt.
- (Je nach Unterrichtssituation kann dem Wasser Phenolphthalein zugesetzt werden).
- Das Wasser wird mit etwa der gleichen Menge Heptan überschichtet.
- Man gibt ein kleines, gut entrindetes Stückchen Natrium in die Flüssigkeit.

Beobachtung

Das Natrium sinkt durch die Heptan-Phase hindurch auf die Wasseroberfläche. Von der Grenzfläche zum Wasser wird es zurückgeschleudert. Dieser Vorgang wiederholt sich, bis das Metallstück abreagiert ist. Sofern man dem Wasser Phenolpthalein-Lösung zugesetzt hat, bilden sich an der Grenzfläche rotviolette Schlieren.

Erklärung und didaktischer Kommentar

An der Grenzfläche reagiert das Natrium mit dem Wasser unter Wasserstoffentwicklung. Durch die anhaften Wasserstoffgasblasen steigt das Natriumstück im Wasser wieder hoch. An der Grenzschicht Heptan-Luft lösen sich die Gasblasen vom Metallstück und das Metallstück sinkt wieder nach unten. Im ständigen Wechsel wird das Natrium durch den Wasserstoff hochgerissen, fällt herunter und reagiert wieder mit dem Wasser, sodass es zu einem „Natriumtanz" kommt. Auch die Bezeichnung „Natriumfahrstuhl" ist üblich.

Dieser Versuch eignet sich als Variante zu Abschn. 12.1.4. Hier wird besonders deutlich, dass die Reaktion nur an der Grenzfläche Heptan-Wasser erfolgt. Zudem ist die

Gasentwicklung besser sichtbar. Das entstehende Wasserstoffgas kann auch pneumatisch aufgefangen werden, sodass der Nachweis des Gases besonders leicht möglich ist.

Zur besseren Sichtbarkeit sollte der Versuch mit einer Videokamera oder einem Smartphone videografiert werden und über einen Beamer präsentiert werden.

Entsorgung

Natriumreste portionsweise in ein Becherglas mit Brennspiritus geben.

12.1.6 Nachweis des entstehenden Wasserstoffs

Materialien und Chemikalien

Standzylinder und Deckglas	
Pneumatische Wanne	
Pinzette	
Gasbrenner	
Holzspan	
Streichhölzer	
Lithium (⬦⬦)	
Wasser	

Durchführung

- Ein Standzylinder wird mit Wasser gefüllt und mit der Öffnung nach unten in eine pneumatische Wanne gestellt.
- Ein Stück Lithium wird mit der Pinzette in den Zylinder gebracht.
- Nach der Reaktion wird die Öffnung des Zylinders an eine Flamme gehalten.

Beobachtung

Lithium steigt im Zylinder nach oben und verdrängt das Wasser unter Bildung eines farblosen Gases. Dieses verbrennt mit einem Pfeifgeräusch und rot gefärbter Flamme.

Erklärung und didaktischer Kommentar

Lithium hat eine geringere Dichte als Wasser und steigt darin nach oben. Der bei der Reaktion mit Wasser entstehende Wasserstoff ist durch Spuren von Lithiumhydroxid verunreinigt, das die Flamme rot färbt.

Alternativ kann die Reaktion mit einem Becherglas und einem mit Wasser gefüllten Reagenzglas durchgeführt werden. Das wassergefüllte Reagenzglas wird dabei mit dem Daumen verschlossen und mit der Öffnung nach unten luftblasenfrei in das wassergefüllte Becherglas gestellt. Ein Stück Lithium wird dann mit der Pinzette unter die Reagenzglasöffnung gebracht und losgelassen. Im Reagenzglas sammelt sich der Wasserstoff.

Die Einbindung dieses Versuchs ist in Abschn. 12.1.4 dargestellt.

Entsorgung
Lithiumreste portionsweise in ein Becherglas mit Brennspiritus geben.

12.1.7 Auffangen des Reaktionsproduktes (Natriumhydroxid)

Materialien und Chemikalien

Kristallisierschale	
Filterpapier (größer als die Schale)	
Keramikmesser	
Glasstab	
Reagenzgläser	
Reagenzglasständer	
Schutzscheibe	
Natrium (⬥ ⬦)	
Phenolphthalein-Lösung (⬥)	
Wasser	

Durchführung

- Das mit Wasser befeuchtete Filterpapier wird mittig in die Kristallisierschale gelegt.
- Ein etwa linsengroßes Stück Natrium wird auf das Filterpapier gegeben.
- Wenn die Flamme gerade erlischt, wird die zurückbleibende Kugel kurz mit dem Ende eines angewärmten (kurz in die Gasbrennerflamme halten) Glasstabes berührt.
- Der Glasstab mit der daran befindlichen Masse wird in ein mit Wasser gefülltes Reagenzglas getaucht.
- Ein Tropfen der entstehenden Lösung wird zwischen den Fingern zerrieben.
- Der Glasstab wird in ein zweites Reagenzglas mit Phenolphthalein-Lösung getaucht.

Beobachtung

Das Natrium schmilzt beim Kontakt mit dem feuchten Filterpapier zu einer Kugel und verdampft teilweise. Es entsteht eine gelbe Flamme. Die glasige Masse läuft auf den Glasstab über. Die Masse sinkt im Wasser in Form von Schlieren nach unten und die Flüssigkeit fühlt sich seifig an. Die Phenolphthalein-Lösung färbt sich rotviolett.

Erklärung und didaktischer Kommentar

Es läuft die gleiche Reaktion wie schon in Versuch Abschn. 12.1.4 beschrieben ab. Aufgrund der geringen Wassermenge bildet sich eine Kugel aus flüssigem Natriumhydroxid; der sich bei der Reaktion bildende Wasserstoff entzündet sich aufgrund der erreichten Zündtemperatur. In Wasser erfolgt die Dissoziation des Natriumhydroxids und die Hydroxid-Ionen bewirken die Rotfärbung des Indikators.

Dieser Versuch zeigt, dass bei der Reaktion von Natrium mit Wasser ein festes Reaktionsprodukt entsteht, welches gut wasserlöslich ist und mit Wasser eine alkalische Lösung bildet. Das Lösen in der Phenolphthalein-Lösung kann auch gut mit dem Overhead-Projektor vorgeführt werden.

Entsorgung

Natriumreste portionsweise in ein Becherglas mit Brennspiritus geben.

12.1.8 Nachweis von Wasserstoff im Natriumhydroxid mit Zink

Materialien und Chemikalien

Becherglas (100 mL)	
Uhrglas	
2 Reagenzgläser	
Dreifuß und Drahtnetz	
Gasbrenner	
Stativmaterial	
Spatel	
Glimmspan	
Natronlauge (⬦) aus Abschn. 12.1.4	
Zinkpulver (⬦⬦)	
Eisenpulver (⬦)	

Durchführung

- Die Natronlauge wird im abgedeckten Becherglas zum Sieden erhitzt und das Wasser vollständig verdampft.
- Das übrigbleibende Salz wird mit Zinkpulver gemischt und in einem senkrecht eingespannten Reagenzglas kräftig erhitzt.
- Das aufsteigende Gas wird mit einem zweiten Reagenzglas aufgefangen und die Knallgasprobe durchgeführt.

Beobachtung

Während des Siedens bildet sich ein weißes Salz. Beim Erhitzen mit Zink schlägt das Gemisch Blasen und es entweicht ein farbloses Gas, welches eine positive Knallgasprobe zeigt.

Erklärung und didaktischer Kommentar

Aus der Lösung kristallisiert Natriumhydroxid aus. Dieses reagiert mit Zink unter Bildung von Natriumhydroxozinkat und Wasserstoff.

Aus den Versuchen in Abschn. 12.1.6 und 12.1.7 können die Lernenden als Hypothese ableiten, dass es sich bei dem bei der Reaktion von Natrium oder Lithium mit Wasser gebildeten Feststoff um Natriumoxid bzw. Lithiumoxid handeln könnte. Durch das vorliegende Experiment lässt sich diese Hypothese korrigieren. Die Lernenden können ableiten, dass der bei der Reaktion von Natrium oder Lithium mit Wasser entstandene Feststoff eine Verbindung sein muss, dessen Teilchen Natrium-, Sauerstoff- und Wasserstoff-Atome enthalten müssen. Über die Mitteilung der molaren Masse des Produkts können die Lernenden dann die jeweilige Formel und den Namen des Hydroxids ableiten.

Entsorgung

Reste im Behälter für Schwermetallabfälle entsorgen.

12.1.9 Nachweis vom Wasserstoff im Natriumhydroxid mit Eisen

Materialien und Chemikalien

Reagenzglas	
Stopfen mit Gasableitungsrohr	
Pneumatische Wanne	

Standzylinder	
Waage	
Wägeschälchen	
Mörser mit Pistill	
Spatel	
Natriumhydroxid (⬦)	
Eisenpulver (⬦)	
Wasser	

Durchführung

- Etwa 5 g trockenes Eisenpulver werden in einem Mörser mit etwa 10 g Natriumhydroxid schnell verrieben und in ein Reagenzglas gefüllt.
- Das Reagenzglas wird mit dem Stopfen verschlossen und schräg in ein Stativ gespannt.
- Das Gasableitungsrohr wird in einen mit Wasser gefüllten Standzylinder geführt, der so am Stativ eingespannt wird, dass er umgedreht in die pneumatische Wanne hängt.
- Das Gemisch im Reagenzglas wird mit der Gasbrennerflamme erhitzt.
- Das entweichende Gas wird auf Brennbarkeit geprüft.

Beobachtung

Im Reagenzglas entsteht eine rotbraune Schmelze. Unter Aufschäumen entweicht ein farbloses Gas, das sich entzünden lässt. Das aufgefangene Gas zeigt eine positive Knallgasprobe.

Erklärung und didaktischer Kommenta

Der rotbraune Rückstand enthält Natriumoxid, Eisen(III)-oxid sowie Natriumferrate(III) verschiedener Zusammensetzung. Zusätzlich entsteht Wasserstoff.

$$6\,NaOH + 2\,Fe \rightarrow Fe_2O_3 + 3\,Na_2O + 3\,H_2 \uparrow$$

$$Fe_2O_3 + Na_2O \rightarrow 2\,NaFeO_2$$

Didaktische Einbettung und Erkenntnisse siehe Abschn. 12.1.8.

Entsorgung

Reste im Behälter für Schwermetallabfälle entsorgen.

12.1.10   Formelbestimmung Lithiumhydroxid

Materialien und Chemikalien

Kolbenprober (100 mL) oder Kunststoffspritze (60 mL)	
Reagenzglas mit Ansatz	
Stopfen	
kurzes Schlauchstück	
Stativmaterial	
Keramikmesser	
Waage	
Uhrglas	
Pinzette	
Lithium ( )	
Wasser	

Durchführung

- Der Kolbenprober oder die Kunststoffspritze wird mit dem Reagenzglas verbunden und beide werden am Stativ eingespannt. Der Kolbenprober muss frei drehbar sein.
- Das Reagenzglas wird bis kurz unter den Ansatz mit Wasser gefüllt, um den Totraum möglichst gering zu halten.
- Ein entkrustetes, etwa erbsengroßes und zuvor gewogenes Stück Lithium wird in das Reagenzglas gegeben und die Apparatur mit dem Stopfen verschlossen. Die Masse des Lithium-Stücks sollte maximal 30 mg betragen.
- Nach der Reaktion wird das Volumen des entstandenen Gases abgelesen.
- Mit dem Gas führt man dann die Knallgasprobe durch.

Beobachtung

Beispiel: Bei der Reaktion mit Wasser entstehen aus 28 mg Lithium etwa 49 mL Gas. Das Gas zeigt eine positive Knallgasprobe.

Erklärung und didaktischer Kommentar

Über folgende Berechnung lässt sich die Formel von Lithiumhydroxid (LiOH, s) ermitteln.

1. Berechnung der eingesetzten Stoffmenge an Lithium-Atomen:

$$m(Li) = 28\,\text{mg}; M(Li) = 6{,}9\,\frac{g}{\text{mol}}$$

$$n(Li) = \frac{0{,}028\,g}{6{,}9\,\frac{g}{\text{mol}}} \approx 4{,}1\,\text{mmol}$$

2. Berechnung der entstehenden Stoffmenge an Wasserstoff-Atomen:

$$V(H_2) = 49\,\text{mL}; V_m = 24\,\frac{L}{\text{mol}}$$

$$n(H_2) = \frac{V(H_2)}{V_m} = \frac{0{,}049\,L}{24\,\frac{L}{\text{mol}}} = 2{,}04\,\text{mmol} \gg n(H) = 2 \cdot n(H_2) \approx 4{,}1\,\text{mmol}$$

Da die Stoffmengen an Wasserstoff-Atomen und an Lithium-Atomen gleich sind, setzt jedes Lithium-Atom ein Wasserstoff-Atom aus einem Wasser-Molekül frei. Die Verhältnisformel von Lithiumhydroxid ist daher LiOH.

Als Durchführungsalternative kann der Versuch mit Kunststoffspritzen durchgeführt werden. Der Kolben der Spritze sollte dabei mit Siliconöl eingefettet werden, damit das entstehende Gas den Kolben leicht herausdrücken kann.

Entsorgung
Die restliche Lösung nach Neutralisieren im Ausguss entsorgen.

12.1.11 Hygroskopizität des Natriumhydroxids

Materialien und Chemikalien

Uhrglas	
Waage	
Pinzette	
Natriumhydroxid (⬦)	

Durchführung

- Einige trockene Natriumhydroxid-Plätzchen werden auf ein Uhrglas gegeben und gewogen.
- Nach etwa 10 min und nach 30 min wird erneut die Masse an der Waage abgelesen.
- Zusätzlich wird die Temperatur des Glases mit der Hand geprüft.

Beobachtung

Die Plätzchen werden feucht, die Masse nimmt zu, das Uhrglas wird warm.

Erklärung und didaktischer Kommentar

Dieser Versuch zeigt, dass Natriumhydroxid Wasserdampf binden kann, also hygroskopisch ist. Ebenso wird der exotherme Charakter des Vorgangs deutlich:

$$NaOH\ (s) + H_2O\ (g) \rightarrow NaOH\ (aq)\ |\ \Delta H < 0$$

Dieser Versuch lässt sich wie auch die Versuche in Abschn. 12.1.12 und 12.1.13 einsetzen, um einige typische Eigenschaften von Natriumhydroxid zu prüfen. Dabei empfiehlt es sich, die Versuche als Stationenarbeit oder aber arbeitsteilig durchzuführen und die zentralen Ergebnisse in einem Steckbrief zu sammeln.

Entsorgung

Reste werden in viel Wasser gelöst, neutralisiert und im Ausguss entsorgt.

12.1.12   Absorption von Kohlenstoffdioxid durch Natriumhydroxid

Materialien und Chemikalien

Reagenzglas mit Ansatz	
Gummistopfen	
Kolbenprober oder Kunststoffspritze	
Schlauchstück	
Stativmaterial	
Löffel	
Natriumhydroxid (⬦)	
Kohlenstoffdioxid (⬦)	
Wasser	

Durchführung

- In das Reagenzglas wird ein Löffel angefeuchteter Natriumhydroxid-Plätzchen gegeben.
- Reagenzglas und Kolbenprober werden mit Kohlenstoffdioxid gefüllt, miteinander verbunden und in das Stativ eingespannt.
- Reagenzglas und Kolbenprober werden über 15 bis 20 min beobachtet.

Beobachtung

Der Kolben bewegt sich in die Hülse, das Reagenzglas wird warm und beschlägt.

Erklärung und didaktischer Kommentar

Angefeuchtetes Natriumhydroxid kann, wie alle Alkalimetallhydroxide Kohlenstoff-dioxid binden, wobei Natriumcarbonat und Wasser entstehen. Die Reaktion ist exotherm.

$$2\,NaOH\,(aq) + CO_2\,(aq) \rightarrow Na_2CO_3\,(aq) + H_2O\,(l)\ |\ \Delta H < 0$$

Entsorgung

Reste können im Hausmüll entsorgt werden.

12.1.13 Natriumhydroxid zersetzt organische Stoffe

Materialien und Chemikalien

Schnappdeckelgläser (so viele, wie man Proben wählt)
Zip-Beutel
Spatel
Pinzette
Tropfpipette oder Kunststoffspritze (5 mL)
Heizplatte
Natriumhydroxid (⬦)
Proben organischer Stoffe: Wolle, Haare, Fleisch, Eiklar, Watte aus Cellulose, Papier etc.
Wasser

Durchführung

- In jedes Schnappdeckelglas gibt man vier Natriumhydroxid-Plätzchen und tropft jeweils etwa 1 mL Wasser dazu.
- In jeden Ansatz gibt man eine etwa erbsengroße Portion einer Probe, verschließt das Gefäß und stellt das verschlossene Gefäß in einen Zip-Beutel. Dieser wird jeweils verschlossen.
- Die Ansätze werden nun kurz geschüttelt und für etwa 5 min beobachtet.
- Dann nimmt man die Schnappdeckelgläser aus dem Beutel und stellt sie offen für etwa 5 min auf eine Heizplatte. *Achtung:* Die Ansätze dürfen nicht sieden!
- Die Gläser werden wieder verschlossen und bis zur nächsten Chemiestunde stehen gelassen. Dann beobachtet man erneut und führt eine Geruchsprobe durch.

Beobachtung

Die organischen Stoffe verändern ihre Farbe und lösen sich nach dem Erwärmen nach und nach auf. Beim Öffnen ist teilweise ein beißender Geruch wahrzunehmen.

Erklärung und didaktischer Kommentar

Die konzentrierte Lösung Natriumhydroxid hydrolysiert die Peptidbindungen und die glycosidischen Bindungen. Fette werden verseift. Dadurch wird die Struktur der organischen Stoffe zerstört. Dieser Versuch zeigt die ätzende Wirkung von stark alkalischen Lösungen. Ferner wird deutlich, dass Stoffe mit einem hohen Proteinanteil schneller durch die alkalische Lösung zersetzt werden als kohlenhydratbasierte Stoffe wie Cellulose.

Entsorgung

Die Lösungen werden filtriert und das Filtrat neutralisiert. Etwaige noch vorhandene Feststoffe werden im Hausmüll entsorgt, das neutralisierte Filtrat kann in den Ausguss gegeben werden.

12.2 Erdalkalimetalle

12.2.1 Flammenfarben der Erdalkalimetalle

Materialien und Chemikalien

Magnesiastäbchen	
Uhrgläser	
Gasbrenner	
Chloride oder Nitrate der Erdalkalimetalle	
Salzsäure ($c = 1$ mol/L, ⟨!⟩)	

Durchführung

- Je eine Spatelspitze der Salze wird auf ein Uhrglas gegeben.
- Ein Magnesiastäbchen wird in der rauschenden Brennerflamme ausgeglüht, bis keine Flammenfärbung mehr erkennbar ist.
- Die mit Salzsäure angefeuchteten Magnesiastäbchen werden jeweils in die Kristalle getaucht und in den unteren Saum der entleuchteten Gasbrennerflamme gebracht.
- Bei jedem Probenwechsel bricht man ein Stück des Magnesiastäbchens ab (ca. 1 cm) und glüht das Stäbchen erneut aus.

Beobachtung
Bariumsalze färben die Flamme grün und Strontiumsalze rot.

Erklärung und didaktischer Kommentar
Vgl. Abschn. 12.1.3.

Entsorgung
Säurereste neutralisieren und im Ausguss entsorgen. Salzreste in den Hausmüll entsorgen.

12.2.2 Verbrennung von Calcium und Magnesium

Materialien und Chemikalien

Fliese	
Gasbrenner	
Cobaltglas	
Calciumspäne (◈)	
Magnesiumspäne (◈)	

Durchführung

- Einige Calciumspäne werden auf der Fliese kräftig erhitzt.
- Der Versuch wird mit Magnesiumspänen wiederholt.

Brennende Magnesiumspäne müssen durch ein Cobaltglas betrachtet werden.

Beobachtung

Die Calciumspäne schmelzen und verbrennen mit gelbroter Flamme, ein weißes Verbrennungsprodukt bleibt zurück. Die Magnesiumspäne verbrennen mit blendend weißer Flammenerscheinung.

Erklärung und didaktischer Kommentar

Dieses Experiment zeigt die gute Brennbarkeit der Metalle an, was ein Zeichen für den unedlen Charakter der Metalle ist. Die Lernenden können mit diesem Versuch die Gruppe der Erdalkalimetalle als unedle Metalle kennzeichnen.

$$2 \, Ca \, (s) + O_2 \, (g) \rightarrow 2 \, CaO \, (s) \mid \Delta H < 0 \qquad 2 \, Mg \, (s) + O_2 \, (g) \rightarrow 2 \, MgO \, (s) \mid \Delta H < 0$$

Entsorgung

Das Produkt in den Sammelbehälter für anorganische Feststoffe geben.

12.2.3 Reaktion von Calcium mit Wasser

Materialien und Chemikalien

Becherglas (100 mL)	
Kunststoffspritze (30 mL) mit Stopfen	
Pinzette	
Reagenzgläser	
Reagenzglasständer	
Becherglas (100 mL)	
Gasbrenner	
Streichholz oder Feuerzeug	
Calciumspan (⬦)	
Phenolphthalein-Lösung (⬦)	
Wasser	
Spülmittel	
Saugfähiges Papier (3 × 3 cm)	

Durchführung Variante A

- Das Becherglas wird mit Wasser gefüllt und mit der Pinzette ein Calciumspan hinzugegeben.
- Mit den bereitgestellten Materialien sind die Produkte der Reaktion nachzuweisen.

Durchführung Variante B – Spritzentechnik

- Ein Calciumspan wird in das saugfähige Papier gewickelt. Man zieht den Kolben der Kunststoffspritze heraus, legt das umwickelte Calciumstück in die Spritze und drückt es mit dem Kolben herunter.
- Das Becherglas wird zu ¾ mit Wasser gefüllt. Nun saugt man zwei bis drei Milliliter Wasser in die Spritze und verschließt dese sofort.
- Während der Gasentwicklung gibt man zwei Tropfen Phenolphthalein-Lösung in das Wasser im Becherglas und fügt einen Spritzer Spülmittel zu.
- Ist die Spritze mit Gas gefüllt, drückt man das Gas langsam in das Wasser. Der entstehende Schaum wird entzündet.

Beobachtung

Calcium reagiert unter heftiger Gasbildung mit dem Wasser. Die Lösung ist trüb und färbt sich nach Zugabe von Phenolphthalein-Lösung violett.

Erklärung und didaktischer Kommentar

Bei der Reaktion von Calcium mit Wasser entstehen Calciumhydroxid und Wasserstoff.

$$\text{Ca (s)} + 2\,\text{H}_2\text{O (l)} \rightarrow \text{Ca(OH)}_2\,\text{(s)} + \text{H}_2\,\text{(g)}$$

Ansonsten sind die Deutung des Versuchs und die zentralen Erkenntnisse vergleichbar mit Abschn. 12.1.4. Aus dem direkten Vergleich der Reaktivität von Calcium mit der von Kalium (beides Elemente der vierten Periode) ergibt sich die Hypothese, dass die Erdalkalimetalle deutlich schwächer mit Wasser reagieren als die entsprechenden Alkalimetalle. Dies kann durch die Reaktion von Magnesium mit Wasser bestätigt werden. Nur ein blank geschliffenes Magnesiumband bildet mit Wasser langsam eine alkalische Lösung (Abschn. 12.2.4).

Entsorgung

Feststoffe werden in dem Behälter für anorganische Feststoffe entsorgt, die Lösungen werden neutralisiert und in den Säure-Base-Behälter gegeben.

12.2.4 Reaktion von Magnesium mit Wasser

Materialien und Chemikalien

Reagenzgläser	
Reagenzglasklammer	
Reagenzglasständer	
Gasbrenner	
Schmirgelpapier	
Magnesiumband (⬦)	
Phenolphthalein-Lösung ($w = 0{,}9\ \%$; ⬦)	
Wasser	

Durchführung

- Vier Streifen Magnesiumband werden abgetrennt und zwei dieser Streifen mit Schleifpapier blank gerieben.
- 4 Reagenzgläser werden jeweils 5 cm hoch mit Wasser und 3 Tropfen Phenolphthalein-Lösung befüllt. Dann wird je ein Streifen Magnesiumband dazugegeben.
- Je ein Reagenzglas mit einem blanken Streifen und einem ungereinigten Streifen wird vorsichtig erhitzt.

Beobachtung

Das Magnesiumband reagiert sehr langsam mit Wasser und es ist eine Gasentwicklung am Magnesiumband zu beobachten. Die Lösungen färben sich violett. Durch Anschleifen des Bandes und durch Erwärmen wird die Reaktion beschleunigt.

Erklärung und didaktischer Kommentar

Bei der Reaktion von Magnesium mit Wasser entstehen Magnesiumhydroxid und Wasserstoff.

$$Mg\,(s)\;+\;2\,H_2O\,(l)\;\rightarrow\;Mg(OH)_2(s)\;+\;H_2(g)\uparrow$$

Weitere Angaben siehe Abschn. 12.2.3.

Entsorgung

Feststoffe werden in dem Behälter für anorganische Feststoffe entsorgt, die Lösungen werden neutralisiert und in den Säure-Base-Behälter gegeben.

12.2.5 Versuche zum Kalkkreislauf

Das Thema Kalkkreislauf und die zugehörigen Experimente stellen eine wichtige Anwendung von Erdalkalimetallverbindungen dar, die den Bezug zum Alltag herstellt. Überdies erlauben die ablaufenden Reaktionen einen Rückgriff auf die bei der Einführung des Dalton-Modells behandelten Stoffkreisläufe (Kohlenstoff-Atom-Kreislauf). Das Prinzip „Atome von Stoffen bleiben bei chemischen Reaktionen erhalten und durchlaufen globale Kreisläufe" wird hier an einem komplexeren Beispiel bestätigt.

Im Unterricht sollten die Experimente in eine kurze Einheit „Chemie am Bau" eingebunden werden. Dabei kann der technische Kalkkreislauf als Ergebnis abgeleitet werden (Abb. 12.1).

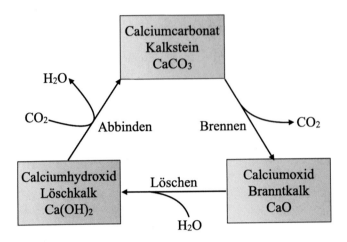

Abb. 12.1 Technischer Kalkkreislauf

12.2.5.1 Reaktion von Calciumoxid mit Wasser und Löschen von Branntkalk

Materialien und Chemikalien

Bechergläser (100 mL)	
Trichter, Filterpapier	
Universalindikator-Papier	
Löffel	
Tropfpipette	
Thermometer oder IR-Thermometer	
Frisches Calciumoxid (Branntkalk, ⬧⬧⟨!⟩)	
Wasser	

Durchführung

- Drei Löffel Calciumoxid werden in ein Becherglas gegeben und tropfenweise 5 mL Wasser zugegeben. Die Temperatur wird gemessen.
- Nach Zugabe von weiteren 20 mL Wasser wird filtriert und das Filtrat mit Indikatorpapier geprüft.

Beobachtung

Das weiße Calciumoxid bläht sich unter Zischgeräuschen auf und wird sehr heiß; ein trockener weißer Stoff bleibt zurück. Wenig des gebildeten Stoffes löst sich in Wasser; das Filtrat färbt Indikatorpapier blau.

Erklärung und didaktischer Kommentar

Bei der stark exothermen Reaktion entsteht aus Branntkalk Löschkalk. Dieser ist schwer in Wasser löslich; das Filtrat reagiert infolge der entstehenden Hydroxid-Ionen alkalisch.

$$CaO \ (s) + H_2O \ (l) \rightarrow Ca(OH)_2 \ (s) \ | \ \Delta H < 0$$

$$Ca(OH)_2 \ (s) + H_2O \ (l) \rightarrow Ca(OH)_2 \ (aq) \ | \ \Delta H < 0$$

Entsorgung

Das ausgehärtete Calciumhydroxid kann in den Hausmüll entsorgt werden. Die Lösung wird neutralisiert und in den Säure-Base-Behälter gegeben.

12.2.5.2 Abbinden von Löschkalk

Materialien und Chemikalien

Kolbenprober oder Kunststoffspritze	
Rundkolben	
Stativmaterial	
Luftballon	
Blech	
Trockenschrank	
Löschkalk (Calciumhydroxid, ⬦⬦)	
Kohlenstoffdioxid (⬦)	
Sand	
Wasser	

Durchführung 1

- Der Kolbenprober wird mit Kohlenstoffdioxid gefüllt, verschlossen und am Stativ eingespannt.
- Aus einem Teil Löschkalk und 4 Teilen Sand wird mit Wasser ein dicker Brei hergestellt und in den Luftballon gefüllt.
- Der Luftballon wird am Kolben befestigt und der Hahn des Kolbens geöffnet.

Beobachtung 1
Der Mörtel wird warm, der Kolben des Kolbenprobers bewegt sich in die Hülse und der Luftballon beschlägt. Nach längerer Zeit wird der Mörtel fest.

Durchführung 2

- Aus einem Teil Löschkalk und 4 Teilen Sand wird mit Wasser ein dicker Brei hergestellt, etwa 0,5 cm dick auf einem Blech ausgestrichen und 10 min bei 100°C im Trockenschrank angetrocknet.
- Der angetrocknete Mörtel wird in erbsengroße Stücke zerteilt und in einen Rundkolben gegeben.
- In den Rundkolben wird langsam und kontinuierlich Kohlenstoffdioxid eingeleitet.

Beobachtung 2
Der Mörtel wird warm und der Kolben beschlägt. Nach längerer Zeit wird der Mörtel fest.

Erklärung und didaktischer Kommentar
Dieser Versuch zeigt über die Volumenabnahme des Kohlenstoffdioxids den Verbrauch dieses Gases an. Löschkalk reagiert mit Kohlenstoffdioxid unter Bildung von Calciumcarbonat (Kalkstein) und Wasser. Der Luftmörtel bindet ab.

$$Ca(OH)_2 \text{ (s)} + CO_2 \text{ (g)} \rightarrow CaCO_3 \text{ (s)} + H_2O \text{ (l)} \mid \Delta H < 0$$

Für das Anmengen des Löschkalk-Sand-Wasser-Breis (Luftmörtel) müssen (Einmal-) Schutzhandschuhe getragen werden, um Hautirritationen zu vermeiden.

Entsorgung
Mörtel nach dem Festwerden im Hausmüll entsorgen.

12.2.5.3 Brennen von Kalkstein

Materialien und Chemikalien

Reagenzglas (Duran®)	
Gummistopfen mit Gasableitungsrohr	
Becherglas (100 mL)	
Waage	
2 Gasbrenner	
Stativmaterial	
Calciumcarbonat (Kalkstein)	
Kalkwasser ($w = 0{,}02$ %, ⬦⬦)	

Durchführung

- Ein Stückchen Kalkstein wird gewogen, in das schwerschmelzbare Reagenzglas gegeben und längere Zeit kräftig mit zwei Gasbrennerflammen erhitzt.
- Das Reagenzglas ist mit einem Gasableitungsrohr verschlossen, dessen Ende in Kalkwasser taucht.
- Das Kalksteinstück wird nach dem Abkühlen erneut gewogen.

Beobachtung

Es entsteht ein Gas, das Kalkwasser milchig trübt. Die Masse des Kalksteins hat abgenommen.

Erklärung und didaktischer Kommentar

Dieser Versuch zeigt die Thermolyse von Calciumcarbonat in Calciumoxid (Branntkalk) und Kohlenstoffdioxid. Damit schließt sich der technische Kalkkreislauf.

$$CaCO_3 \text{ (s)} \rightarrow CaO \text{ (s)} + CO_2 \text{ (g)} \mid \Delta H > 0$$

Entsorgung

Das Produkt in den Sammelbehälter für anorganische Feststoffe geben.

12.3 Halogene

12.3.1 Herstellen von Chlor im Standzylinder

Materialien und Chemikalien

Standzylinder (h = 100 mm, d = 40 mm)	
Deckplatte (d = 50 mm)	
Pipette (5 mL)	
Pipettierhilfe	
Waage	
Wägeschälchen	
Kaliumpermanganat (⬦⬦⬦)	
Salzsäure (w = 25 %, ⬦)	
Natriumthiosulfat-Lösung (w = 10 %)	

Durchführung

- In den Standzylinder werden etwa 300 mg Kaliumpermanganat gegeben und mit etwa 4 mL Salzsäure versetzt.
- Dann wird der Standzylinder sofort mit einer Deckplatte verschlossen.

Beobachtung
Der Standzylinder füllt sich mit gelbgrünem Gas.

Erklärung und didaktischer Kommentar
Kaliumpermanganat oxidiert Chlorid-Ionen zu Chlor-Molekülen.

$$2\ MnO_4^-\ (aq) + 10\ Cl^-\ (aq) + 16\ H_3O^+\ (aq) \rightarrow 2\ Mn^{2+}\ (aq) + 5\ Cl_2\ (g) + 24\ H_2O\ (l)$$

Diese Durchführungsvariante eignet sich, wenn man größere Mengen an Chlorgas herstellen möchte, beispielsweise um die gelblich-grüne Färbung von Chlorgas zu demonstrieren.

Entsorgung
Chlor im Standzylinder für weitere Experimente verwenden oder den Standzylinder mit Natriumthiosulfat-Lösung ausspülen, die Lösung nach etwa 10 min neutralisieren und über das Abwasser entsorgen. Die gesamte Apparatur unter dem Abzug gut lüften.

Die wässrige Lösung im Rundkolben des Gasentwicklers mit Natronlauge versetzen und den Mangan(II)-hydroxidschlamm in den Sammelbehälter für „Anorganische Chemikalienreste" geben. Die überstehende Lösung neutralisieren und mit der Natriumthiosulfat-Lösung über das Abwasser entsorgen.

Überschüssiges Chlor kann alternativ in einem großen Reagenzglas mit Aktivkohle aufgefangen werden.

12.3.2 Herstellen von Chlor mit HTH-Chlor-Tabletten

Materialien und Chemikalien

Universalgasentwickler	
HTH-Chlor-Tabletten, rot (⬦⟨!⟩⬦)	
Salzsäure ($w = 25$ %, ⬦)	
Natriumthiosulfat-Lösung ($w = 10$ %)	

Durchführung

- Ein Video zu diesem Experiment lässt sich unter Abb. 12.2 abrufen.
- Der Gasentwickler wird zu ca. $^1/_3$ mit Salzsäure gefüllt.
- Eine Tablette wird in den Einsatz des Gasentwicklers gegeben.
- Der Einsatz wird in den Gasentwickler geschoben und bis in die Salzsäure hinuntergedrückt.
- Das entstehende Chlor kann durch Öffnen des Hahns über das Glasrohr entnommen werden.

Beobachtung
Wird der Tabletten-Einsatz des Gasentwicklers in die Salzsäure geschoben, entsteht gelbgrünes Chlorgas. Wird der Einsatz aus der Salzsäure herausgezogen, ist die Gasentwicklung beendet.

Erklärung und didaktischer Kommentar
HTH-Chlor-Tabletten werden zur Wasseraufbereitung in Schwimmbädern verwendet. Diese enthalten 50–75 % Symclosen. Dabei handelt es sich um Trichlorisocyanursäure ($C_3Cl_3N_3O_3$). Diese bildet mit Wasser hypochlorige Säure, die zu Chlorsäure und Salzsäure disproportioniert. Die Hypochlorit-Ionen synproportionieren mit den Chlorid-Ionen der Salzsäure zu Chlor-Molekülen.

Abb. 12.2 Universalgasentwickler. Das hier verlinkte Video zeigt die Handhabung des Universal-
gasentwicklers am Beispiel der Herstellung von Chlor (▶ https://doi.org/10.1007/000-337)

Die im Laborhandel üblichen HTH-Chlor-Tabletten mit einem roten Etikett auf dem
Gefäß enthalten Lithium- oder Calciumhypochlorid. Dieses synproportioniert mit
Chlorid-Ionen zu Chlorgas.

$$Ca(OCl^-)_2 \text{ (aq)} + 2 \text{ HCl (aq)} \rightarrow 2 \text{ Cl}_2 \text{ (g)} + Ca(OH)_2 \text{ (aq)}$$

Der Vorteil dieser Apparatur ist, dass man die Herstellung von Chlorgas sehr gut dosieren
kann. Zudem lässt sich der Ansatz über längere Zeit im gut ziehenden Abzug aufbewahren, sodass man kurzfristig Chlorgas erzeugen kann, wenn man dies benötigt.

Entsorgung
Chlor für weitere Experimente verwenden oder den Gasentwickler mit Natriumthiosulfat-Lösung füllen, die Lösung nach etwa 10 min neutralisieren und über das Abwasser
entsorgen. Zuvor Schwefel abfiltrieren, trocknen und in der Feststofftonne entsorgen.

12.3.3 Herstellen von Chlor im Mikromaßstab

Materialien und Chemikalien

Reagenzglas mit passendem Stopfen
2 Kanülen (z. B. Blunt-fill-Kanülen; Durchmesser 1,3 mm (G18))
Kanüle, stumpf (Blunt)
2 Kunststoffspritzen (Luer Lock, 5 mL, 20 mL)
Drei-Wege-Hahn (Medizintechnik)
Becherglas (50 mL)
Siliconschlauchstück (2 cm)
Aktivkohlefilter (Pfeifenfilter)
Spatel
Stativmaterial
Papiertaschentuch
Kaliumpermanganat (◇◇◇)
Siliconöl
Salzsäure ($w = 25$ %, ◇)
Natriumthiosulfat-Lösung ($w = 10$ %)

Durchführung

- Die Gummistempel der Kanülen werden mit Siliconöl eingerieben, damit diese leichtgängig werden.
- Der Stopfen wird mit beiden Kanülen durchstochen. Die kleine Spritze wird mit 3 mL Salzsäure befüllt.
- In das Reagenzglas gibt man einen Spatel Kaliumpermanganat und setzt anschließend den Stopfen mit den beiden Kanülen auf.
- Auf die eine Kanüle schraubt man die mit Salzsäure gefüllte Spritze, auf die andere Kanüle den Drei-Wege-Hahn.
- In die nach oben ragende Öffnung des Drei-Wege-Hahnes schraubt man die größere Spritze. Über das Siliconschlauchstück wird die seitliche Öffnung des Hahnes mit dem Aktivkohlefilter verbunden. Die so vorbereitete Apparatur wird am Stativ befestigt (Abb. 12.3).

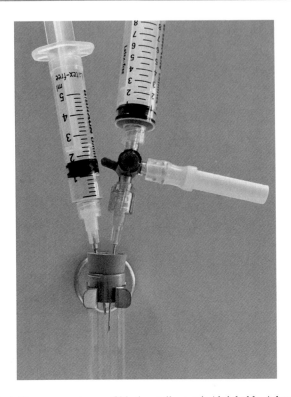

Abb. 12.3 Gasentwicklungsapparatur zur Chlorherstellung mit Aktivkohle-Adsorptionsröhrchen

- Nun tropft man bei geöffnetem Hahn portionsweise die Salzsäure zu. Nach etwa 10 s ist die Luft im Reagenzglas verdrängt und man legt den Hahn so um, dass das Chlorgas in der 20-mL-Spritze gesammelt wird. Dabei zieht man leicht am Kolben der Gasauffangspritze.
- Wenn das gewünschte Volumen an Chlorgas hergestellt wurde, legt man den Hahn so um, dass das Chlorgas durch den Aktivkohlefilter strömt und adsorbiert wird.

Beobachtung
Vgl. Abschn. 12.3.1.

Erklärung und didaktischer Kommentar
Vgl. Abschn. 12.3.1.

Entsorgung
Vgl. Abschn. 12.3.1.

12.3.4 Desinfektionswirkung von Chlor

Materialien und Chemikalien

Erlenmeyer-Kolben (weit, 500 mL) mit Stopfen
Reagenzglas mit Stopfen
Reagenzglasständer
Messzylinder (10 mL)
Pipette (2 mL)
Pipettierhilfe
Chlorwasser (⊛)
Natriumthiosulfat-Lösung ($w = 10\,\%$)
Gras, Blätter oder Ähnliches
Wasser

Durchführung

- Gras, Blätter o. Ä. werden in einem Erlenmeyerkolben mit etwa 100 mL Wasser übergossen und verschlossen etwa fünf Tage an einem warmen Ort stehen gelassen.
- 10 mL dieser vorbereiteten Pflanzensuspension werden in ein Reagenzglas gefüllt und der Geruch überprüft.
- Etwa 2 mL Chlorwasser werden zugegeben. Das Reagenzglas wird verschlossen und geschüttelt.
- Nach 3 bis 5 min wird der Geruch nochmals geprüft.

Beobachtung

Der modrige Geruch der Lösung verschwindet innerhalb weniger Minuten nahezu völlig.

Erklärung und didaktischer Kommentar

Chlor wirkt desinfizierend. Es hydrolysiert leicht unter Bildung von Hypochlorit-Ionen. Mikroorganismen werden durch die oxidierende Wirkung der Hypochlorit-Ionen abgetötet.

Entsorgung

Wässrige Lösungen mit Natriumthiosulfat-Lösung versetzen, die Lösungen nach etwa 10 min über das Abwasser entsorgen.

12.3.5 Bleichwirkung von Chlor

Materialien und Chemikalien

Reagenzgläser	
Stopfen	
Reagenzglasständer	
Universalindikator-Papier	
Farbige Blütenblätter	
Papier	
Tinte	
Jeansgewebe	
Chlor (⬦⬦⬦)	
Konz. Schwefelsäure (⬦)	
Wasser	

Durchführung

- 6 Reagenzgläser werden trocken mit Chlor gefüllt und mit Stopfen verschlossen.
- In je ein Reagenzglas werden frische Blütenblätter, mit Tinte beschriebenes Papier, feuchtes Universalindikator-Papier und ein Stück Jeansgewebe gegeben.
- Zwei Reagenzgläser werden mit etwa 3 mL Schwefelsäure und mit etwa 3 mL Wasser befüllt. Beide Reagenzgläser werden verschlossen und geschüttelt. Nach 3 min wird jeweils Universalindikator-Papier mit dem Stopfen in beide Reagenzgläser geklemmt.

Beobachtung

Blütenblätter, Tinte, und Jeans bleichen aus. Das angefeuchtete und das Universal-indikator-Papier im mit Wasser befüllten Reagenzglas bleichen ebenfalls aus. Im Reagenzglas mit Schwefelsäure verändert sich das Universalindikator-Papier dagegen nicht.

Erklärung und didaktischer Kommentar

In Gegenwart von Wasser wirkt Chlor bleichend, das mit der konzentrierten Schwefel-säure getrocknete Chlor dagegen nicht. Chlor-Moleküle reagieren mit Wasser-Molekülen, wobei Hypochlorit-Ionen entstehen. Diese zerfallen unter Bildung von Sauerstoff-Molekülen, welche die Moleküle der Farbstoffe oxidieren.

$$2\,Cl_2\,(g) + 3\,H_2O\,(l) \rightarrow 2\,Cl^-\,(aq) + ClO^-\,(aq) + 2\,H_3O^+\,(aq)$$

$$2\,ClO^-\,(aq) \rightarrow 2\,Cl^-\,(aq) + O_2\,(g)$$

Entsorgung

Papier, Jeans und Blütenblätter über den Hausmüll entsorgen. Schwefelsäure und wässrige Lösungen mit Natriumthiosulfat-Lösung versetzen, die Lösungen nach etwa 10 min neutralisieren und über das Abwasser entsorgen.

12.3.6 Nachweis von Halogenen mit der Beilstein-Probe

Materialien und Chemikalien

Tiegelzange	
Gasbrenner	
Uhrgläser	
Kupferblech	
Chlorwasser (⚠)	
Bromwasser (⚠⚠⚠)	
Iod-Kaliumiodid-Lösung (⚠)	
Magnesiumchlorid	
Paraffin (fest)	
Glycerin	
Natriumthiosulfat-Lösung ($w = 10\,\%$)	

Durchf'ührung

- Das Kupferblech wird in der nicht leuchtenden Flamme ausgeglüht, bis die Flamme farblos erscheint.
- Das Kupferblech wird kurz in Chlorwasser getaucht und im Anschluss in die nicht leuchtende Brennerflamme gehalten.
- Der Versuch wird mit den übrigen Proben wiederholt.

Beobachtung

Das in Chlorwasser, Bromwasser und Iod-Kaliumiodid-Lösung eingetauchte Kupfer-blech zeigt eine grüne Brennerflamme. Magnesiumchlorid, Paraffin und Glycerin zeigen keine entsprechende Flammenfärbung.

Erklärung und didaktischer Kommentar

Mit der Beilsteinprobe erfolgt der Nachweis von Halogenen. Wird die zu untersuchende Probe auf das noch heiße Kupferblech gegeben und mit dem Gasbrenner erhitzt, färbt sich die Brennerflamme bei Anwesenheit eines Halogens grün bis blaugrün. Die Farbe ist auf die Bildung leichtflüchtiger Kupfer-Halogen-Verbindungen zurückzuführen. Bei Halogeniden bleibt der Nachweis jedoch aus.

Dieser Versuch dient als Nachweis von Halogen-Molekülen und von Halogen-Atomen in organischen Verbindungen. Mit ihm ist auch eine Unterscheidung von Halogen-Molekülen und Halogenid-Ionen möglich.

Entsorgung

Kupferblech aufheben und wiederverwenden. Reste von Chlorwasser, Bromwasser und Iod-Kaliumiodid-Lösung mit Natriumthiosulfat-Lösung versetzen und die Lösungen nach etwa 10 min über das Abwasser entsorgen.

12.3.7 Iodnachweis mit Stärke

Materialien und Chemikalien

Reagenzglas	
Reagenzglasklammer	
Spatel	
Gasbrenner	
Tropfpipette	
Stärke	
Iod-Kaliumiodid-Lösung (⬦)	
Wasser	

Durchführung

- In einem Reagenzglas wird eine Spatelspitze Stärke mit etwa zwei Finger breit Wasser versetzt.
- Unter Schütteln wird so lange erwärmt, bis eine klare Lösung entstanden ist.
- Die Lösung wird mit Leitungswasser auf Handwärme abgekühlt und zwei Tropfen Iod-Kaliumiodid-Lösung hinzugefügt.

Beobachtung

Die klare Stärkelösung färbt sich bei Zugabe der Iod-Kaliumiodid-Lösung blau-violett.

Erklärung und didaktischer Kommentar

In der Iod-Kaliumiodid-Lösung liegen Polyiodid-Ionen (z. B. I_3^- oder I_5^-) vor. Diese bilden mit der Amylose-Helix der Stärke eine blaugefärbte Einschlussverbindung. Die Ionen werden dabei in das Innere der Helix eingelagert und bilden einen Charge-Transfer-Komplex.

Entsorgung

Iod-Stärke-Lösung mit viel Wasser verdünnen und über den Ausguss entsorgen.

12.3.8 Löslichkeit von Halogenen

Materialien und Chemikalien

Reagenzgläser	
Stopfen	
Reagenzglasständer	
Tropfpipetten	
Pipette (1 mL)	
Pipettierhilfe	
Bromwasser (⬦⬦⬦)	
Iod-Kaliumiodid-Lösung (⬦)	
Benzin Siedebereich 80–110°C (⬦⬦⬦⬦)	
Wasser	

Durchführung

- In ein Reagenzglas wird etwa 3 cm hoch Bromwasser gegeben.
- Nach Zugabe von ca. 2 cm Benzin, wird das Reagenzglas verschlossen und kräftig geschüttelt.
- Der Versuch wird mit stark verdünnter Iod-Kaliumiodid-Lösung wiederholt. Dazu füllt man etwa 3 cm hoch Wasser in ein Reagenzglas und fügt 0,2 mL Iod-Kaliumiodid-Lösung zu. Die Farbe der wässrigen Lösung sollte in der Farbintensität der von Bromwasser entsprechen.

Beobachtung

Die wässrigen Lösungen beider Halogene sind leicht orangebräunlich. Nach dem Überschichten mit Benzin und dem Schütteln wird die wässrige Phase nahezu farblos, während die organische Phase sich bräunlich (Brom) oder violett (Iod) färbt.

Erklärung und didaktischer Kommentar

Halogene lösen sich nur schlecht in Wasser, wohl aber im hydrophoben Benzin. Die Ursache ist in der Polarität der Bindungen zu suchen. Es gilt das Prinzip *similia similibus solvuntur*. Bei der Iod-Kaliumiodid-Lösung bewirkt das Lösen des Iods in der organischen Phase die Trennung der Iod-Moleküle von den Iodid-Ionen.

Entsorgung

Die organischen Lösungen werden in einem Schütteltrichter mit Natriumthiosulfat-Lösung versetzt und für etwa 5 min geschüttelt. Die wässrige Phase kann dann im Ausguss entsorgt werden, die organische Phase gibt man in den Behälter für organische Stoffe.

12.3.9 Reaktion von Natrium mit Chlor

Materialien und Chemikalien

Großes Reagenzglas	
Standzylinder mit Glasdeckel	
Keramikmesser	
Pinzette	
Stativmaterial	
2 Reagenzgläser, in die seitlich in einer Höhe von etwa 1 cm mit einer spitzen Gasbrennerflamme ein Loch geblasen wurde	

Gasbrenner oder Flambierbrenner	
Filterpapier	
Kunststoffspritze (60 mL) mit langer Kanüle (12 bis 15 cm)	
Kunststoffspritze (20 mL) mit Kanüle (4 bis 5 cm)	
Natrium (⬦⬦)	
Chlor (⬦⬦⬦) in Kunststoffspritzen	
Glaswolle (⬦)	

Durchführung 1

- Es wird ein erbsengroßes, blankes Stück Natrium in ein leicht schräg eingespanntes Reagenzglas gegeben und zum Schmelzen erhitzt.
- Dann wird mit einer Kunststoffspritze mit langer Kanüle Chlor direkt auf die Natriumschmelze geblasen und gleichzeitig der Gasbrenner weggezogen.

Durchführung 2

- Der Standzylinder wird 2 cm hoch mit Glaswolle gestopft und dann mit Chlor befüllt und mit der Deckplatte abgedeckt.
- In das Reagenzglas mit Loch wird ein erbsengroßes Stück Natrium gegeben. Das Reagenzglas wird über dem Gasbrenner erhitzt, bis das Natriumstück aufglüht.
- Dann wird das Reagenzglas in den Standzylinder gestellt und der Deckel wieder aufgelegt.

Durchführung 3

- Ein kleines Stückchen Natrium wird entrindet und in das Reagenzglas mit Loch gelegt.
- Mit dem Gasbrenner wird das Natrium-Stückchen erwärmt, bis es geschmolzen ist und leicht aufglüht.
- Das Chlorgas aus der Spritze wird mit Hilfe der Kanüle auf die Natriumschmelze gedüst.

Beobachtung

In allen drei Durchführungsvarianten glüht die Natriumschmelze beim Begasen mit Chlor hell auf und es steigt ein weißlicher Rauch auf. Dieser Rauch schlägt sich am Rand des Glasgefäßes nieder.

Erklärung und didaktischer Kommentar

Chlor reagiert mit Natrium in einer exothermen Reaktion zu Natriumchlorid (weißer Rauch und Belag). Es wird Chlor verbraucht, sodass kaum noch Chlorgeruch wahrzunehmen ist.

$$2 \, Na \, (s) + Cl_2 \, (g) \rightarrow 2 \, NaCl \, (s) \mid \Delta H < 0$$

Dieses Experiment kann an mehreren Stellen des Chemieunterrichts eingesetzt werden. Rein phänomenorientiert dient es bei der Behandlung der Halogene als Prototyp der Salzbildung und der Veranschaulichung der zentralen Eigenschaft dieser Elementfamilie, die ihnen den Namen eingebracht hat.

Deutlich größeres Erklärungspotenzial weist dieses Experiment aber nach der Einführung eines differenzierten Atommodells (Schalenmodell, Energiestufenmodell) auf, denn hier können die Lernenden die Salzbildungsreaktion aus Elementen auf der Teilchenebene erklären, indem sie die Bildung der Ionen aus den Atomen der Elemente erarbeiten. Für den Nachweis der Ionen sollte etwas vom gebildeten Kochsalz abgekratzt, in Wasser gelöst und mit Silbernitrat-Lösung zum Nachweis der Chlorid-Ionen versetzt werden (Abschn. 12.3.15). Auch das Prüfen des Produkts auf eine Flammenfärbung als Nachweis für Natrium-Ionen ist empfehlenswert (Abschn. oben). Gleiches gilt für das Lösen von einer kleinen Menge des Salzes und der Prüfung der elektrischen Leitfähigkeit. Mit diesen Nachweisreaktionen lässt sich die Ionenbildung aus Atomen durch Elektronenübertragung ableiten. Bereits hier empfiehlt sich die Einführung der Termini Reduktion, Oxidation und Redoxreaktion, wodurch die Salzbildungsreaktion als Elektronenübertragungsreaktion (Redoxreaktion) deklariert wird.

Entsorgung

Das Reagenzglas wird nach dem Erkalten in Ethanol (◈◇!) gestellt, bis sich überschüssiges Natrium umgesetzt hat. Danach wird der Inhalt des Becherglases in das Abwasser gegeben.

12.3.10   Reaktion von Chlor mit Metallen

Materialien und Chemikalien

Standzylinder	
Abdeckplatten	
Tiegelzange	
Gasbrenner	
Erlenmeyer-Kolben (weit, 250 mL)	

Reagenzgläser	
Stopfen mit Trockenrohr (gerade)	
Reaktionsrohr (t = 300 mm, d = 20 mm)	
Gaswaschflasche	
3 Porzellanschiffchen	
Stativmaterial	
Chlor (⬦⬦⬦)	
Eisenpulver (⬦)	
Aluminiumpulver (⬦)	
Kupferwolle (⬦⬦)	
Magnesiumspäne (⬦)	
Calcium (gekörnt)	
Aluminiumfolie	
Sand	
Aktivkohle (gekörnt)	
Glaswolle (⬦)	
Natriumthiosulfat-Lösung (w = 5 %)	

Durchführung 1

- In 4 Standzylinder wird jeweils etwa 1 cm hoch Sand gegeben.
- Die Standzylinder werden trocken mit Chlor gefüllt und mit Deckplatten verschlossen.
- Jeweils etwa 1 g Eisenwolle, Magnesiumpulver und Kupferblech werden mithilfe einer Tiegelzange bzw. auf einem Spatel über einer kleinen Gasbrennerflamme erwärmt, bis am Rand der Stoffportion die Verbrennung einsetzt.
- Eisenwolle und Kupferwolle langsam in den Standzylinder absenken. Durch Aufklopfen mit dem Finger auf den Spatel wird das Magnesiumpulver in kleinen Portionen in den geöffneten Standzylinder eingestreut.
- Die Aluminiumfolie wird etwas zusammengedrückt, ebenfalls erwärmt und in einen Standzylinder gegeben.

Durchführung 2

- 3 Erlenmeyer-Kolben werden trocken mit Chlor gefüllt und durch Stopfen mit Trockenrohren verschlossen, in denen sich Aktivkohle befindet.
- In je ein Reagenzglas, in das seitlich etwa 10 mm über dem Boden mit dem Gasbrenner ein Loch (d = 10 mm) eingeschmolzen wurde, werden jeweils etwa 1 g

Eisen und 1 g Aluminium gegeben. Diese Ansätze werden über einer Flamme bis zum beginnenden Aufglühen erhitzt und sofort in jeweils einen Erlenmeyer-Kolben gebracht.

- Die Erlenmeyer-Kolben sind dann wieder durch Stopfen mit Trockenrohr zu verschließen.

Durchführung 3

- In ein Porzellanschiffchen werden etwa 500 mg Aluminiumpulver gegeben.
- Das Porzellanschiffchen wird in das vordere Drittel des Reaktionsrohres geschoben.
- Nach dem Erwärmen auf eine Temperatur von etwa 400°C wird Chlor durch die Apparatur geleitet.
- Das Experiment wird mit etwa 500 mg Eisen und etwa 500 mg Calcium wiederholt.

Beobachtung

Die Metalle glühen auf und es ist jeweils eine Rauchbildung zu erkennen. An den Wandungen der Standzylinder, Reagenzgläser und des Reaktionsrohres scheiden sich bei den Versuchen mit Eisen und Kupfer bräunliche Beläge ab. Bei den übrigen Ansätzen sind Rauch und Ablagerung weiß.

Erklärung und didaktischer Kommentar

Es finden Salzbildungsreaktionen durch Elektronenübertragungen statt: Eisen bildet rostbraunes Eisen(III)-chlorid (⬦⬦⚠), Kupfer reagiert zu braunem Kupfer(II)-chlorid (⚠⬦🜊). Aluminium und Calcium reagieren zu weißem Aluminiumchlorid (⬦) beziehungsweise Calciumchlorid (⚠). Magnesium bildet farbloses Magnesiumchlorid.

Auch dieser Versuch zeigt die Salzbildung als typische Eigenschaft von Halogenen. Salze werden dabei als Metall-Nichtmetallverbindungen klassifiziert. Wie schon beim Versuch im Abschn. 12.3.9 kann die Bildung von Chloriden durch die Prüfung mit Silbernitrat-Lösung nachgewiesen werden (Abschn. 12.3.15). Auch hier entwickelt sich das eigentliche Potenzial des Versuchs erst nach der Einführung des differenzierten Atommodells.

Entsorgung

Apparaturen unter dem Abzug lüften, mit Natriumthiosulfat-Lösung ausspülen und die entstehenden Suspensionen über das Abwasser entsorgen. Aktivkohle über den Hausmüll entsorgen.

12.3.11 Reaktion von Aluminium mit Brom

Materialien und Chemikalien

Schaureagenzglas
Becherglas (200 mL)
Pipette (1 mL) oder Kunststoffspritze (1 mL)
Pipettierhilfe
Pinzette
Sand
Gasbrenner
Brom (⬦⬦⬦)
Aluminiumfolie (ca. 0,5 g)

Durchführung

- Die Oberfläche eines Stücks Aluminiumfolie wird mit der Pinzette leicht abgeschabt, um die Passivierungsschicht einzuritzen. Die Folie wird zu einer lockeren Rolle gedreht.
- In ein Schaureagenzglas werden 1 mL Brom gefüllt. Das so vorbereitete Reagenzglas wird in ein mit Sand gefülltes Becherglas gestellt.
- Die Aluminiumfolie wird so in das Reagenzglas gestellt, dass das Ende der Folie in das Brom eintaucht. Die Reaktion setzt zeitverzögert ein.
- Nach der Reaktion nimmt man das Glas aus dem Sand und prüft, ob es einen Sprung bekommen hat. Die Hauptmenge des überschüssigen Broms vertreibt man nun durch gelindes Erwärmen.

Beobachtung

Nach kurzer Zeit bilden sich erste glühende Funken. Dann setzen eine intensive Feuererscheinung und Rauchentwicklung ein. Lässt man die dunkle Flüssigkeit abkühlen, so scheiden sich dunkel gefärbte Kristalle ab.

Erklärung und didaktischer Kommentar

Brom reagiert mit Aluminium zu Aluminiumbromid. Brom-Moleküle werden dabei zu Br^--Ionen reduziert und Aluminium-Atome zu Al^{3+}-Ionen oxidiert.

$$3\ Br_2\ (l) + 2\ Al\ (s) \rightarrow 2\ (Al^{3+}(Br^-)_3)\ (s);\ \text{exotherm}$$

Didaktische Kommentierung vgl. Abschn. 12.3.9.

Entsorgung

Die Bromreste werden mit Natriumthiosulfatlösung zu Natriumbromid umgesetzt, neutralisiert und dann über den Ausguss entsorgt.

12.3.12 Reaktion von Kupfer mit Iod

Materialien und Chemikalien

Reagenzglas	
Reagenzglasklammer	
Luftballon	
Gasbrenner	
Pinzette	
Kupferblech (etwa 1 cm × 10 cm)	
Iod (◇◇)	
Natriumthiosulfat-Lösung ($w = 10 \%$)	

Durchführung

- Ein Iodkristall wird in ein Reagenzglas gegeben.
- Das Kupferblech wird ziehharmonikaförmig gefaltet und in mittlerer Höhe in das Reagenzglas geklemmt.
- Das Reagenzglas wird mit dem Luftballon verschlossen.
- Mit kleiner Flamme wird zunächst der Iod-Kristall erhitzt, bis die entstehenden Dämpfe das Kupferblech erreichen. Danach wird auch das Kupferblech erhitzt.
- Nach dem Abkühlen entnimmt man vorsichtig das Reaktionsprodukt.

Beobachtung

Beim Erwärmen des Iodkristalls bilden sich violette Dämpfe, die sich im Reagenzglas verteilen. Beim Erwärmen des Kupferbleches ist ein weißer Belag auf dem Blech zu erkennen. Die violette Färbung nimmt ab.

Erklärung und didaktischer Kommentar

Kupfer reagiert mit den violetten Iod-Dämpfen in einer exothermen Reaktion zu weißem Kupferiodid. Dabei werden Kupfer-Atome zu Kupfer-Ionen oxidiert und Iod-Moleküle zu Iodid-Ionen reduziert.

Didaktische Einbettung siehe Abschn. 12.3.9.

Entsorgung

Das vollständig resublimierte Iod wird mit Natriumthiosulfat-Lösung reduziert und nach Neutralisierung mit Natriumhydrogencarbonat im Abwasser entsorgt. Das Kupferblech kann für die Thermolyse des Kupfer(II)-iodids verwendet werden (Umkehrbarkeit chemischer Reaktionen, Einführung Element/Verbindung). Dazu wird das Kupferblech mit dem Kupferiodid in ein Reagenzglas gelegt, die Reagenzglasöffnung mit einem Luftballon verschlossen und das Kupferiodid stark erhitzt. Es bilden sich violette Dämpfe.

12.3.13 Iod und Zink werden in Wasser vermischt

Materialien und Chemikalien

Schaureagenzglas	
Reagenzglasständer	
Messzylinder (10 mL)	
Thermometer	
Waage	
Wägeschälchen	
Trichter, Filterpapier	
Iodkristalle (⬦⬦)	
Zinkpulver (⬦⬦)	
Wasser	

Durchführung

- In ein Reagenzglas werden etwa 10 mL Wasser gegeben und die Temperatur gemessen.
- 1,5 g Iod werden dazugegeben und es wird geschüttelt.
- 1 g Zinkpulver werden dazugegeben und es wird wieder geschüttelt.
- Das Reagenzglas wird abgestellt, damit sich das Pulver absetzt.
- Noch während des Absetzens wird wieder die Temperatur gemessen.

Beobachtung

Zunächst entsteht eine tiefbraune Lösung, die nach ungefähr 10 min farblos wird. Am Boden befinden sich wenige Reste eines grauen Feststoffs. Die Temperatur steigt während des Versuchs an.

Erklärung und didaktischer Kommentar

Zink und Iod regieren in Wasser zu Zinkiodid: $Zn\ (s) + I_2\ (s) \rightarrow ZnI_2\ (aq)$ | exotherm

Die tiefbraune Färbung ist auf die Bildung von Triiodid-Ionen bzw. höheren Polyiodid-Ionen zurückzuführen. Im Überschuss zugegebenes Zink bleibt als Bodenkörper übrig.

Dieses Experiment zeigt, dass auch in wässriger Lösung Salzbildungsreaktionen aus den Elementen erfolgen können. Dies erscheint für die Lernenden zwar deutlich weniger spektakulär als die zuvor dargestellten Salzbildungsreaktionen, doch lassen sich die Kennzeichen dieser Reaktionen auch hier gut ableiten. Zudem empfiehlt sich dieser Versuch als Anwendung, beispielsweise in einer Klassenarbeit mit experimentellem Anteil. Zur weiteren Einordnung vgl. Abschn. 12.3.9.

Entsorgung

Das abgesetzte Zinkpulver wird abfiltriert und nach dem Trocknen des Filters im Behälter für feste Schwermetallabfälle entsorgt. Die Lösung lässt sich für Elektrolyseversuche aufbewaren. Falls sie dennoch entsorgt werden soll, muss sie in den Behälter für Schwermetallsalzlösungen gegeben werden.

12.3.14 Reaktion von Magnesium mit Bromwasser

Materialien und Chemikalien

Magnetrührer & Rührstab
Erlenmeyerkolben (100 mL) mit durchbohrtem Stopfen
Digitalthermometer
Messzylinder (100 mL)
Abdampfschale
Bromwasser (◈ ⟨!⟩)
Magnesiumpulver (◈)
Natriumthiosulfat-Lösung ($w = 10\ \%$)

Durchführung

- In den Erlenmeyerkolben werden ein Rührstab und etwa 75 mL Bromwasser gegeben.
- Nach Zugabe von ca. 0,5 g Magnesiumpulver wird der Kolben mit dem durchbohrten Stopfen, in dem sich das Digitalthermometer befindet, verschlossen.
- Das Gemisch wird auf dem Magnetrührer gerührt und die Temperaturänderung verfolgt.
- Zur Gewinnung des Magnesiumbromids wird die Lösung dekantiert oder filtriert und das Dekantat/Filtrat dann in einer Abdampfschale eingedampft.

Beobachtung

Die Temperatur im Reagenzglas erhöht sich. Das Bromwasser wird entfärbt.

Erklärung und didaktischer Kommentar

Magnesium wird im Überschuss zugegeben, um eine schnelle und vollständige Entfärbung zu erhalten. Nicht reagiertes Magnesium bleibt daher zurück.

Anhand der Entfärbung und der Temperaturerhöhung um etwa 15°C kann die Reaktion zwischen Brom und Magnesium verfolgt werden. Den Lernenden bereitet die Tatsache kein Problem, dass auch nach der Reaktion Magnesium im Reaktionsgefäß vorhanden ist, da die Entfärbung der Brom-Lösung das Stattfinden einer chemischen Reaktion hinreichend dokumentiert. Durch das Eindampfen erhält man das weiße, kristalline Reaktionsprodukt, dessen Aussehen sich deutlich von dem der Edukte unterscheidet. Dadurch lässt sich eindeutig widerlegen, dass lediglich ein Gemisch aus Magnesium und Brom vorliegt. Weitere didaktische Hinweise vgl. Abschn. 12.3.9 und 12.3.13.

Entsorgung

Restliches Bromwasser mit Natriumthiosulfat-Lösung reduzieren, neutralisieren und im Behälter für halogenhaltige Abfälle entsorgen.

12.3.15   Nachweis von Halogeniden durch Fällung

Materialien und Chemikalien

Reagenzgläser	
Reagenzglasständer	
Tropfpipetten	
Schwarze Pappe	
Silbernitrat-Lösung ($w = 1$ %, ◇◇)	
Salpetersäure ($w = 5$ %, ◇◇)	
Natriumchlorid-Lösung	
Natriumbromid-Lösung	
Natriumiodid-Lösung	
Salzsäure ($c = 1$ mol/L, ◇)	
Isotonische Kochsalzlösung	
Wasser	

Durchführung

- Einige Milliliter Natriumchlorid-Lösung werden in ein Reagenzglas gegeben.
- Zwei Tropfen Salpetersäure und einige Tropfen Silbernitrat-Lösung werden zugefügt.
- Das Reagenzglas wird vor einem dunklen Hintergrund betrachtet.
- Der Versuch wird mit den anderen Salz-Lösungen, mit Salzsäure und mit Wasser wiederholt.

Beobachtung

Beim Zutropfen der Salpetersäure bilden sich im Reagenzglas Schlieren. Nach der Zugabe von Silbernitrat-Lösung zeigen sich weißliche (Chloride), weißgelbliche (Bromide) und gelbliche Trübungen (Ausfällungen). Bei Verwendung von Salzsäure und der isotonischen Kochsalzlösung zeigen sich ebenfalls weiße Fällungen; bei Wasser ist allenfalls eine ganz leichte Trübung zu erkennen. Bei Bestrahlung mit Sonnenlicht vergrauen die Fällungen langsam bzw. es bilden sich schwarze Partikel darin (Abschn. 12.3.16). Dies erfolgt besonders schnell bei den Chloridfällungen.

Erklärung und didaktischer Kommentar

Die Halogenid-Ionen bilden mit Silber-Ionen schwer lösliche Silber-Halogenide, die aus der Lösung als Feststoffe ausfallen. Im Falle des Silberchlorids (AgCl, s) ist der Niederschlag weiß, bei Silberbromid (AgBr, s) ist die Fällung weißlich-gelb und bei Silberiodid (AgI, s) bildet sich ein gelber Niederschlag. Mit Silbernitrat-Lösung lassen sich also die verschiedenen Halogenide nachweisen und differenzieren. So lässt sich aus der weißen Fällung in den Ansätzen mit Salzsäure und mit der isotonischen Salzlösung belegen, dass die Lösungen Chlorid-Ionen enthalten. Die allenfalls sehr schwache Trübung des Ansatzes mit Wasser deutet darauf hin, dass Wasser nur sehr wenige Halogenid-Ionen enthält. Beispielhaft seien folgende Reaktionen aufgeführt:

$$AgNO_3 \text{ (aq)} + NaCl \text{ (aq)} \rightarrow AgCl \text{ (s)} + Na^+ \text{ (aq)} + NO_3^- \text{ (aq)}$$

$$AgNO_3 \text{ (aq)} + NaBr \text{ (aq)} \rightarrow AgBr \text{ (s)} + Na^+ \text{ (aq)} + NO_3^- \text{ (aq)}$$

$$AgNO_3 \text{ (aq)} + NaI \text{ (aq)} \rightarrow AgI \text{ (s)} + Na^+ \text{ (aq)} + NO_3^- \text{ (aq)}$$

Bei Belichtung entsteht aus den Silberhalogeniden fein verteiltes elementares Silber, welches für die Vergrauung der Fällungen verantwortlich ist.

Entsorgung

Alle Suspensionen werden im Schwermetallbehälter entsorgt.

12.3.16 Endotherme Reaktion: Silberfotografie

(Wiechoczek 2005)

Materialien und Chemikalien

Filterpapier (ca. 5 cm × 5 cm)	
Kristallisierschalen	
Karton	
Pinzette	
Föhn	
Starke Lampe	
Silbernitrat-Lösung ($w = 5\,\%$, ⬦⬦)	
Natriumchlorid-Lösung ($w = 10\,\%$)	

Durchführung

- Aus dem Karton wird eine Schablone hergestellt.
- Einige Milliliter Natriumchlorid-Lösung werden in eine Kristallisierschale gegeben.
- In diese Lösung wird ein Filterpapier etwa für 2 min getränkt und dann mit dem Föhn kurz angetrocknet.
- Einige Milliliter Silbernitrat-Lösung werden in eine weitere Kristallisierschale gegeben.
- Das Filterpapier wird 1–2 min getränkt. Dieser Schritt sollte möglichst im Schatten durchgeführt werden. Im Anschluss wird das Papier mit dem Föhn kurz angetrocknet.
- Das Filterpapier wird mit der Schablone bedeckt und 3–5 min mit der starken Lampe belichtet.

Beobachtung

Bereits nach 3 min verdunkelt sich das Papier an den belichteten Stellen. Nimmt man die Schablone ab, erkennt man eine schwarze Figur auf weißem Grund.

Erklärung und didaktischer Kommentar

Beim Tränken in der Silbernitratlösung bildet sich auf dem Filterpapier Silberchlorid.

$$AgNO_3 + NaCl \rightarrow AgCl \downarrow + NaNO_3$$

Bei der Belichtung des Papiers bildet sich elementares Silber. Die belichteten Stellen färben sich durch elementares Silber dunkel.

Dieses Experiment zeigt eine heute nicht mehr so weit verbreitete Anwendung der Silberhalogenide, die Schwarz-Weiß-Fotografie. Dieses Thema bietet viele weitere interessante Aspekte, wobei Kenntnisse zum Redoxverhalten von Silberhalogeniden vermittelt werden. Es bietet sich eine projektartige Arbeitsweise an. Ein ausführliches Beispiel findet sich in Asselborn et al. (2008).

Entsorgung

Filterpapier in den Sammelbehälter für regenerierbare Metallsalz-Rückstände geben.

12.3.17   Reaktivität der Halogene

Materialien und Chemikalien

Reagenzgläser	
Stopfen	
Reagenzglasständer	
Pipetten (5 mL)	
Pipettierhilfe	
Messzylinder (10 mL)	
Kaliumchlorid	
Kaliumbromid	
Kaliumiodid	
Chlorwasser	
Bromwasser (⬥⬥⬥)	
Ethanolische Iod-Lösung ($w = 2\ \%$, ⬥)	
Benzin Siedebereich 80–110°C (⬥⬥⬥⬥)	
Wasser	

Durchführung

- 9 Reagenzgläser werden mit 10 mL Wasser und 3 mL Benzin befüllt. Die Reagenzgläser werden durchnummeriert.
- In den Reagenzgläsern 1 bis 3 wird unter Schütteln 0,5 g Kaliumchlorid gelöst, in den Reagenzgläsern 4 bis 6 löst man entsprechend 0,5 g Kaliumbromid und in den Reagenzgläsern 7 bis 9 0,5 g Kaliumiodid.
- Je einem Reagenzglas mit Chlorid-, Bromid- und Iodidsalz werden 3 mL Chlorwasser zugegeben und die Ansätze erneut geschüttelt.
- Je einem Reagenzglas mit Chlorid-, Bromid- und Iodidsalz werden 4 mL Bromwasser zugegeben und die Ansätze ebenso geschüttelt.
- Zu den übrigen Ansätzen mit Chlorid-, Bromid- und Iodidsalz gibt man 4 mL Iod-Lösung und schüttelt ebenso.
- Die Farben der Benzinschichten werden notiert.

Tab. 12.1 Benzinfärbung
nach Zugabe von Chlorwasser,
Bromwasser und Iod-Lösung

Ansatz	Färbung der Benzinphase
1. Chlorid/Chlorwasser	Farblos
2. Chlorid/Bromwasser	Braun
3. Chlorid/Iodwasser	Violet
4. Bromid/Chlorwasser	Braun
5. Bromid/Bromwasser	Braun
6. Bromid/Iodwasser	Violet
7. Iodid/Chlorwasser	Violet
8. Iodid/Bromwasser	Violet
9. Iodid/Iodwasser	Violet

Beobachtung

In den Reagenzgläsern treten nach Zugabe von Chlorwasser, Bromwasser bzw. Iod-Lösung verschiedene Färbungen des Benzins auf, wie Tab. 12.1 zeigt.

Erklärung und didaktischer Kommentar

Die Färbungen lassen darauf schließen, dass Chlor-Moleküle Bromid-Ionen zu Brom-Molekülen und Iodid-Ionen zu Iod-Molekülen oxidieren.

$$Cl_2 + 2\,Br^- \,(aq) \rightarrow 2\,Cl^- \,(aq) + Br_2$$

$$Cl_2 + 2\,I^- \,(aq) \rightarrow 2\,Cl^- \,(aq) + I_2$$

Brom-Moleküle oxidieren nur Iodid-Ionen zu Iod-Molekülen.

$$Br_2 + 2\,I^- \,(aq) \rightarrow 2\,Br^- \,(aq) + I_2$$

Ein Überschuss an Chlor ist zu vermeiden, da sich sonst farblose Bromat-Ionen beziehungsweise Iodat-Ionen bilden. Alternativ kann der Versuch mit vorbereiteten Salzlösungen durchgeführt werden. Dazu werden 2 mL der Salz-Lösung mit 1 mL der Halogen-Lösung und 1 mL Benzin gemischt.

Eingebunden in eine Unterrichtsreihe zu den Halogenen veranschaulicht dieses Experiment die abnehmende Reaktivität der Halogene von Chlor über Brom zum Iod. Die Halogene lassen sich so in eine Reihe ordnen. Wichtig ist hierbei, dass die Reaktionen nicht als Redoxreaktionen zu kennzeichnen sind, da das Konzept der Elektronenübertragung unter Anwendung von Oxidationszahlen i. d. R. hier noch nicht eingeführt ist. In der Sek. II kann dieses Experiment unter Einbindung des Redoxkonzepts im Themenkreis Elektrochemie aufgegriffen werden, um die Unterschiede im Redoxverhalten nicht nur an metallischen Beispielen, sondern auch an Nichtmetallen aufzuzeigen.

Entsorgung

Benzin mit Natriumthiosulfat-Lösung ausschütteln und in den Sammelbehälter für „Organische Reste" geben. Alle wässrigen Lösungen über das Abwasser entsorgen.

Erratum zu: Experimente im Chemieunterricht Band 1

Erratum zu:
B. Sieve et al., *Experimente im Chemieunterricht*
Band 1, **https://doi.org/10.1007/978-3-662-63905-4**

In den Kapiteln 2, 5, 9 und 11 wurden einige Videos den Abbildungen neu zugeordnet.

Die korrigierten Versionen der Kapitel sind verfügbar unter
https://doi.org/10.1007/978-3-662-63905-4_2
https://doi.org/10.1007/978-3-662-63905-4_5
https://doi.org/10.1007/978-3-662-63905-4_9
https://doi.org/10.1007/978-3-662-63905-4_11

© Springer-Verlag GmbH Deutschland, ein Teil von Springer Nature 2022
B. Sieve et al., *Experimente im Chemieunterricht Band 1,*
https://doi.org/10.1007/978-3-662-63905-4_13

Arbeitsgeräte für den Unterricht

Dreifuß	Drahtnetz	Tondreieck	Gasbrenner	Flambierbrenner
Tiegelzange	Reagenzglas-klammer	Glasstab	Uhrglas	Petrischale
Messzylinder	Standzylinder	Becherglas	Erlenmeyer-kolben	Erlenmeyer-kolben mit Ansatz
Abdampfschale	Messkolben	Kristallisierschale	Rundkolben	Mörser & Pistill
Reagenzglasständer	Reagenzglas	Reagenzglas mit seitlichem Ansatz	Stopfen	Spatel / Löffel

© Springer-Verlag GmbH Deutschland, ein Teil von Springer Nature 2022

B. Sieve et al., *Experimente im Chemieunterricht Band 1*,

https://doi.org/10.1007/978-3-662-63905-4

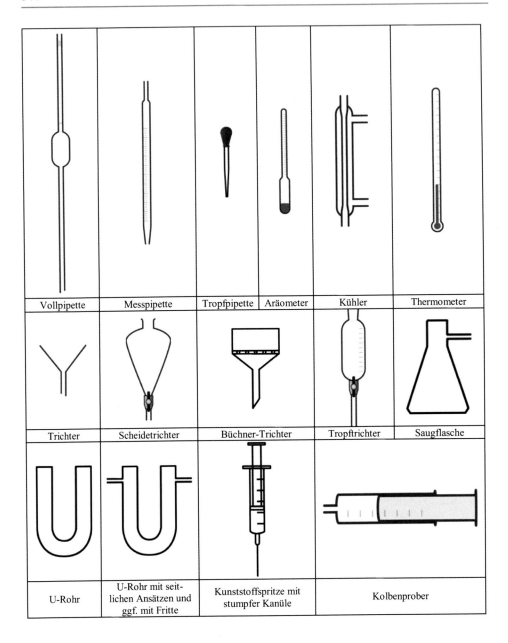

Vollpipette	Messpipette	Tropfpipette	Aräometer	Kühler	Thermometer

Trichter	Scheidetrichter	Büchner-Trichter	Tropftrichter	Saugflasche

U-Rohr	U-Rohr mit seit- lichen Ansätzen und ggf. mit Fritte	Kunststoffspritze mit stumpfer Kanüle	Kolbenprober

Literatur

Für das Literaturverzeichnis wurden folgende gängigen Abkürzungen für Fachzeitschriften verwendet:

CHEMKON: Chemie konkret – Forum für Unterricht und Didaktik
MNU: Mathematisch-Naturwissenschaftlicher Unterricht
PdN-ChiS: Praxis der Naturwissenschaften – Chemie in der Schule
NiU-Chemie: Naturwissenschaften im Unterricht – Chemie
NiU-Physik: Naturwissenschaften im Unterricht – Physik
Für alle anderen Zeitschriftenbeiträge sind die Journalbezeichnungen ausgewiesen.

AlteReklame (2018) Milky Way Werbung 1986. https://www.youtube.com/watch?v=EWtqNoTSF24. Zugegriffen: 2. Dez. 2020

Asselborn W, Jäckel M, Risch KT (2008) Chemie heute Teilband 2 für Niedersachsen. Schroedel, Braunschweig

Asselborn W, Jäckel M, Risch KT, Sieve BF (2013) Chemie heute – Sekundarbereich I. Schroedel, Braunschweig

Barke HD (2006) Chemiedidaktik – Diagnose und Korrektur von Schülervorstellungen. Springer, Berlin

Baumgärtner K, Pfeifer P (1996) Ausgewählte Experimente zum Kupferkreislauf mit Kupfer(I)-oxid. NiU-Chemie 32:68–71

Berg J (2005) The Chemical History of a Candle – Faradays Weihnachtsvorlesung im Chemieunterricht. CHEMKON 12(2):61–67

Brand BH (2013) „Low-cost-Experimente" Versuche mit medizintechnischen Geräten. http://www.bhbrand.de/medtech-fortbildungen/unsere-fortbildungen/downloads/index.html. Zugegriffen: 12. Dez. 2020

Brandl H (1995) Ein Gummibärchen im „flammenden Inferno". PdN-ChiS 5(44):26

Brandl H (2010) Trickkiste Chemie, 6. Aufl. Aulis, Köln

Corvis (o. J.) Thermit-Reaktion. https://www.waldorf-ideen-pool.de/Schule/faecher/chemie/oberstufe/thermit-reaktion. Zugegriffen: 22. Nov. 2020

de Vries T (2002) Der „Eiskocher". CHEMKON 9(4):199–200

de Vries T, Paschmann A (2005) Eis – Gefrieren von Wasser im Schnelldurchlauf. CHEMKON 12(3):126–128

Ebling K (2017) Energieänderungen im Blick. NiU-Chemie 160:25–31

Eilks I, Leerhoff G, Möllering J (2002) Was ist eigentlich eine chemische Reaktion? MNU 55(2):84–91

© Springer-Verlag GmbH Deutschland, ein Teil von Springer Nature 2022
B. Sieve et al., *Experimente im Chemieunterricht Band 1*,
https://doi.org/10.1007/978-3-662-63905-4

Friege G, Scholz R, Oberholz HW (2018) Darstellungen energetischer Prozesse. Physikalische Vorgänge mit dem Energiekontomodell, Energieflussdiagrammen und Energieübertragungsketten beschreiben. NiU-Physik 164:33–38

Heimann R, Harsch G (2007) Die chemische Reaktion im Anfangsunterricht. Eine experimentelle Erarbeitung am Beispiel der Verbrennung. CHEMKON 2(14): 75–83

Fritsch L (1994) Verständnisschwierigkeiten bei der Aneignung des Redoxbegriffs – ein Vorschlag zur Überwindung. PdN-ChiS 41(6):232–237

Goergen R (2017) Kivu-See. Die Dämonen eines Gewässers https://www.spektrum.de/news/die-daemonen-eines-gewaessers/1440984. Zugegriffen: 22. Nov. 2020

Großmann I, Schwab M (2008) Silber – Silbersulfid und zurück. NiU-Chemie 104:50–53

Horn M, Wagner W (1997) Noch „Ein farbiger Weg" zur Unterscheidung von Reinstoffen und Gemischen. PdN-ChiS 44(9):324–327

Hüttner R (1996) Ein „farbiger Weg" zur Unterscheidung von Reinstoffen und Gemischen. PdN-ChiS 43(1):2–5

Jansen W (1994) Alchimisten-Gold. CHEMKON 1(2):85–86

Jansen et al. (o. J.) Handreichung ChemOL für Grundschulkinder. ChemOL Arbeitsblätter auf CD. https://klueverundschulz.de/8098/Chemol-Arbeitsblaetter-auf-CD. Zugegriffen: 10. Dez. 2020

Jansen W, Peper R, Fickenfrerichs H (1994) Die Dalton'sche Atomtheorie, die Gasvolumengesetze von Gay-Lussac und Humboldt, die Avogadro'sche Theorie und die Ermittlung der chemischen Formel im Anfangsunterricht. NiU-Chemie 25:4–11

Jansen W, Jahnke S, Peper-Bienzeisler R, Fickenfrerichs H (1987) Diamant und Graphit. NiU-Physik/Chemie 35(21):4–10

Johannsmeyer F (2004) Stationen auf dem Weg ins Diskontinuum im Chemieunterricht der Sekundarstufe I. oops.uni-oldenburg.de/183/1/johsta04.pdf. Zugegriffen: 4. Febr. 2013

Kienast S, Witteck T, Eilks I (2012) „Stoffe" im Chemieunterricht. Ein wichtiger Begriff mit vielen Verständnishürden. NiU-Chemie 128:12–15

Köhne A, Sieve BF (2020) Salz aus Meerwasser. NiU-Chemie 177/178: 97/98

König FG (2006) Verbrennungsdreieck. https://commons.wikimedia.org/wiki/File:Verbrennungsdreieck-gross.png. Zugegriffen: 23. März 2021

Korpjuhn (o. J.) Untersuchung von Gummibären. Hannah-Arendt-Gymnasium, Barsinghausen

Krause M (2020) Den Gefrierpunkt von Wasser untersuchen. http://www.digitale-medien.schule/gefrierpunkt.html. Zugegriffen: 23. März 2021

Krause M, Bäumer M, Eilks I (2020) Messwerte bei der Abkühlung von Wasser digital erfassen. NiU-Chemie 177(178):28–31

Kremer Pigmente (2020) Malachit natur, extra fein, Nr. 10310, 10 g ca. 6€. Kremer Pigmente GmbH & Co. KG, 88317 Aichstetten. https://www.kremer-pigmente.com/de/shop/pigmente/10310-malachit-natur-extra-fein.html. Zugegriffen: 7. Dez. 2020

Kuballa M (2008) Die Chemie ersetzt den Vorkoster. Chemie im Kontext – Sekundarstufe I, 1. Cornelsen, Berlin

Lengen-Mertel C, Ahrends B (2004) Der Laborführerschein. Erste Schritte in die Chemie. NiU-Chemie 82/83:17–20

Leitner E, Finckh U (2020a) Druck und Auftrieb. Archimedes und die Krone. https://www.leifiphysik.de/mechanik/auftrieb-und-luftdruck/geschichte/archimedes-und-die-krone. Zugegriffen: 23. Nov. 2020

Leitner E, Finckh U (2020b) Temperatur und Teilchenmodell. Brownsche Bewegung. https://www.leifiphysik.de/waermelehre/temperatur-und-teilchenmodell/versuche/brownsche-bewegung. Zugegriffen: 23. Nov. 2020

Lüttgens U (2012) Ein Wasserkocher aus Papier. Eine Aufgabe mit gestuften Hilfen. NiU-Chemie 130(131):50–53

Martin C, de Vries T (2004) Chemie der Wunderkerze – ein Thema nicht nur in der Weihnachtszeit. CHEMKON 11(1):13–20

Meier K (2011) Brownsche Molekularbewegung. https://www.youtube.com/watch?v=UxE1laNjRtw. Zugegriffen: 23. Nov. 2020

Nickel H (2001) Die erste Chemiestunde oder Gold herstellen, kein Problem!? MNU 54(5):284–287

Peper-Bienzeisler R, Jansen W (2005) Der Kohlenstoffdioxid-Geysir. CHEMKON 4(12):180

Rehm M, Sieve B (2012) Der Elementbegriff als Teekesselchen. NiU-Chemie 128:24–27

RISU (2019) Richtlinie zur Sicherheit im Unterricht. Empfehlung der Kultusministerkonferenz. https://www.arbeitsschutz-schulen-nds.de/fileadmin/Dateien/Verantwortung_und_Organisation/Rechtsgrundlagen/Dokumente/RISU%20KMK/RiSU_Sicherheit_im_Unterricht_2019.pdf. Zugegriffen: 22. Nov. 2020

Roesky HW, Möckel K (1994) Chemische Kabinettstücke. Spektakuläre Experimente und geistreiche Zitate. VCH, Weinheim

Roggendorf R, Tausch MW (2014) Ein Krimi im Chemieunterricht. Flammenfärbung als Beweismittel. PdN-ChiS 63(2):13–15

Rossow M, Flint A (2006) Sauerstoff aus Oxi-Reinigern – Der Hochofen im Reagenzglas. CHEMKON 13(1):31–32

Rossow M, Flint A (2007) Wichtige Hinweise zum Arbeiten mit Oxi-Reinigern! CHEMKON 2(14):91

Rossow M, Flint A (2016) „Chemie fürs Leben" am Beispiel von Kerzen, Oxi-Reinigern und Campinggas. https://www.didaktik.chemie.uni-rostock.de/storages/uni-rostock/Alle_MNF/Chemie_Didaktik/Forschung/Sekundarstufe_I/2._Redoxreaktionen.pdf. Zugegriffen: 22. Nov. 2020

Schmidkunz H (2008) Lösen und Kristallisieren. Zwei gegenläufige Prozesse. NiU-Chemie 104:34–39

Schreiber S (2005) Ötzis Kupferbeil. Ein archäologischer Krimi im Chemieunterricht. NiU-Chemie 72:14–16

Schütte P (2010) Aus Rohstoffen werden Gebrauchsgegenstände. Vom Beil des Ötzi und anderen Beilen. PdN-ChiS 6(59):12–18

Schwarzer S, Ropohl M (2016) Damit nichts passiert! – Methodische Zugänge für Sicherheitsunterweisungen. NiU-Chemie 156:13–17

Schummer J (1995) Zwischen Wissenschaftstheorie und Didaktik der Chemie: Die Genese von Stoffbegriffen. Chimica didactica 21:85–110

Sieve BF (2012) Ist die Reaktion von Eisen mit Schwefel wirklich exotherm? NiU-Chemie 128:49

Sieve BF (2012) Modellversuch zur Homogenisierung von Milch. NiU-Chemie 23(130/131):97–98

Sieve BF (2015) Redoxreaktionen – ein heißes Eisen im Chemieunterricht. NiU-Chemie 146:2–7

Sieve BF (2016) Mit Zeitlupenaufnahmen chemischen Phänomenen auf die Spur kommen. Chemie & Schule 4:5–9

Sieve BF (2017) Gasgesetze – heute noch ein muss?!! NiU-Chemie 157:33 ff.

Sieve BF (2020) Tracking down chemical phenomena by the use of mobile phone slow-motion videos. Chem Teach Int. https://doi.org/10.1515/cti-2019-0018

Sieve BF, Bernholt S (2021) Die chemische Symbolsprache im Unterricht – Denkanstöße und Hinweise. NiU-Chemie 181:10–12

Sieve BF, Graulich N, Bittorf R, Caspari I (2017) Chemische Vorgänge als Prozesse erfassen. NiU-Chemie 160:2–7

Sieve BF, Hilker F (2019) Wie sag ich's meinem Kinde – die Tücken der Fachsprache der Chemie. NiU-Chemie 173:2–8

Sieve BF, Koch B (2020) Experimente via Smartphone. NiU-Chemie 177/178:16–19

Sieve BF, Rehm M (2012) Wie definieren Schüler Grundbegriffe der Chemie? NiU-Chemie 128:8–11

Sieve BF, Struckmeier S, Taubert C, Netrobenko C (2015) Unsichtbares sichtbar machen – Chemische Phänomene anhand von Zeitlupenaufnahmen verstehen. NiU-Chemie 145:23–27

Sieve BF, Taubert C, Taubert R (2017) Sicherer Umgang mit Kanülen. Von Erfahrungen zu Evidenzen. CHEMKON 5:387–390. https://doi.org/10.1002/ckon.201710310

Spiegel Wissenschaft (2008) Killer-Seen. Lautloser Tod aus der Tiefe. http://www.spiegel.de/wissenschaft/natur/killer-seen-lautloser-tod-aus-der-tiefe-a-540201.html. Zugegriffen: 31. Jan. 2013

Spiegel Geschichte (2011) Gödecke: Lake-Nyos-Katastrophe. Tödliche Wolke aus dem See. http://www.spiegel.de/einestages/lake-nyos-katastrophe-a-947305.html. Zugegriffen: 31. Jan. 2013

Sumfleth E, Todtenhaupt S (1994) Redox-Prozesse – zur Entwicklung des Verständnisses von Schülern im Laufe der Schulzeit. CHEMKON 1(3):126–133

Thomas J, Struckmeier S, Sieve BF (2017) Molekulares Sieben 2.0 – vom Kontinuum zum Diskontinuum mit molekularer Küche. CHEMKON 3(24):142–145

van der Veer W, De Rijke P (1994) Die Löslichkeit von Kohlenstoffdioxid in Wasser – ein verblüffendes Experiment. CHEMKON 1(2):83–84

von Borstel G, Gärtner H-J (2003) Kohlenstoffdioxid und Wettbewerb. „Egg-Races" in der Sekundarstufe I. NiU-Chemie 78:19–21

Wich P (2001–2018) Gummibärchen im flammenden Inferno. Versuch der Woche 18/2001. http://www.experimentalchemie.de/versuch-011.htm. Zugegriffen: 4. Febr. 2013

Wiechoczek D (2005) Die Herstellung eines Kochsalz-Silbernitratpapiers. http://www.chemieunterricht.de/dc2/foto/foto-v011.htm. Zugegriffen: 22. Nov. 2020

Wiechoczek D (2008) Prof. Blumes Tipp des Monats Juni 2000 (Tipp-Nr. 36). Wenn Wasser beim Abkühlen kocht. https://www.chemieunterricht.de/dc2/tip/06_00.htm. Zugegriffen: 22. Nov. 2020

Wiechoczek D (2009) Prof. Blumes Tipp des Monats März 2005 (Tipp-Nr. 93). Das salzige Wärmekissen, das Armeen warm hält. https://www.chemieunterricht.de/dc2/tip/03_05.htm. Zugegriffen: 22. Nov. 2020

Wiechoczek D (2012) Prof. Blumes Tipp des Monats August 2005 (Tipp-Nr. 98). Rechtzeitig zur Sommerhitze und zum Sport-Event: Eispacks. https://www.chemieunterricht.de/dc2/tip/08_05.htm. Zugegriffen: 22. Nov. 2020

Wiechoczek D (2014) Prof. Blumes Tipp des Monats Januar 1999 (Tipp-Nr. 19). Wärmekissen: Schnelle Wärme aus Kristallen. https://www.chemieunterricht.de/dc2/tip/01_99.htm. Zugegriffen: 22. Nov. 2020

Wiechoczek D (2015) Prof. Blumes Tipp des Monats Juli 2001 (Tipp-Nr. 49). Der chemische Flammenwerfer. http://www.chemieunterricht.de/dc2/tip/07_01.htm. Zugegriffen: 26. Nov. 2015

Wiederholt E, Behrens D, Fahrney V (1989) Luftsauerstoff – Einfache Bestimmung. PdN-ChiS 38(5):36–38

Wilms M, Fach M, Friedrich J, Oetken M (2004) Molekulares Sieben: Mit Einmachfolie ins Diskontinuum. CHEMKON 11(3):127–130

Wilms M, Kometz A, van der Veer WM (2005) Die Abhängigkeit der Gaslöslichkeit von der Temperatur – ein Experiment mit Brausetabletten. CHEMKON 1(12):27

Woebcken W (1998) Kunststoff-Lexikon, 9., akt. und erw. Aufl. Hanser, München

Zucht U, Rossow M, Lange G, Flint A (2004) Chemie fürs Leben – Sauerstoff aus Oxi-Reinigern. CHEMKON 11(3):131–136

Printed in the United States
by Baker & Taylor Publisher Services